轨道交通装备制造业职业技能鉴定指导丛书

电器计量工

中国北车股份有限公司　编写

中国铁道出版社

2015年·北京

图书在版编目(CIP)数据

电器计量工/中国北车股份有限公司编写．—北京：中国铁道出版社，2015.5

(轨道交通装备制造业职业技能鉴定指导丛书)

ISBN 978-7-113-19987-6

Ⅰ.①电… Ⅱ.①中… Ⅲ.①电学计量—职业技能—鉴定—自学参考资料 Ⅳ.①TB971

中国版本图书馆 CIP 数据核字(2015)第 039086 号

书　　名：轨道交通装备制造业职业技能鉴定指导丛书
电器计量工

作　　者：中国北车股份有限公司

策　　划：江新锡　钱士明　徐　艳

责任编辑：陶赛赛　　**编辑部电话**：010-51873065

编辑助理：袁希翀

封面设计：郑春鹏

责任校对：王　杰

责任印制：郭向伟

出版发行：中国铁道出版社(100054，北京市西城区右安门西街 8 号)

网　　址：http://www.tdpress.com

印　　刷：北京鑫正大印刷有限公司

版　　次：2015 年 5 月第 1 版　2015 年 5 月第 1 次印刷

开　　本：787 mm×1 092 mm　1/16　印张：14.5　字数：357 千

书　　号：ISBN 978-7-113-19987-6

定　　价：45.00 元

中国北车职业技能鉴定教材修订、开发编审委员会

主　任：赵光兴

副主任：郭法娥

委　员：（按姓氏笔画为序）

于帮会　王　华　尹成文　孔　军　史治国

朱智勇　刘继斌　闫建华　安忠义　孙　勇

沈立德　张晓海　张海涛　姜　冬　姜海洋

耿　刚　韩志坚　詹余斌

本《丛书》总　编：赵光兴

副总编：郭法娥　刘继斌

本《丛书》总　审：刘继斌

副总审：杨永刚　娄树国

编审委员会办公室：

主　任：刘继斌

成　员：杨永刚　娄树国　尹志强　胡大伟

序

在党中央、国务院的正确决策和大力支持下，中国高铁事业迅猛发展。中国已成为全球高铁技术最全、集成能力最强、运营里程最长、运行速度最高的国家。高铁已成为中国外交的新名片，成为中国高端装备"走出国门"的排头兵。

中国北车作为高铁事业的积极参与者和主要推动者，在大力推动产品、技术创新的同时，始终站在人才队伍建设的重要战略高度，把高技能人才作为创新资源的重要组成部分，不断加大培养力度。广大技术工人立足本职岗位，用自己的聪明才智，为中国高铁事业的创新、发展做出了重要贡献，被李克强同志亲切地赞誉为"中国第一代高铁工人"。如今在这支近5万人的队伍中，持证率已超过96%，高技能人才占比已超过60%，3人荣获"中华技能大奖"，24人荣获国务院"政府特殊津贴"，44人荣获"全国技术能手"称号。

高技能人才队伍的发展，得益于国家的政策环境，得益于企业的发展，也得益于扎实的基础工作。自2002年起，中国北车作为国家首批职业技能鉴定试点企业，积极开展工作，编制鉴定教材，在构建企业技能人才评价体系、推动企业高技能人才队伍建设方面取得明显成效。为适应国家职业技能鉴定工作的不断深入，以及中国高端装备制造技术的快速发展，我们又组织修订、开发了覆盖所有职业(工种)的新教材。

在这次教材修订、开发中，编者们基于对多年鉴定工作规律的认识，提出了"核心技能要素"等概念，创造性地开发了《职业技能鉴定技能操作考核框架》。该《框架》作为技能人才评价的新标尺，填补了以往鉴定实操考试中缺乏命题水平评估标准的空白，很好地统一了不同鉴定机构的鉴定标准，大大提高了职业技能鉴定的公信力，具有广泛的适用性。

相信《轨道交通装备制造业职业技能鉴定指导丛书》的出版发行，对于促进我国职业技能鉴定工作的发展，对于推动高技能人才队伍的建设，对于振兴中国高端装备制造业，必将发挥积极的作用。

中国北车股份有限公司总裁：

2015.2.7

前　言

鉴定教材是职业技能鉴定工作的重要基础。2002 年，经原劳动保障部批准，中国北车成为国家职业技能鉴定首批试点中央企业，开始全面开展职业技能鉴定工作。2003 年，根据《国家职业标准》要求，并结合自身实际，组织开发了《职业技能鉴定指导丛书》，共涉及车工等 52 个职业（工种）的初、中、高 3 个等级。多年来，这些教材为不断提升技能人才素质、适应企业转型升级、实施“三步走”发展战略的需要发挥了重要作用。

随着企业的快速发展和国家职业技能鉴定工作的不断深入，特别是以高速动车组为代表的世界一流产品制造技术的快步发展，现有的职业技能鉴定教材在内容、标准等诸多方面，已明显不适应企业构建新型技能人才评价体系的要求。为此，公司决定修订、开发《轨道交通装备制造业职业技能鉴定指导丛书》（以下简称《丛书》）。

本《丛书》的修订、开发，始终围绕促进实现中国北车“三步走”发展战略、打造世界一流企业的目标，努力遵循“执行国家标准与体现企业实际需要相结合、继承和发展相结合、坚持质量第一、坚持岗位个性服从于职业共性”四项工作原则，以提高中国北车技术工人队伍整体素质为目的，以主要和关键技术职业为重点，依据《国家职业标准》对知识、技能的各项要求，力求通过自主开发、借鉴吸收、创新发展，进一步推动企业职业技能鉴定教材建设，确保职业技能鉴定工作更好地满足企业发展对高技能人才队伍建设工作的迫切需要。

本《丛书》修订、开发中，认真总结和梳理了过去 12 年企业鉴定工作的经验以及对鉴定工作规律的认识，本着“紧密结合企业工作实际，完整贯彻落实《国家职业标准》，切实提高职业技能鉴定工作质量”的基本理念，在技能操作考核方面提出了“核心技能要素”和“完整落实《国家职业标准》”两个概念，并探索、开发出了中国北车《职业技能鉴定技能操作考核框架》；对于暂无《国家职业标准》、又无相关行业职业标准的 40 个职业，按照国家有关《技术规程》开发了《中国北车职业标准》。经 2014 年技师、高级技师技能鉴定实作考试中 27 个职业的试用表明：该《框架》既完整反映了《国家职业标准》对理论和技能两方面的要求，又适应了企业生产和技术工人队伍建设的需要，突破了以往技能鉴定实作考核中试卷的难度与完整性评估的“瓶颈”，统一了不同产品、不同技术含量企业的鉴定标准，提高了鉴定考核的技术含量，保证了职业技能鉴定的公平性，提高了职业技能鉴定工作质量和管理水平，将成为职业技能鉴定工作、进而成为生产操作者技能素质评价的新标尺。

本《丛书》共涉及98个职业(工种)，覆盖了中国北车开展职业技能鉴定的所有职业(工种)。《丛书》中每一职业(工种)又分为初、中、高3个技能等级，并按职业技能鉴定理论、技能考试的内容和形式编写。其中：理论知识部分包括知识要求练习题与答案；技能操作部分包括《技能考核框架》和《样题与分析》。本《丛书》按职业(工种)分册，并计划第一批出版74个职业(工种)。

本《丛书》在修订、开发中，仍侧重于相关理论知识和技能要求的应知应会，若要更全面、系统地掌握《国家职业标准》规定的理论与技能要求，还可参考其他相关教材。

本《丛书》在修订、开发中得到了所属企业各级领导、技术专家、技能专家和培训、鉴定工作人员的大力支持；人力资源和社会保障部职业能力建设司和职业技能鉴定中心、中国铁道出版社等有关部门也给予了热情关怀和帮助，我们在此一并表示衷心感谢。

本《丛书》之《电器计量工》由中国北车集团大连机车车辆有限公司《电器计量工》项目组编写。主编郝燚；主审田宝珍。

由于时间及水平所限，本《丛书》难免有错、漏之处，敬请读者批评指正。

中国北车职业技能鉴定教材修订、开发编审委员会

二〇一四年十二月二十二日

目　　录

电器计量工(职业道德)习题

一、填 空 题

1. 职业道德是人们在从事一定(　　)的过程中形成的一种内在的、非强制性的约束机制。

2. 职业道德有利于企业树立(　　)、创造企业品牌。

3. 严格的职业生活训练所形成的良好修养和优秀(　　)观念是引导人走向幸福的必经之路。

4. 人内在的根本的(　　)在人的整个道德素质中,居于核心和主导地位。

5. 开放的劳动力市场,有利于人们较充分地实现(　　)。

6. 文明生产是指以高尚的(　　)为准则,按现代化生产的客观要求进行生产活动的行为。

7. 许多知名企业都把提高员工的综合素质、挖掘员工的潜能作为企业发展的(　　)。

8. 团结互助有利于营造人际和谐氛围,有利于增强(　　)。

9. 学习型组织强调的是在个人学习的基础上,加强团队学习和组织学习,其目的就是将个人学习成果转化为(　　)。

10. 确立正确的(　　)是职业道德修养的前提。

二、单项选择题

1. 关于职业道德,正确的说法是(　　)。

(A)职业道德有助于增强企业凝聚力,但无助于促进企业技术进步

(B)职业道德有助于提高劳动生产率,但无助于降低生产成本

(C)职业道德有利于提高员工职业技能,增强企业竞争力

(D)职业道德只是有助于提高产品质量,但无助于提高企业信誉和形象

2. 职业道德建设的核心是(　　)。

(A)服务群众　　(B)爱岗敬业　　(C)办事公道　　(D)奉献社会

3. 尊重、尊崇自己的职业和岗位,以恭敬和负责的态度对待自己的工作,做到工作专心,严肃认真,精益求精,尽职尽责,有强烈的职业责任感和职业义务感。以上描述的职业道德规范是(　　)。

(A)敬业　　(B)诚信　　(C)奉献　　(D)公道

4. 在职业活动中,(　　)是团结互助的基础和出发点。

(A)平等尊重、相互学习　　(B)顾全大局、相互信任

(C)顾全大局、相互学习　　(D)平等尊重、相互信任

5. 下列关于"合作的重要性"表述错误的是(　　)。

(A)合作是企业生产经营顺利实施的内在要求
(B)合作是一种重要的法律规范
(C)合作是从业人员汲取智慧和力量的重要手段
(D)合作是打造优秀团队的有效途径

6. 诚实守信的具体要求是(　　)。
(A)忠诚所属企业、维护企业信誉、保守企业秘密
(B)维护企业信誉、保守企业秘密、力求节省成本
(C)忠诚所属企业、维护企业信誉、关心企业发展
(D)关心企业发展、力求节省成本、保守企业秘密

7. 职业道德的最基本要求是(　　),为社会主义建设服务。
(A)勤政爱民　(B)奉献社会　(C)忠于职守　(D)一心为公

8. 工作中人际关系都是以执行各项工作任务为载体,因此,应坚持以(　　)来处理人际关系。
(A)工作方法为核心　(B)领导的嗜好为核心
(C)工作计划的执行为核心　(D)工作目标的需要为核心

9. 为了促进企业的规范化发展,需要发挥企业文化的(　　)功能。
(A)娱乐　(B)主导　(C)决策　(D)自律

10. 在企业的经营活动中,下列选项中(　　)不是职业道德功能的表现。
(A)激励作用　(B)决策能力　(C)规范行为　(D)遵纪守法

11. 下列关于"职业道德对企业发展的作用"的表述中错误的是(　　)。
(A)增强企业竞争力　(B)促进企业技术进步
(C)员工事业成功的保证　(D)增强企业凝聚力

12. 职业道德是一种(　　)的约束机制。
(A)强制性　(B)非强制性　(C)随意性　(D)自发性

13. 平等是构建(　　)人际关系的基础,只有在平等的关系下,同事之间才能得到最大程度的交流。
(A)相互依靠　(B)相互尊重　(C)相互信任　(D)相互团结

14. 职业责任明确规定了人们对企业和社会所承担的(　　)。
(A)责任和义务　(B)职责和权利　(C)权利和义务　(D)责任和权利

15. 学习型组织强调学习工作化,把学习过程与工作联系起来,不断(　　)。
(A)提升工作能力和创新能力　(B)积累工作经验和工作能力
(C)提升组织能力和管理能力　(D)积累知识和提高能力

三、多项选择题

1. 道德就是一定社会、一定阶级向人们提出的处理(　　)之间各种关系的一种特殊的行为规范。
(A)人与人　(B)个人与社会　(C)个人与企业　(D)个人与自然

2. 职业道德具有三方面的特征,下列说法错误的是(　　)。
(A)形式上的多样性　(B)内容上的稳定性和连续性

(C)范围上的普遍性　　(D)功能上的强制性

3. 职业道德是增强企业凝聚力的手段,主要表现在(　　)。

(A)协调企业部门间的关系　　(B)协调员工与领导间的关系

(C)协调员工同事间的关系　　(D)协调员工与企业间的关系

4. 下列关于职业道德与职业技能关系的说法,正确的是(　　)。

(A)职业道德对职业技能具有统领作用

(B)职业道德对职业技能有重要的辅助作用

(C)职业道德对职业技能的发挥具有支撑作用

(D)职业道德对职业技能的提高具有促进作用

5. 职业品格包括(　　)等。

(A)职业理想　　(B)责任感、进取心　　(D)意志力　　(C)创新精神

6. 修养是指人们为了在(　　)等方面达到一定的水平,所进行自我教育、自我改善、自我锻炼和自我提高的活动过程。

(A)理论　　(B)知识　　(C)艺术　　(D)思想道德

7. 在社会主义市场经济条件下,爱岗敬业的具体要求(　　)。

(A)创建文明岗位　　(B)树立职业理想　　(C)强化职业责任　　(D)提高职业技能

8. 加强职业纪律修养,(　　)。

(A)必须提高对遵守职业纪律重要性的认识,从而提高自我锻炼的自觉性

(B)要提高职业道德品质

(C)培养道德意志,增强自我克制能力

(D)要求对服务对象要谦虚和蔼

9. 计量检定人员不得有的行为是(　　)。

(A)参加本专业继续教育

(B)违反计量检定规程开展计量检定

(C)使用未经考核合格的计量标准开展计量检定

(D)变造、倒卖、出租、出借《计量检定员证》

10. 计量检定人员有(　　)行为,给予行政处分或依法追究刑事责任。

(A)参加本专业继续教育

(B)出具错误数据,给送检一方造成损失的

(C)违反计量检定规程进行计量检定的

(D)使用未经考核合格的计量标准开展检定的

四、判 断 题

1. 员工职业道德水平的高低,不会影响企业作风和企业形象(　　)

2. 职业劳动是一种生产经营活动,与能力、纪律和品格的提升训练无关。(　　)

3. 爱岗敬业就是提倡从业人员要“干一行,爱一行,专一行”。(　　)

4. 从业人员只要有为人民服务的认识和热情,便可以在自己的工作岗位上发挥作用,创造财富。(　　)

5. 做人是否诚实守信,是一个人品德修养状况和人格高下的表现。(　　)

6. 无条件的完成领导交办的各项工作任务，如果认为不妥应提出不同想法，若被否定应坚持自己的意见。(　　)

7. 一个人高尚品德的养成是可以在学校学习过程中完全实现的。(　　)

8. 文明礼貌是从业人员的基本素质，是塑造企业形象的需要。(　　)

9. 在从业人员的职业生涯中，遵纪守法经常地、大量地体现在自觉遵守职业纪律上。(　　)

10. 开拓创新只需要有创造意识、坚定的信心和意志。(　　)

电器计量工(职业道德)答案

一、填 空 题

1. 职业劳动　　2. 良好形象　　3. 品德　　4. 道德价值
5. 职业选择　　6. 道德规范　　7. 核心竞争力　　8. 企业凝聚力
9. 组织财富　　10. 人生观

二、单项选择题

1. C　2. A　3. A　4. D　5. B　6. A　7. C　8. D　9. D
10. B　11. C　12. B　13. B　14. A　15. A

三、多项选择题

1. ABD　2. CD　3. BCD　4. ACD　5. ABCD　6. ABCD　7. BCD
8. ABC　9. BCD　10. BCD

四、判 断 题

1. ×　2. ×　3. √　4. ×　5. √　6. ×　7. ×　8. √　9. √
10. ×

电器计量工(初级工)习题

一、填 空 题

1. 计量的本质特征就是(　　)。
2. 测量的定义是以确定量值为目的的(　　)。
3. 测量准确度是测量结果与被测量(　　)之间的一致程度。
4. 为评定计量器具的计量性能,确认其是否合格所进行的(　　),称为计量检定。
5. 检定的目的是确保(　　),确保量值的溯源性。
6. 计量器具的定义是:单独地或连同(　　)一起用以进行测量的器具。
7. 周期检定是按(　　)和规定程序,对计量器具定期进行的一种后续检定。
8. 校准主要用以确定测量器具的(　　)。
9.《计量法》从(　　)年7月1日起正式施行。
10. 实行(　　),区别管理的原则是我国计量法的特点之一。
11. 计量检定人员是指经考核合格,持有(　　),从事计量检定工作的人员。
12. 计量检定人员出具的检定数据,用于量值传递、计量认证、技术考核、裁决计量纠纷和实施计量监督具有(　　)。
13. 计量检定证包括:检定证书、(　　)、检定合格证。
14. 用不合格计量器具或者破坏计量器具准确度和伪造数据,给国家和消费者造成损失的,责令其赔偿损失,没收计量器具和全部违法所得,可并处(　　)以下的罚款。
15. 中华人民共和国法定计量单位是以国际单位制单位为基础,同时选用了一些(　　)的单位构成的。
16. 法定计量单位就是由国家以(　　)形式规定强制使用或允许使用的计量单位。
17. 法定计量单位是由国家法律承认,具有(　　)的计量单位。
18. 国际单位制是在(　　)基础上发展起来的单位制。
19. 国际单位制的国际简称为(　　)。
20. 误差的两种基本表现形式是(　　)和相对误差。
21. 误差按其来源可分为:设备误差、环境误差、(　　)、方法误差、测量对象误差。
22. 计量保证是用于保证计量可靠和适当的测量准确度的全部法规、技术手段及(　　)的各种动作。
23. 电气图一般按用途进行分类,常见的电气图有系统图、框图、(　　)、接线图和接线表等。
24. (　　)可以将同一电气元件分解为几部分,画在不同的回路中,但以同一文字符号标注。
25. 系统图和(　　)对布局的要求很高,强调布局清晰,以利于识别过程和信息的流向。

26. 系统图和框图中的开口箭头专门用于表示(　　)信号流向。

27. 系统图和框图中的实心箭头表示(　　)的流向。

28. 电路图通常将主回路与辅助电路分开,主电路用粗实线画在辅助电路的(　　)或上部。

29. 接线图和(　　)按国标图形符号表示电气元器件,但同一符号不得分开画。

30. 系统图和(　　)的用途是为进一步编制详细的技术文件提供依据,供操作及维修时参考。

31. 接线图和接线表主要用于(　　)、线路检查、线路维修和故障处理。

32. 符号"⎓"代表的是(　　)。

33. 极性电容器的图形符号是(　　)。

34. 可调电阻器的图形符号是(　　)。

35. 图形符号"—⊬"表示(　　)。

36. 常用电工材料包括导电材料、绝缘材料、(　　)材料以及各种线、管等。

37. 导电材料一般分为良导体材料和(　　)导电材料。

38. 高电阻材料主要用于制造(　　)。

39. 绝缘材料可分为固体绝缘材料、液体绝缘材料和(　　)材料。

40. 绝缘材料又称为(　　)。

41. 电工用导线可分为电磁线和(　　)。

42. 电力线可分为绝缘导线和(　　)。

43. (　　)线主要用于制作各种电感线圈。

44. 裸导线主要用于(　　)。

45. 导线的安全载流量是指某截面导线在不超过它最高工作温度的条件下,长期通过的(　　)。

46. 磁性材料的主要特点是具有高的(　　)。

47. 磁性材料一般用来制造电气设备的(　　)。

48. 铁磁材料分为硬磁材料、巨磁材料和(　　)。

49. 磁滞回线较窄,易磁化也易去磁,是(　　)材料的特点。

50. 硬磁材料的磁滞回线(　　)。

51. 电碳材料一般是以(　　)为主制成的。

52. 轴尖允许采用高碳钢线材制造,但应采取(　　)措施,并不应有剩磁存在。

53. 仪表的轴承通常是用玛瑙或(　　)制造的。

54. 电工仪表的游丝一般是(　　)用制成的。

55. 焊接仪表张丝的焊料应采用(　　)。

56. 电能表的下轴承在检修后应注入少量的(　　)油,用来润滑及防止钢珠轴尖生锈。

57. 对电位差计一般型开关、触点可采用(　　)和酒精进行清洗。

58. 钳形表是一种便携式电表,它可以在(　　)电路的情况下测量电流。

59. 铁磁电动系功率表主要用于安装在控制盘及配电盘上测量(　　)的大小。

60. 整流系仪表的刻度尺是按(　　)刻度的。

61. 静电系仪表主要用于(　　)测量,不必配附加电阻。

62. 单相相位表在接线时必须遵守(　　)守则。

63. 频率表在使用中应(　　)在被测电路上。

64. 感应系电能表只能用于(　　)电路。

65. 习惯上规定正电荷的定向运动方向作为(　　)流动的方向。

66. 欧姆定律主要说明了电路中电流、电压和(　　)三者之间的关系。

67. 在电路中连接两条及两条以上分支电路的点叫(　　)。

68. 电流、电压的大小及(　　)都随时间变化的电路称为交流电路。

69. 验电笔是检验导体(　　)的工具。

70. 常用电工基本安全用具有:验电笔、绝缘夹钳和(　　)等。

71. 二极管具有(　　)导电的特性。

72. 三极管的三个极分别是基极、发射极和(　　)。

73. 三极管图形符号上的字母“e”表示(　　)。

74. 晶体二极管(　　)电阻小。

75. 三极管主要用于(　　)和开关电路。

76. 电气绝缘安全用具分为(　　)安全用具和辅助安全用具。

77. 如果线路上有人工作,停电作业时应在线路开头和刀闸操作手柄上悬挂线路有人工作(　　)的标志牌。

78. 在检定 1.0 级直流电流表时,一般可采用数字电压表法和(　　)。

79. 在检定 1.0 级交流电流表时,一般采用(　　)法。

80. 为保证电工仪表的准确,检修场所必须清洁无铁磁性物质及(　　)气体。

81. 在拆装电工仪表零部件时,应有顺序放置,对磁分路片、调磁片等的原始位置都应保持仪表的(　　)状态。

82. 对因过载冲击而造成超差的电工仪表,首先应检查仪表可动部分(　　)是否已被破坏。

83. 修理电动系电工仪表时,应避免内外屏蔽罩(　　),以免引起机械应力变化,造成屏蔽效果不好。

84. 对磁电系仪表测量机构进行拆装时,应尽量设法事先加(　　)衔铁,增加分路气隙中的磁力线,以减少拆开测量机构时逸磁和便于取出可动部分。

85. 电工仪表测量机构修理后的,应进行老化处理,即将整个测量机构放入(　　)℃烘箱内进行 4～8 h 的加温老化。

86. 电工仪表动圈绕线过程要求速度均匀,线要排列整齐,绕制好后要(　　)加温老化。

87. 电动系仪表在修理过程中,测量机构内外屏蔽不应增加任何铁磁物质,以免仪表在直流回路中进行测量时产生(　　)。

88. 安装仪表轴尖的方法是将轴尖根部插入轴杆孔中,用空心铳套在轴尖的锥面上,用(　　)敲击铳子,将轴尖压入轴杆内装牢。

89. 仪表测量机构的永久磁铁失磁使灵敏度降低时,应使用(　　)装置对其进行充磁。

90. 对仪表游丝进行焊接时,应用电烙铁(　　)加热游丝,焊接时间要短,以防游丝过热,产生弹性疲劳。

91. 磁电系仪表的结构特点是具有固定的(　　)和活动线圈。

92. 电磁系测量机构一般可分为扁线圈结构和(　　)结构。

93. 电动系仪表的结构主要是由(　　)和可动线圈、阻尼器、指针等构成。

94. 电磁系安装式电流表的可动部分是铁芯,一般只有一个量限,它的测量线路是将固定线圈直接(　　)在被测电路内。

95. 电磁系安装式电压表的线路是由固定线圈和(　　)串联组成的。

96. 磁电系电流表是采用在测量机构上(　　)一个分流电阻的办法来扩大量限的。

97. 磁电系电压表是采用在测量机构上(　　)一个附加电阻的办法来扩大量限的。

98. 构成电流互感器的基本组成部分是(　　)和线圈、以及必要的绝缘材料。

99. 电压互感器在使用中严禁次级电路(　　)。

100. 电流互感器在使用中严禁次级电路(　　)。

101. 互感器的量限必须与被测参数及(　　)的量限一致。

102. 当互感器的次级电路中接入测量仪表,其标度盘的示值与输入参数极性有关时,这样在接入互感器时必须遵守(　　)的接线规则。

103. 标准电阻外壳的上方一般都设有(　　)插孔。

104. 标准电阻如需要短时间使用在最大允许功率时,必须将标准电阻浸没在(　　)中。

105. 绝缘电阻表输入有三个端钮,一般是将被测电阻接在(　　)端钮上。

106. 万用表表头灵敏度越高,测量电压时(　　)就越大。

107. 赫兹表测量单位符号是(　　)。

108. 直流和交流电流种类符号是(　　)。

109. 表盘额定值标注符号"45～65 Hz"表示的是(　　)。

110. 符号"45～65～1 000 Hz"表示仪表的额定频率范围是(　　),扩大频率范围是 65～1 000 Hz。

111. 表盘标度尺位置为垂直的符号为(　　)。

112. 符号"☆(星内有圆圈)"表示不进行(　　)试验。

113. 符号"⚹"表示(　　)端钮。

114. 表盘符号"$\overset{1.5}{\vee}$"表示的是以标度尺(　　)百分数表示的准确度级别是 1.5 级。

115. 表盘符号"1.5"表示的是以(　　)百分数表示的准确度级别是 1.5 级。

116. 一般使用仪表时,要根据被测量的大小,合理选择仪表量限,使仪表读数在测量上限的(　　)以上为好。

117. 测量正弦波交流值时,可选用任何交流(　　)仪表。

118. 整流系仪表的应用频率多在(　　)范围内。

119. 对于测量电流来说,要求电流表的内阻越(　　)越好。

120. 对无反射镜的指针式仪表,读数时要保证视线与仪表的标度盘的平面相(　　)。

121. 电压表的内阻越大,消耗功率就(　　),带来的误差就小。

122. A 组电测量指示仪表的工作条件温度范围是(　　)。

123. 检定电流表时,其调节设备对被调量的调节范围应(　　)检定装置的测量范围。

124. 检定 1.0 级电压表时,要求检定电源的稳定度在(　　)内不应低于 0.1%。

125. 检定电流表时，调节设备的调节细度应不低于被检表允许误差限的(　　)。

126. 检定电流电压表时，交流被测量的频率标准条件是 45～65 Hz 时，其频率的允许偏差为(　　)。

127. 检定电流电压表时，当电流或电压发生畸变时，其畸变系数应不超过(　　)。

128. 用直接比较法检定电流表时，要求标准表的测量上限与被检表测量上限的比值应为(　　)范围。

129. 用直接比较法检定仪表，就是将被检表的示值与标准表的示值直接进行比较，标准表的指示值或将它乘以一个系数就是(　　)的实际值。

130. 对 1.0 级工作用电压表做周期检定时，应做外观检查、基本误差检定和(　　)检定。

131. 当对电压表的可动部分的零件进行了调修后，应对仪表的周期检定项目检定后，还应进行(　　)检查和测定阻尼。

132. 检定准确度等级为 1.0 级的电流表的示值误差时，对每个检定点应读数(　　)。

133. 对公用一个标度尺的多量限仪表，可以只对其中某个量限的有效范围内带数字的分度线进行检定，而对其余量限只检(　　)和可以判定为最大误差的带数字分度线。

134. 检定带定值分流器的仪表，应将(　　)和附件分别检定，仪表不应超过允许误差。

135. 交流仪表的非全检量限，应检定(　　)和可以判定为最大误差的分度线。

136. 凡规定用定值导线或具有一定电阻值的专用导线进行检定的仪表，应采用(　　)或与标明的电阻值相等的专用导线一起进行检定。

137. 仪表在检定前，应将仪表置于(　　)条件下，预热 2 h 以上，以消除温度梯度。

138. 仪表的变差测定一般是在检定仪表基本误差的过程中进行的，即对应仪表某一带数字分度线的，上升与下降或下降与上升两次测量结果的差值与标度尺工作部分(　　)为这点的变差。

139. 对修后仪表进行位置影响误差的测试，是在仪表的测量上限和(　　)的分度线上进行的。

140. 电测量指示仪表是由(　　)和测量线路两部分组成。

141. 仪表测量机构的反作用力矩与偏转角成(　　)。

142. 仪表的分度和被测量成比例关系，则仪表分度是(　　)的。

143. 使磁电系和电磁系仪表测量机构产生偏转的电量是(　　)。

144. 仪表刻度盘上装反射镜的目的是为了减小(　　)。

145. 游丝要求平整并有正确的螺旋线形状，即各圈均应在垂直于(　　)的平面内。

146. 用(　　)代替轴和轴承，可避免轴和轴承的磨擦引起的仪表误差。

147. 仪表平衡的过程就是调节平衡锤，使其活动部分的重心和(　　)相重合的过程。

148. 磁电系仪表中上下的两个游丝的螺旋方向是(　　)的。

149. 1.0 级电压表的基本误差(去掉百分号后的小数部分)的数据化整原则是：保留小数位数(　　)，第二位四舍六入。

150. 电流表的升降变差数据修的采用的是(　　)法则。

151. 电压表的最大基本误差是仪表示值与(　　)测量实际值之间的最大差值。

152. 被检电流表某一量限各分度线两次测量结果的差值中(　　)的一个作为此表的最大变差。

153. 国家检定规程规定,标准表的检定数据应记入检定原始记录,并保存(　　)。

154. 判断电流表是否超过允许误差,应以确定的最大基本误差和(　　)修约后的数据为依据。

155. 对(　　)检定项目都符合要求的电测仪表,可判定为合格。

156. 经定合格的工作用电表,可发给检定(　　),并注明有效期。

157. 经检定不合格的标准电压表,应发给检定(　　)。

158. 国家检定规程规定:等级指数为 0.5 级的电流电压表的检定周期一般为(　　)。

159. 符号“┌┐”表示表盘(　　)位置为水平的。

160. 符号“☆”表示绝缘强度试验电压为(　　)。

161. 微安表测量单位符号(　　)。

162. 铁磁电动系仪表工作原理符号是(　　)。

163. 符号“÷”代表的是(　　)仪表。

164. 感应系仪表工作原理符号是(　　)。

165. 符号“75 mV”代表的意义是(　　)定值分流器 75 mV。

二、单项选择题

1. 标准计量器具的准确度一般应为被检计量器具准确度的(　　)。

(A)1/2～1/5　　(B)1/5～1/10　　(C)1/3～1/10　　(D)1/3～1/5

2. 计量器具在检定周期内抽检不合格的,(　　)。

(A)由检定单位出具检定结果通知书　　(B)由检定单位出具测试结果通知书

(C)由检定单位出具计量器具封存单　　(D)应注销原检定证书或检定合格证、印

3. 校准的依据是(　　)或校准方法。

(A)检定规程　　(B)技术标准　　(C)工艺要求　　(D)校准规范

4. 属于强制检定工作计量器具的范围包括(　　)。

(A)用于重要场所方面的计量器具

(B)用于贸易结算、安全防护、医疗卫生、环境监测四方面的计量器具

(C)列入国家公布的强制检定目录的计量器具

(D)用于贸易结算、安全防护、医疗卫生、环境监测方面列入国家强制检定目录的工作计量器具

5. 强制检定的计量器具是指(　　)。

(A)强制检定的计量标准

(B)强制检定的计量标准和强制检定的工作计量器具

(C)强制检定的社会公用计量标准

(D)强制检定的工作计量器具

6. 1985 年 9 月 6 日,第六届全国人大常委会第十二次会议讨论通过了《中华人民共和国计量法》,国家主席李先念发布命令正式公布,规定从(　　)起施行。

(A)1985 月 9 月 6 日　　(B)1986 年 7 月 1 日

(C)1987 年 7 月 1 日　　(D)1977 年 7 月 1 日

7. 国家法定计量检定机构的计量检定人员，必须经(　　)考核合格，并取得检定证件。

(A)政府主管部门　(B)国务院计量行政部门

(C)省级以上人民政府计量行政部门　(D)县级以上人民政府计量行政部门

8. 非法定计量检定机构的计量检定人员，由(　　)考核发证。

(A)国务院计量行政部门　(B)省级以上人民政府计量行政部门

(C)县级以上人民政府计量行政部门　(D)其主管部门

9. 计量器具在检定周期内抽检不合格的，(　　)。

(A)由检定单位出具检定结果通知书　(B)由检定单位出具测试结果通知书

(C)由检定单位出具计量器具封存单　(D)应注销原检定证书或检定合格印、证

10. 部门和企业、事业单位的各项最高计量标准，未经有关人民政府计量行政部门考核合格而开展计量检定的，责令其停止使用，可并处(　　)以下的罚款。

(A)500 元　(B)1 000 元　(C)1 500 元　(D)2 000 元

11. 使用不合格计量器具或者破坏计量器具准确度和伪造数据，给国家和消费者造成损失的，责令其赔偿损失，没收计量器具和全部违法所得，可并处(　　)以下的罚款。

(A)1 000 元　(B)1 500 元　(C)2 000 元　(D)2 500 元

12. 1984 年 2 月，国务院颁布《关于在我国统一实行(　　)》的命令。

(A)计量管理条例　(B)计量制度　(C)法定计量单位　(D)计量法

13. 法定计量单位中，国家选定的非国际单位制的质量单位名称是(　　)。

(A)公斤　(B)公吨　(C)米制吨　(D)吨

14. 国际单位制中，下列计量单位名称属于有专门名称的导出单位是(　　)。

(A)摩尔　(B)焦耳　(C)开尔文　(D)坎德拉

15. 国际单位制中，下列计量单位名称不属于有专门名称的导出单位是(　　)。

(A)牛顿　(B)瓦特　(C)电子伏　(D)欧姆

16. 按我国法定计量单位使用方法规定，3 cm^2 应读成(　　)。

(A)3 平方厘米　(B)3 厘米平方　(C)平方 3 厘米　(D)3 个平方厘米

17. 按我国法定计量单位的使用规则，15 ℃应读成(　　)。

(A)15 度　(B)15 度摄氏　(C)摄氏 15 度　(D)15 摄氏度

18. 某篮球队员身高以法定计量单位符号表示是(　　)。

(A)1.95 米　(B)1 米 95　(C)1 m 95　(D)1.95 m

19. 测量结果与被测量真值之间的差是(　　)。

(A)偏差　(B)测量误差　(C)系统误差　(D)粗大误差

20. 修正值等于负的(　　)。

(A)随机误差　(B)相对误差　(C)系统误差　(D)粗大误差

21. 用图形符号绘制，并按工作顺序排列，详细表示电路、设备或成套装置的全部基本组成部分和连接关系，而不考虑其实际位置的一种简图称为(　　)。

(A)系统图　(B)框图　(C)电路图　(D)接线图

22. 用于进一步编制详细的技术文件提供依据，供操作及维修时参考的图称为(　　)。

(A)系统图　(B)电路图　(C)接线图　(D)接线表

23. 主要用于安装接线、线路检查、线路维修和故障处理的图称(　　)。

(A)接线图 (B)电路图 (C)系统图 (D)框图

24. 用于表示各元件器件和结构等与印制板连接关系的图称为(　　)。

(A)位置图 (B)印制板装配图 (C)印刷板零件图 (D)印制板制图

25.(　　)属于高电阻材料。

(A)铜 (B)铝 (C)锰铜 (D)铁

26.(　　)是可用来制作电感线圈的导线。

(A)漆包线 (B)橡皮线 (C)塑料线 (D)裸导线

27.(　　)不属于磁性材料,不能用来构成磁场的磁路。

(A)硅钢 (B)铁氧体 (C)玻莫合金 (D)康铜

28. 电工仪表的轴尖是用(　　)制成的。

(A)硅钢 (B)铁氧体 (C)高碳钢 (D)玻莫合金

29. 一般钳形表实际上是由一个交流电流表和一个(　　)组成的组合体。

(A)电压表 (B)电流互感器 (C)电压互感器 (D)直流电流表

30. 功率表读数反映的是(　　)。

(A)负载的电压、电流和功率因数的乘积

(B)加于电压端钮上的电压,通过电流端钮的电流及该电流与电压间夹角余弦的连乘积

(C)负载的有功功率

(D)负载的无功功率

31. 数字电压表的基本量程的定义是:在多量程的数字电压表中(　　)。

(A)测量误差最大的量程 (B)测量误差最小的量程

(C)输入阻抗最小的量程 (D)分辨力最小的量程

32. 数字电压表的核心部分是(　　)。

(A)电子计数器 (B)模/数转换器 (C)显示器 (D)编码器

33. 对于全波整流系仪表,其表头所通过的交流有效值与交流平均值的比值等于(　　)。

(A)1.11 (B)2.22 (C)1.73 (D)0.9

34. 功率因素表又可称为(　　)。

(A)功率表 (B)相位表 (C)频率表 (D)无功功率表

35. 频率表在使用时,其(　　)应与被测电路的电压相符。

(A)电压量限 (B)频率 (C)额定电流 (D)功率

36. 电能表在测量中不能反映出(　　)。

(A)功率的大小 (B)功率因素的大小

(C)功率和时间的乘积 (D)电能随时间增长的积累总和

37. 用100 V的电源供给负载10 A的电流,如果电源到负载往返线路的总电阻为0.1 Ω,那么负载的端电压为(　　)。

(A)101 V (B)99 V (C)98 V (D)100 V

38. 对称三相交流市电的线电压为(　　)。

(A)380 V (B)220 V (C)110 V (D)127 V

39. 我国工频电源电压的(　　)为220 V。

(A)最大值 (B)有效值 (C)平均值 (D)瞬时值

40. 如果将 110 V,40 W 的白炽灯接在于 220 V 的电源上,则该灯会(　　)。

(A)亮度较暗　(B)亮度增加　(C)烧坏　(D)亮度不变

41. 当供电电压比额定电压低 10%时,用电器的电功率降低了(　　)。

(A)10%　(B)19%　(C)90%　(D)1%

42. 有一个正弦三相对称电源,B 相电流为 $10\sin(\omega t-\pi/3)$,所以 A 相电流是(　　)。

(A)$10\sin(\omega t+\pi/3)$　(B)$10\sin(\omega t+2/3\pi)$

(C)$10\sin(\omega t+\pi/3)$　(D)$10\sin(\omega t-2/3\pi)$

43. 交流电的有效值和最大值之间的关系为(　　)。

(A)$I_m=\sqrt{2}I$　(B)$I_m=\frac{\sqrt{2}}{2}I$　(C)$I_m=1/2I$　(D)$I_m=\frac{\sqrt{3}}{2}I$

44. (　　)属于辅助安全用具。

(A)绝缘棒　(B)绝缘夹钳　(C)绝缘手套　(D)验电笔

45. 验电笔只限于(　　)以下导体检测。

(A)220 V　(B)500 V　(C)380 V　(D)110 V

46. 用万用表欧姆档测量二极管时,主要是测量二极管的正、反向电阻值,两者相差值(　　)。

(A)越大越好　(B)越小越好　(C)为零最好　(D)是 10 为好

47. 用万用表 $R\times100\ \Omega$ 档测量一只晶体管各极间正、反向电阻,如果都呈现很小的阻值,则该晶体管(　　)。

(A)两个 PN 结都被烧坏　(B)两 PN 结都被击穿

(C)只有发射极被击穿　(D)集电极被击穿

48. 电器设备未经验电,一律视为(　　)。

(A)有电,不准用手触及坏　(B)只有发射极被击穿

(C)无电,可以用手触及　(D)安全电压

49. 在正常情况下,绝缘材料也会逐渐因(　　)而降低绝缘性能。

(A)磨损　(B)老化　(C)腐蚀　(D)干燥

50. 电器设备着火时,应使用(　　)灭火。

(A)泡沫灭火机　(B)干粉灭火机　(C)黄沙　(D)四氯化碳灭火机

51. 在电工仪表检修中,常用 200 号(　　)清洗仪表零件,它具有挥发快的特点。

(A)溶剂汽油　(B)工业汽油　(C)煤油　(D)变压器油

52. 对于半波整流系仪表,其表头所通过的交流有效值与交流平均值之比值等于(　　)。

(A)1.11　(B)2.22　(C)1.41　(D)1.73

53. 在交流下检定 0.5 级电压表的基本误差,不应选择(　　)。

(A)交直流比较法　(B)直流补偿法　(C)直接比较法　(D)数字电压表法

54. 在交流下检定 0.5 级功率表的基本误差,应选择(　　)做标准的检定方法。

(A)用模拟指示仪　(B)用直流电位差计

(C)用多功能校准器　(D)用数字式三用表检验仪

55. 为保证仪表检修工作质量,检修场地必须有良好的工作环境,室温应保持在(20±5)℃,相对湿度应在(　　)以下。

(A)75％　　(B)65％　　(C)80％　　(D)90％

56. 仪表的内外屏蔽罩在拆卸过程中如发生碰撞会造成屏蔽效果减弱，将造成仪表示值误差或(　　)。

(A)不回零位　　(B)指针抖动　　(C)变差大　　(D)指示值不稳定

57. 电磁系仪表在标度尺各点上，误差率成正比例增大，且符号相同时，可采用(　　)的方法消除此种误差。

(A)调整调磁片　　(B)移动固定线圈位置

(C)将游丝放长　　(D)将游丝缩短

58. 电动系仪表可动线圈在起始位置时，与固定线圈平面的夹角为(　　)。

(A)30°　　(B)45°　　(C)90°　　(D)60°

59. 磁电系仪表的磁场是由(　　)建立的。

(A)活动线圈　　(B)固定线圈　　(C)永久磁铁　　(D)载流线圈

60. 电磁系仪表是由(　　)通过电流建立磁场的。

(A)固定线圈　　(B)动铁片　　(C)静铁片　　(D)活动线圈

61. 电动系功率表的定圈和动圈是(　　)。

(A)串联起来构成一条支路

(B)并联起来构成一条支路

(C)分别接在与负载串联与并联的支路里

(D)分别接与负载串联的支路里

62. 电磁系安装式电压表与电压互感器配合测量时，电压互感器的二次电压一般是(　　)。

(A)600 V　　(B)100 V　　(C)150 V　　(D)300 V

63. 一安装式电流表在测量 100 A 电流时，使用的电流互感器为 100/5 A，则电流表应做成(　　)。

(A)100 A　　(B)20 A　　(C)5 A　　(D)100/20 A

64. 现有一内阻为 R_0 的磁电系电流表，要想使其电流量限扩大 n 倍，应(　　)。

(A)并联 $R_0(n-1)$电阻　　(B)串联$(R_0/n-1)$电阻

(C)串联 $R_0(n-1)$电阻　　(D)并联$(R_0/n-1)$电阻

65. 现有一块内阻为 1 500 Ω，电压为 1 V 的电压表，若将其改制成 6 V 的电压表，应(　　)电阻。

(A)并联 7 500 Ω　　(B)串联 7 500 Ω　　(C)并联 750 Ω　　(D)串联 750 Ω

66. 互感器的同名端表示的是(　　)绕组对于铁芯来说绕制方向是一致的两个端钮。

(A)次级　　(B)初级　　(C)一个　　(D)两个

67. 电压互感器的额定变比与实际变比之差对于实际变比之比的百分率，称为电压互感器的(　　)。

(A)相角差　　(B)比值差　　(C)角差　　(D)变比差

68. 一台电流互感器二次绕组与一次绕组的匝数比为 1 000/5，当通过二次回路电流表的读数为 4.8 A 时，通过一次回路的电流应为(　　)。

(A)24 A　　(B)240 A　　(C)960 A　　(D)480 A

69. 电压互感器在使用中,次级电路不允许(　　)。

(A)开路　(B)短路

(C)安装保险丝　(D)绕组加设保护电阻

70. 电流互感器在使用中,次级电路允许(　　)。

(A)开路　(B)短路　(C)安装保险丝　(D)串联短路开关

71. 当安装互感器的系统额定电压为 220 kV 时,所选用的电压互感器量限为 $U_{1n}/U_{2n}=$ 220 kV/100 V,与电压表互感器配用的电压表量限应为 $U_n=$(　　)。

(A)100 V　(B)220 V　(C)380 V　(D)2 200 V

72. 当电压互感器接到高压电路中使用时,必须将其次级电路的(　　)一同可靠接地。

(A)低电位　(B)铁芯和外壳

(C)低电位和外壳　(D)低电位、铁芯和外壳

73. 一台电流互感器的额定次级电流为 5 A,铭牌额定容量为 5 VA,使用时,它次级全部测量仪表和连接导线所构成的总负载阻抗不就超过(　　)。

(A)0.4 Ω　(B)2 Ω　(C)0.2 Ω　(D)0.5 Ω

74. 标准电池正极金属为(　　)。

(A)镉汞齐　(B)汞　(C)硫酸镉　(D)硫酸亚汞

75. 标准电池的负极金属为(　　)。

(A)镉汞齐　(B)汞　(C)硫酸镉　(D)硫酸亚汞

76. 饱和标准电池中的电解液在其允许使用温度范围内都是(　　)。

(A)饱和溶液　(B)不饱和溶液　(C)结晶体　(D)硫酸镉结晶体

77. 饱和标准电池的内阻阻值随时间的增加而(　　)。

(A)增大　(B)减小　(C)不变　(D)忽增忽减

78. 一般来说新生产的不饱和标准电池的内阻比饱和标准电池的内阻(　　)。

(A)大　(B)小　(C)相等　(D)大 2 倍

79. 标准电池是原电池的一种,它的电动势比较稳定,但不能用作供电使用,主要原因是由它的(　　)决定的。

(A)温度特性　(B)极化现象　(C)滞后效应　(D)光照影响

80. 饱和标准电池所处的标准温度为 20 ℃,当温度升高时,其电动势(　　)。

(A)上升　(B)下降　(C)不变　(D)不一定

81. 国际上统一规定,对任何一只标准电池在检定证书上只给出(　　)时的电动势,在偏离它的条件下应用,应进行修正。

(A)20 ℃　(B)25 ℃　(C)21 ℃　(D)18 ℃

82. 饱和标准电池受温度影响较大,当温度下降 1 ℃时,电动势(　　)。

(A)上升 40 μV　(B)下降 40 μV　(C)上升 30 μV　(D)下降 30 μV

83. 标准电池存放地点的湿度应小于或等于(　　)。

(A)70%　(B)80%　(C)85%　(D)75%

84. 标准电阻具有四个接线端钮,其中一对是电流端钮,别一对是(　　)端钮。

(A)电阻　(B)电位　(C)功率　(D)温度

85. 标准电阻的阻值是(　　)的函数。

(A)温度　(B)时间　(C)电压　(D)电流

86. 标准电阻一般应在(　　)条件下工作。

(A)最大功率　(B)额定功率　(C)额定电流　(D)最大电压

87. 阻值为 10^{-3}～10^{5} Ω 的 0.01 级标准电阻,能保证其准确度的环境条件是:温度为(　　),湿度为(25～75)%。

(A)(20±2)℃　(B)(20±5)℃　(C)(20±3)℃　(D)(20±1)℃

88. 标准电阻的绝缘电阻最低值不允许低于(　　)。

(A)500 MΩ　(B)5 000 MΩ　(C)100 MΩ　(D)2 000 MΩ

89. 使用 0.01 级标准电阻及短时间使用在最大功率条件时,应最好将标准电阻放进盛有(　　)的油槽中。

(A)机油　(B)变压器油　(C)溶剂汽油　(D)工业汽油

90. 兆欧表是一种不受(　　)变化影响的比率式结构仪表。

(A)电流　(B)功率　(C)电源电压　(D)负载

91. 绝缘电阻表是由(　　)测量机构和测量线路组成的。

(A)电磁系　(B)磁电系　(C)电动系　(D)铁磁电动系

92. 测量线圈绝缘电阻时,若被测绝缘的额定电压在 500 V 以上,应选用兆欧表的额定电压应为(　　)。

(A)1 000 V　(B)500 V　(C)2 500 V　(D)250 V

93. 测量电气设备绝缘时,若被测绝缘的额定电压在 500 V 以上时,应选用兆欧表的额定电压应为(　　)。

(A)500～1000 V　(B)1 000 V　(C)2 500 V　(D)250～500 V

94. 测量电气设备绝缘时,若被测绝缘的额定电压在 500 V 以下时,应选用兆欧表的额定电压应为(　　)。

(A)500～1 000 V　(B)1 000 V　(C)2 500 V　(D)1 000～25 00 V

95. 在测试中,兆欧表与被测设备的连线必须用(　　),分开单独连接,以免引起误差。

(A)多股线　(B)单股线　(C)绞合线　(D)平行线

96. 用兆欧表测量设备绝缘电阻前,被测量设备必须切断电源,并将被测设备充分(　　)。

(A)屏蔽　(B)放电　(C)绝缘　(D)开路

97. 用兆欧表测量设备绝缘电阻时,手摇发电机应由慢到快,转速应达到(　　),并保持匀速。

(A)96 转/分　(B)120 转/分　(C)100 转/分　(D)140 转/分

98. 在进行有大电容的设备的绝缘电阻试验时,必须(　　),以免电容器放电毁坏兆欧表。

(A)先停止兆欧表转动,后将被测物短路　(B)先将被测物短路,后停止兆欧表转动

(C)先将兆欧表停转,再将兆欧表短路　(D)不需短路,只需将兆欧表停止转动

99. 万用表是采用(　　)测量机构,配合转换开关和测量线路实现不同功能和不同量限的选择的一种仪表。

(A)整流系　(B)电磁系　(C)磁电系　(D)电动系

100. 当具有全波整流电路的万用表，选择量程开关置交流电压 100 V 时，测量 100 V 直流电压，此时仪表的读数应是(　　)。

(A)0 V　(B)100 V　(C)111 V　(D)70.7 V

101. 万用表的表头满偏转电流值一般在(　　)。

(A)(10～200) μA　(B)(50～100) μA　(C)(100～300) μA　(D)(200～500) μA

102. 电压调节电源在有电压输出，且输出开关未断开的情况下，严禁输出回路(　　)。

(A)开路　(B)短路　(C)断路　(D)仪表回路不通

103. 仪表表盘上的符号“MW”表示仪表测量单位是(　　)。

(A)功率　(B)瓦特　(C)兆瓦　(D)千瓦

104. 仪表盘上的符号“⊡”表示(　　)仪表。

(A)整流系　(B)磁电系　(C)静电系　(D)感应系

105. 表盘上符号“45-65-1 000 Hz”表示扩大频率的范围是(　　)。

(A)45～65 Hz　(B)65～1 000 Hz　(C)50～65 Hz　(D)50～1 000 Hz

106. 表盘上符号“500 Hz”表示频率的(　　)是 500 Hz。

(A)额定值　(B)扩展值　(C)额定范围　(D)扩大范围

107. 表盘上的标志“$\overset{1.5}{\vee}$”表示以(　　)百分数表示的准确度级别是 1.5 级。

(A)标度尺上量限　(B)标度尺长度　(C)示值的　(D)实际值的

108. 表盘标注“0.5”表示以(　　)百分数表示的准确度级别是 0.5 级。

(A)标度尺上量限　(B)标度尺长度　(C)示值的　(D)实际值的

109. 表盘上的符号“☆”表示(　　)。

(A)不进行绝缘强度试验　(B)绝缘强度试验电压为 500 V

(C)绝缘强度试验电压为 5 kV　(D)绝缘强度试验电压为 1 kV

110. 表盘上的符号“☆(2)”表示绝缘强度试验电压为(　　)。

(A)2 V　(B)20 V　(C)200 V　(D)2 000 V

111. 表盘上的符号“╳”代表(　　)端钮。

(A)公共　(B)电源　(C)接地　(D)屏蔽

112. 符号“┌┐”表示档度尺位置为(　　)。

(A)垂直　(B)水平的　(C)倾斜的　(D)任意的

113. 表盘上的符号“∠30°”表示标度尺位置与(　　)倾斜 30°放置。

(A)指针　(B)水平面　(C)安装位置　(D)垂直面

114. 表盘上的符号“R_d”表示(　　)。

(A)专用电阻　(B)专用导线　(C)定值导线　(D)定值电阻

115. 电压表 A 准确度为 0.5 级，量限为 150 V，电压表 B 准确度为 1.5 级，量限为 30 V，用它们同去测量 20 V 电压时，(　　)。

(A)A 表测量误差大　(B)B 表测量误差大

(C)A 表和 B 表的测量误差相同　(D)A 表和 B 表的绝对误差相同

116. 测量 1 A 电流，应选用(　　)电流表。

(A)0.1 级，测量上限为 2.5 A　(B)0.2 级，测量上限 1 A

(C)0.1 级,测量上限 5 A (D)0.1 级,量程 1.5 A

117. 对带有反射镜的仪表,读数时要保证( ),以消除读数误差。

(A)视线与指针重合

(B)视线与指针垂直

(C)视线、指针在一平面上

(D)视线、指针和反射镜中的针影三者在同一平面上

118. 对无反射镜的指针式仪表,读数时要保证( )。

(A)视线与仪表标度盘的平面相垂直 (B)视线与仪表标度盘的平面相平行

(C)视线与指针垂直 (D)视线与指针平行

119. 对于检定等级小于 0.1 的交流电表,其电源的稳定度应不低于被检表误差限的( )。

(A)1/10 (B)1/5 (C)1/15 (D)1/3

120. 对检定等级大于或等于 0.1 级的交流电流表,其电源稳定度应不低于被检表误差限的( )。

(A)1/10 (B)1/5 (C)1/15 (D)1/3

121. 检定 0.5 级直流电压表时,其电压调节设备的调节细度应不低于被检表允许误差限的( )。

(A)1/10 (B)1/5 (C)1/15 (D)1/3

122. 检定 1.0 级 5 A 电流表时,其电流调节设备的调节细度应有低于( )。

(A)0.5 A (B)5 mA (C)50 mA (D)50 μA

123. 检定 0.5 级 10 A 电流表时,要求电流调节设备最小步进值应小于或等于( )。

(A)5 mA (B)10 mA (C)50 mA (D)0.5 mA

124. 检定一台 1.5 级 150 V 电压表时,其电压调节电源在半分钟内,电压值从 149.5 V 变化到 150.1 V,其电源电压的稳定度为( )。

(A)0.2% (B)0.4% (C)0.6% (D)0.3%

125. 在检定一台 1.0 级 10A 直流电流表时,其电流调节电源在半分钟内从 9.98A 变化到 9.99A,其电源的稳定度为( )。

(A)0.2% (B)0.1% (C)0.01% (D)0.04%

126. 检定电流、电压表时,其交流被测量的频率标准条件为( )时,其频率的允许偏差为标准值的±2%。

(A)50Hz (B)45~65 Hz (C)50~65 Hz (D)45~60 Hz

127. 电磁系电压表在检定时,畸变因数应不超过( )。

(A)2% (B)4% (C)3% (D)5%

128. 用直接比较法检定仪表时,作为标准表使用的模拟指示仪表的标度尺长度应不小于( )。

(A)150 mm (B)120 mm (C)130 mm (D)200 mm

129. 用直接比较法检定直流电流表的示值误差时,应选用( )仪表作为标准表。

(A)电磁系 (B)磁电系 (C)整流系 (D)电动系

130. 检定电磁系仪表的基本误差时,最好应选用( )仪表作为标准表。

(A)电磁系 (B)电子系 (C)整流系 (D)电动系

131. 用直接比较法检定仪表时,其标准表的变差应小于其允许误差值的(　　)为宜。

(A)1/3 (B)2/3 (C)1/4 (D)1/5

132. 检定1.0级交流电压表时,选用与标准表配套使用的电压互感器级别应小于或等于(　　)。

(A)0.1级 (B)0.2级 (C)0.05级 (D)0.02级

133. 用直接比较法检定仪表,是将被检表的示值与标准表的(　　)直接进行比较,将标准表的读数或将它乘以一个系数就是被检表示值的实际值。

(A)示值 (B)指示值 (C)修正值 (D)实际值

134. 所有新生产和使用中的磁电系仪表在周期检定时应做的项目是(　　)。

(A)位置影响 (B)偏离零位 (C)阻尼 (D)绝缘电阻

135. 对可动部分为轴承和轴尖支撑的标准电压表,在周期检定时,必须检定的项目是(　　)。

(A)升降变差 (B)位置影响 (C)绝缘电阻 (D)电压试验

136. 在对一块电压表的阻尼器进行修理后,在对其进行检定时,(　　)项可以不检。

(A)位置影响 (B)阻尼 (C)功率因素影响 (D)偏离零位

137. 对于等级指数小于和等于0.5的标准表,对每个检定点应读数(　　)。

(A)2次 (B)1次 (C)4次 (D)3次

138. 对于1.0级电流表,对其每个检定点应读数(　　)。

(A)2次 (B)1次 (C)4次 (D)3次

139. 对共用一个标度尺的多量限仪表,在对其非全检量限进行检定时,应对其测量上限和(　　)进行检定。

(A)测量下限 (B)可以判定为最大误差的带数字分度线

(C)全检量限内的负误差最大点 (D)全检量限内的正误差最大点

140. 对不公用一个标度尺的多量限仪表,应(　　)进行检定。

(A)任选一个全检量限,其余量限只对测量上限

(B)任选一个全检量限,其余量限只对测量下限

(C)分别对每一个标度尺对应的量限,选一个全检量限,而该标度尺对应的其他量限按非全检量限的检定办法

(D)分别对每个标度尺对应的量限,选一全检量限,其余量限只对测量上限

141. 对带有互感器的交流仪表的非全检量限的检定,应检定额定频率范围上限,可以判定为最大误差的分度线和(　　)。

(A)额定频率范围的下限 (B)额定频率

(C)测量上限 (D)中间带数字分度线

142. 电压表在检定前,应置于检定环境条件中进行预热,一般应预热的时间为(　　)。

(A)4 h (B)2 h (C)3 h (D)8 h

143. 检定电流表指示器偏离零位误差,应在(　　)进行。

(A)检定全部量限之后 (B)检定任一量限之后

(C)检定全检量限之后 (D)通电一段时间之后

144. 对功率表的偏离零位误差测定,还要在检定(　　),测定当电压线路加额定电压,电流回路断开时,指示器对零分度线的偏离值。

(A)全检量限基本误差之前　　(B)全检量限基本误差之后

(C)任一量限之后　　(D)任一量限之前

145. 对于电压表的偏离零位测定方法是在全检量限检定基本误差之后,调节被测量至测量上限停(　　)后,缓慢地减小被测量至零并切断电源,15 s 内读取指示器对零分度线的偏离值。

(A)20 s　　(B)15 s　　(C)30 s　　(D)10 s

146. 对仪表功率因素影响误差的测定是在电压、电流及频率均为额定值的条件下,调节移相设备,使 $\cos\phi$ 等于所需要的值后,调节电流使指示器指在(　　)分度线上,用标准器测量功率的实际值。

(A)测量上限　　(B)测量下限　　(C)测量范围中心　　(D)2/3 测量上限

147. 对功率表功率因素影响所引起的改变量应小于或等于(　　)。

(A)基本误差限的 100%　　(B)基本误差限的 50%

(C)基本误差限的 80%　　(D)基本误差限的 60%

148. 电工仪表的电压试验环境温度为 15~35 ℃,相对湿度不应超过(　　)。

(A)80%　　(B)75%　　(C)85%　　(D)70%

149. 修理后的电测量指示仪表,在绝缘强度测定的试验过程中,当被试仪表指示器出现(　　)时,就可以认定被试仪表的绝缘强度不合格。

(A)仪表内有电晕噪声　　(B)仪表指示器颤动

(C)仪表指示器转到终止指针挡并弯曲　　(D)仪表指示器偏转缓慢,阻尼大

150. 在对电流、电压、功率表做绝缘电阻试验时,在仪表所有线路与参考试验"地"之间,施加的直流电压应为(　　)。

(A)500 V　　(B)100 V　　(C)1 000 V　　(D)300 V

151. 仪表测量机构中的轴尖和轴承之间存在(　　)。

(A)反作用力矩　　(B)摩擦力矩　　(C)阻尼力矩　　(D)转动力矩

152. 指示仪表活动部分(　　)的变化量与引起偏转变化量的被测量变化量的比值,就是指示仪表的灵敏度。

(A)电流值　　(B)电压值　　(C)偏转角　　(D)指示值

153. 仪表灵敏度的(　　)定义为仪表常数。

(A)最大值　　(B)最小值　　(C)平均值　　(D)倒数

154. 一测量上限为 50 mA 的电流表,刻度共有 100 个小格且均匀,则它的灵敏度为(　　)。

(A)2 格/mA　　(B)0.5 mA/格　　(C)4 格/mA　　(D)1 格/mA

155. 使电动系仪表测量机构产生偏转的电量是(　　)。

(A)电流　　(B)电压　　(C)两个电压的乘积　　(D)两个电流的乘积

156. 磁电系仪表的标度盘是(　　)。

(A)均匀刻度　　(B)在零点附近刻度变窄

(C)在上限附近刻度变窄　　(D)上限和零点两头变窄

157. 仪表刻度盘上装反射镜的目的是为了减小(　　)。

(A)偏离零位误差　(B)读数误差　(C)示值误差　(D)示值变差

158. 仪表指针长度应选配合适,对刀形指示器的尖端应盖住标度尺上最短分度线长度的(　　)。

(A)1/3　(B)1/2　(C)1/4　(D)2/3

159. 用(　　)可代替轴和轴承,可避免由轴和轴承的摩擦引起的误差。

(A)游丝　(B)张丝　(C)玛瑙宝石轴承　(D)刚玉轴承

160. 磁电系仪表中有上下两个游丝,它除了产生反作用力矩,还兼作动圈的(　　)。

(A)调整电阻　(B)电流引线　(C)补偿电阻　(D)分流电阻

161. 一块 5 A 量限的磁电系电流表,接通交流电流为 4 A,频率为 50 Hz 时,该表的读数是(　　)。

(A)0 V　(B)4 A

(C)0.707×4 A　(D)在 0 位处略有抖动

162. 电测量指示仪表的最大基本误差是仪表示值与(　　)的最大绝对差值除以仪表量程,以百分数表示。

(A)测量的平均值　(B)各次测量实际值

(C)各次测量平均化整后的值　(D)各次测量化整后的值

163. 电测量指示仪表的最大变差是用(　　)表示的。

(A)引用误差　(B)相对误差　(C)绝对误差　(D)平均值误差

164. 一块 0.5 级标准电流表,其工作量程为 0～15 A,当测量 8 A 点的实际值分别为:上升值 8.06 A,下降值为 7.98 A,该点的升降变差为(　　)。

(A)0.08A　(B)－0.08A　(C)0.5%　(D)0.8%

165. 用一块标准有功功率表检定一块二元件三相功率表时,当被检表的示值为 100 分度线时,标准表的读数为 500.5 W,则被检功率表在 100 分度线的实际值为(　　)。

(A)500.5 W　(B)1 501.5 W　(C)1 001 W　(D)866.8 W

三、多项选择题

1. 我国计量工作的基本方针是国家有计划地发展计量事业,用现代计量技术、装备各级计量检定机构,为社会主义现代化建设服务,为(　　)以及人民健康、安全提供计量保证。

(A)工农业生产　(B)国防建设　(C)科学实验　(D)国内外贸易

2. 计量检定人员的职责是:正确使用计量基准或计量标准并负责维护、保养,使其保持良好的技术状况;(　　);承办政府计量部门委托的有关任务。

(A)执行计量技术法规,进行计量检定工作

(B)保证计量检定的原始数据和有关技术资料的完整

(C)领导交代的临时任务

(D)做适当的创新

3. 计量检定人员是指(　　)的人员。

(A)经考核合格　(B)持有计量检定证件

(C)从事计量检定工作　(D)领导指定

4. 电路图主要用途是:详细理解电路的作用原理;(　　)。

(A)分析与计算电路特性　　(B)作为编制接线图的依据

(C)简单的电路图还可以直接用于接线　　(D)作为系统图使用

5. 整流电路的主要形式有:(　　)及桥式整流电路等,这三种整流电路中又分单相和三相整流。

(A)交流整流电路　　(B)直流整流电路　　(C)半波整流电路　　(D)全波整流电路

6. 交流电的三要素是:振幅、(　　)。

(A)初相角　　(B)功率　　(C)角频率　　(D)相角

7. 已知电流 $I=\sin(100t+30°)$(A),对此信号描述正确的是(　　)。

(A)最大值是 1 A　　(B)角频率是 100 弧度/秒

(C)初相角是$+30°$　　(D)初相角是$-30°$

8. 电磁系测量机构有扁线圈(吸引式)结构和(　　)等。

(A)包围式　　(B)半包围式

(C)圆线圈(排斥式)结构　　(D)排斥吸引式

9. 电压互感器在使用中应注意的事项有:互感器的量限与被测参数及测量仪表的量限要一致;(　　);电压互感器的次级电路不允许短路。

(A)当电压互感器的次级电路中接入的测量仪表,其标度盘示值与输入参数极性有关时,接入互感器必须遵循同名端的接线规则

(B)电压互感器次级所带的全部负载阻抗应与其额定负载范围一致

(C)电压互感器在接入高压电路中使用时,必须将其次级电路的低电位端,连同铁芯及外壳一同可靠接地

(D)电流互感器的次级电路不允许短路

10. 标准电池的主要特性分别是温度特性,(　　),滞后效应。

(A)极化现象　　(B)光照影响

(C)便于存放　　(D)可以不受使用环境影响

11. 标准电阻的主要技术性能有:标准电阻的标称值、实际值及电阻值的偏差;标准电阻值的年变化;(　　)等。

(A)温度系数　　(B)额定功率　　(C)最大功率　　(D)绝缘电阻

12. 检定、校准和检测所依据的计量检定规程、计量校准规范、型式评价大纲和经确认的非包装方法文件,都必须是(　　)。

(A)经审核批准的文本　　(B)现行有效版本

(C)经有关部门注册的版本　　(D)正式出版的文件

13. 对电工仪表检定电源调节设备的主要技术要求有:(　　)和对被调量不应有附加影响。

(A)一定是业内最好的设备　　(B)调节范围要满足要求

(C)调节被调量要连续平稳　　(D)调节细度要满足要求

14. 电流、电压、功率表在做周期检定时应主要进行(　　)和升降变差的检定(仅对可动部分为轴承、轴尖支撑的标准表)等项目的检定。

(A)外观检查　　(B)基本误差检定　　(C)绝缘性　　(D)偏离零位

15. 在对一块张丝式 1.0 级电流表的阻尼器进行修理后,应进行如下的项目检定:外观检查;(　　)和阻尼检查。

(A)基本误差检定　(B)偏离零位检定　(C)位置影响检查　(D)绝缘性

16. 仪表测量机构的基本组成是(　　)和阻尼装置。

(A)指针　(B)游丝　(C)驱动装置　(D)控制装置

17. 作用在仪表测量机构活动部分的主要力矩有(　　)。

(A)转动力矩　(B)反作用力矩　(C)阻尼力矩　(D)摩擦力矩

18. 电工指示仪表的主要零部件有外壳、(　　)、游丝(张丝或吊丝)、阻尼器、调零器、止动器等。

(A)指示器　(B)刻度盘　(C)轴尖　(D)轴承

19. 磁电系仪表具有准确度高,(　　),受外磁场影响小,只能用于直流测量,结构比较复杂,成本较高等特点。

(A)灵敏度高　(B)功率消耗小　(C)刻度均匀　(D)过载能力小

20. 磁电系仪表由温度变化引起仪表产生附加误差的原因有(　　)三项。

(A)测量线路电阻的变化　(B)游丝或张丝反作用力矩系数的变化

(C)永久磁铁磁性的变化　(D)位置影响

21. 电流表数值修约对其末位数的要求有(　　)三种情况之一。

(A)是 1 的整数倍,即 0～9 中的任何数　(B)是 2 的整数倍,即 0～8 中的任何偶数

(C)是 5 的整数倍,即 0 或 5　(D)四舍五入法则

22. 经检定合格的标准电压表,检定证书中应注明仪表的(　　)和检定周期。

(A)最大基本误差　(B)最大升降变差

(C)检定点的修正值或实际值　(D)颜色

23. 用直接比较法检定 1.0 级电流、电压表时,应选择标准表的准确度等级应小于或等于 0.2,且(　　)和与其配套的互感器级别应≤0.05。

(A)标准表的标度尺长度≥200 mm

(B)标准表和被检表的工作原理应尽量相同

(C)标准表的变差应≤2/3 其允许误差

(D)标准表的测量上限与被检表测量上限之比值应为 1～1.25

24. 造成磁电系仪表转动部分不平衡的原因有几种可能,分别为(　　)。

(A)仪表过载受到冲击

(B)调平衡的加重材料选择不当,重量减轻或加重

(C)轴承螺丝松动,轴间距离太大,中心位置偏移

(D)结构不稳定,转动部分发生变形

25. 仪表游丝造成失效的主要原因有因过载,有较大的电流通过游丝,使之产生高温局部退火,引起弹性疲劳,还有因(　　)。

(A)周围环境中,磁场太强

(B)修理过程中,由于使用的电烙铁温度过高,焊接时间过长或多次焊接,都会引起局部退火,造成弹性疲劳

(C)使用仪表的周围环境中,有腐蚀性气体或空气中湿度较大,游丝被逐渐腐蚀氧化,致

使弹性变化

(D)游丝太长

26. 磁电系仪表有下面(　　)等情况时,可能产生位移。

(A)使用仪表的周围环境中,有腐蚀性气体或空气中湿度较大,游丝被逐渐腐蚀氧化

(B)仪表上下游丝外端焊片松动

(C)仪表指针在支持件上未装牢,有小量活动

(D)仪表轴座未粘牢,有松动

27. 造成磁电系仪表升降变差大主要有仪表轴尖生锈、氧化或有其他杂物粘附在表面和(　　)等原因。

(A)检定环境的影响

(B)仪表轴承锥孔磨损或有杂物,轴尖座、轴承或轴承螺丝松动

(C)仪表游丝内圈与轴心不同心,游丝太脏,过载产生弹性疲劳

(D)标准器的影响

28. 仪表平衡不好和(　　)是引起磁电系仪表刻度特性变化的主要原因。

(A)游丝因过载受热,引起弹性疲劳或游丝因潮湿或腐蚀而损坏

(B)电网电压的影响

(C)仪表因震动或其他原因使元件变形或相对位置发生变化

(D)阻尼的影响

29. 分析磁电系仪表电路通,但指示值很小的现象,主要原因可能是(　　)。

(A)仪表动圈有部分短路

(B)分流电阻绝缘不好,有部分短路

(C)游丝焊片和支架间的绝缘不好,有部分电流通过支架而分路

(D)指针太重

30. 造成磁电系仪表电路通但无指示现象可能是因为(　　)。

(A)表头有分流支路的测量线路,表头断路,但分流支路完好

(B)仪表内有异物

(C)表头被短路,游丝的焊片和支架间没有绝缘,使进出线直接短路

(D)游丝和支架相碰,使动圈被短路

31. 造成磁电系仪表指示不稳定的主要原因是(　　)。

(A)有虚焊　　(B)线路焊接处焊接不好,接触不良

(C)线路中有击穿　　(D)线路中有短路

32. 电工仪表测量机构的任何组件在修理后进行老化的方法有两种,分别是(　　)。

(A)放置沸水中　　(B)放置热油中　　(C)采用烘箱老化　　(D)自然放置老化

33. 常用电工基本安全用具有(　　)和绝缘棒等。

(A)验电笔　　(B)绝缘夹钳　　(C)手套　　(D)安全帽

34. 对带有反射镜的仪表,读数时要保证(　　)和反射镜中的针影三者在同一平面上,以消除读数误差。

(A)灯光　　(B)指针　　(C)左眼　　(D)视线

35. 铁磁材料分为(　　)和软磁材料。

(A)硬磁材料　　(B)巨磁材料　　(C)不锈钢材料　　(D)5号钢材

36. 欧姆定律主要说明了电路中(　　)三者之间的关系。

(A)电流　　(B)电压　　(C)电阻　　(D)功率

37. 属于强制检定工作计量器具的范围包括用于贸易结算、(　　)方面列入国家强制检定目录的工作计量器具。

(A)重要场所　　(B)安全防护　　(C)医疗卫生　　(D)环境监测

38. 接线图和接线表主要用于(　　)和故障处理。

(A)安装接线　　(B)线路检查　　(C)线路维修　　(D)代替系统图

39. 误差按其来源可分为设备误差、(　　)。

(A)环境误差　　(B)人员误差　　(C)方法误差　　(D)测量对象误差

40. 电气图一般按用途进行分类,常见的电气图有(　　)、接线图和接线表等。

(A)系统图　　(B)框图　　(C)电路图　　(D)蓝图

41. 计量检定人员出具的检定数据,用于(　　)和实施计量监督具有法律效力。

(A)量值传递　　(B)计量认证　　(C)技术考核　　(D)裁决计量纠纷

42. 电流、电压的(　　)都随时间变化的电路称为交流电路。

(A)频率　　(B)大小　　(C)方向　　(D)功率

43. 三极管的三个极分别是(　　)和集电极。

(A)基极　　(B)发射极　　(C)栅极　　(D)阳极

44. 电动系仪表的结构主要是由(　　)和指针等构成。

(A)固定线圈　　(B)可动线圈　　(C)阻尼器　　(D)外壳

45. 强制检定的计量器具是指强制检定的(　　)。

(A)计量标准　　(B)工作计量器具

(C)社会公用计量标准　　(D)领导指定的设备

46. 能用来构成磁场的磁路的磁性材料有(　　)。

(A)硅钢　　(B)铁氧体　　(C)玻莫合金　　(D)康铜

47. 电器设备着火时,不能使用(　　)灭火。

(A)泡沫灭火器　　(B)干粉灭火器　　(C)黄沙　　(D)四氯化碳灭火器

48. 在交流下检定0.5级电压表的基本误差,可以选择(　　)。

(A)交流表法　　(B)直流补偿法　　(C)直接比较法　　(D)数字电压表法

49. 当电压互感器接到高压电路中使用时,必须将其次级电路的(　　)一同可靠接地。

(A)低电位　　(B)铁芯　　(C)外壳　　(D)同名端

50. 万用表是采用磁电系测量机构,配合(　　)实现不同功能和不同量限的选择的一种仪表。

(A)表笔　　(B)转换开关　　(C)测量线路　　(D)面板

51. 所有新生产和使用中的磁电系电流表在周期检定时应做的项目是(　　)。

(A)位置影响　　(B)偏离零位　　(C)升降变差　　(D)绝缘电阻

52. 在对一块电流表的阻尼器进行修理后,在对其进行检定时,(　　)项目必须检定。

(A)位置影响　　(B)阻尼　　(C)基本误差　　(D)偏离零位

53. 对共用一个标度尺的多量限仪表,在对其非全检量限进行检定时,应对其(　　)进行检定。

(A)测量下限 (B)可以判定为最大误差的带数字分度线

(C)全检量限内的负误差最大点 (D)测量上限

54. 用张丝可代替(　　),可避免因摩擦引起的误差。

(A)游丝 (B)动圈 (C)轴 (D)轴承

55. 对于有额定频率范围及扩展频率范围的交直流两用仪表,还应在(　　)分别检定量程上限和可以判定最大误差的分度线。

(A)额定频率范围内下限频率 (B)额定频率范围内上限频率

(C)扩展频率的上限 (D)扩展频率的下限

56. 计量检定证包括(　　)、检定合格证。

(A)检定证书 (B)检定结果通知书 (C)校准证书 (D)校准结果通知书

57. 计量检定印包括錾印和(　　)。

(A)喷印 (B)钳印 (C)漆封印 (D)注销印

58. 检定证书、检定结果通知书必须有(　　)签字,并加盖检定单位印章。

(A)经理 (B)检定员 (C)检验员 (D)主管人员

59. 绝缘材料可分为(　　)和气体绝缘材料。

(A)固体绝缘材料 (B)液体绝缘材料

(C)固体和液体混合物 (D)康铜

60. 对标准电阻的主要要求有电阻值随时间变化要非常微小,还有(　　)。

(A)保存方便 (B)允许随意放置

(C)热效应、残余电感和分布电容要极微小 (D)结构要简单,便于使用

61. 电源的稳定度是指在规定的条件下,在某一个时间间隔内,(　　)或频率的最大相对变化。

(A)功率 (B)电压 (C)电流 (D)相位

62. 构成仪表测量机构的三要素分别是(　　)和阻尼力矩。

(A)转动力矩 (B)反作用力矩 (C)摩擦力矩 (D)迟滞力矩

63. 接线图和接线表主要用于(　　)和故障处理。

(A)安装接线 (B)线路检查 (C)线路维修 (D)代替系统图

64. 国际单位制中包括长度、(　　)、时间频率、光学、放射性和化学等所有领域的计量单位。

(A)力学 (B)热学 (C)电磁学 (D)声学

65. 在国际单位制中规定了七个基本单位,它们分别是米、(　　)、摩尔和坎德拉。

(A)千克 (B)秒 (C)安培 (D)开尔文

66. 根据获得测量结果的不同方法,可以将测量方法分为(　　)共三类。

(A)直接测量 (B)间接测量 (C)组合测量 (D)粗略测量

67. 在电学计量中,根据度量衡在量值传递中的作用及准确度的高低,将其分为(　　)三种。

(A)基准度量衡 (B)标准度量衡 (C)工作度量衡 (D)基准量具

68. 在电学计量中,基准度量器还可分为(　　)和工作基准。

(A)主要基准 (B)主基准 (C)副基准 (D)比较基准

69. 在电学计量标准量具中通常使用的工作度量器有:标准电池、( )、电感箱、电容箱、分压箱、分流器、电流互感器和电压互感器等。

(A)标准电阻 (B)标准电感 (C)标准电容 (D)电阻箱

70. 为了定量地反映测量误差的大小,可采用三种表达方式,即( )。

(A)绝对误差 (B)系统误差 (C)相对误差 (D)引用误差

71. 从误差本身的性质及规律出发,还可以将测量误差分为三大类,即( )。

(A)绝对误差 (B)系统误差 (C)随机误差 (D)粗差

72. 检定证书的封面内容中至少包括( )。

(A)发出证书的单位名称、证书编号、页号和总页数

(B)委托单位名称、被检定计量器具名称、出厂编号

(C)检定结论、检定日期;检定、核验、主管人员签名

(D)测量不确定度及下次送检的要求

73. 对仪表功率因素影响误差的测定是在( )均为额定值的条件下,调节移相设备,使 $\cos\phi$ 等于所需要的值后,调节电流使指示器指在测量范围中心分度线上,用标准器测量功率的实际值。

(A)电压 (B)电流 (C)频率 (D)测量上限

74. 在对( )做绝缘电阻试验时,在仪表所有线路与参考试验"地"之间,施加的直流电压应为 500 V。

(A)电流表 (B)电压表 (C)相位表 (D)功率表

75. 电工仪表的张丝一般采用( )和镍钼合金制成的。

(A)锡锌青铜 (B)铍青铜 (C)铂银合金 (D)钴合金

76. 数字仪表具有( )、直观等特点。

(A)体积小 (B)输入阻抗高 (C)功耗小 (D)显示速度快

77. 标准电池的使用和保存应注意( )和标准电池的出厂证书、检定证书应妥善保管。

(A)标准电池应远离冷热源,标准电池的温度波动要尽量小

(B)标准电池要避免光的直接照射

(C)不能让人体的任何部位使标准电池的两极端钮短接,不能用电压表或万用表去测量标准电池的电动势值

(D)标准电池严禁倒置、摇晃和振动

78. 造成磁电系仪表偏离零位误差的主要原因有( )和轴承或轴承螺丝松动,孔磨损,洁度降低,作表面有伤痕或圆锥孔内太脏等。

(A 仪表轴尖磨损变钝、生锈或有脏物 (B)轴尖座松动

(C)仪表游丝内焊片与轴承螺丝摩擦 (D)内圈和轴心不同心

79. 电磁系仪表一般有( )和价钱便宜等特点。

(A)准确度低 (B)功率损耗大 (C)分度不均匀 (D)过载能力大

80. 电动系仪表一般有( )和价格昂贵等特点。

(A)准确度高 (B)功率损耗大 (C)过载能力小 (D)过载能力大

81. 铁磁电动系仪表一般有( )和过载能力小等特点。

(A)准确度低　(B)功率损耗大　(C)分度均匀　(D)作万用表

82. 整流系仪表一般有(　　)和过载能力小等特点。

(A)准确度低　(B)功率损耗大　(C)分度均匀　(D)作万用表

83. 感应系仪表一般有(　　)和过载能力大等特点。

(A)准确度低　(B)功率损耗大　(C)分度均匀　(D)作电能表

84. 高精度仪表一般有(　　)、易于损坏和价格昂贵的特点,所以工作需要认真和细心。

(A)灵敏度高　(B)灵敏度低　(C)过载能力差　(D)过载能力强

85. 按仪表的用途来划分,可以分为电流表、(　　)、电能表、相位表、频率表。

(A)电压表　(B)功率表　(C)直流表　(D)电阻表

86. 如果按仪表的工作电流性质划分,可分为(　　)和交直流两用仪表。

(A)电压表　(B)交流表　(C)直流表　(D)电阻表

87. 按工作原理和结构来划分,常用的指示仪表有:磁电系仪表、(　　)、静电系仪表、整流系仪表等等。

(A)电磁系仪表　(B)电动系仪表　(C)铁磁电动系仪表　(D)感应系仪表

88. 选择电测量指示仪表有基本误差满足要求、(　　)和要有良好的读数装置等技术要求。

(A)功率损耗小　(B)阻尼良好　(C)绝缘电阻高　(D)过载能力强

89. 计量的基本特征是(　　)和法制性。

(A)强制性　(B)统一性　(C)准确性　(D)社会性

90. 县级人民政府行政部门根据需要,在统筹规划、(　　)、方便生产的前提下,可以授权其他单位的计量机构或技术机构,执行强制检定和其他检定、测试任务。

(A)追求高标准　(B)经济合理　(C)就地就近　(D)便于管理

91. 强制检定是指对社会公用计量标准,部门和企业、事业单位使用的最高计量标准,以及用于(　　)、环境监测 4 个方面的列入强制检定目录的工作计量器具,由县级以上政府计量行政部门指定的法定计量检定机构或者授权的计量技术机构,实行定点、定期的检定。

(A)贸易结算　(B)安全防护　(C)医疗卫生　(D)便于管理

92. 检定规程是指对计量器具的计量性能、(　　)以及检定数据处理等所作的技术规定。

(A)检定项目　(B)检定条件　(C)检定方法　(D)检定周期

93. 国际单位制的优越性表现在统一性、(　　)、继承性和世界性。

(A)简明性　(B)实用性　(C)合理性　(D)科学性

94. 国家选定的非国际单位制的单位名称有平面角的秒/分/度、(　　)、质量的吨和土地面积的公顷等等。

(A)时间的分/时/天　(B)旋转速度的转每分

(C)长度的米　(D)速度的节

95. 较高准确度的交直流数字仪器的示值误差都带有时间概念,有 24 小时误差、(　　)和一年误差。

(A)30 天误差　(B)90 天误差　(C)60 天误差　(D)半年误差

96. 通常五功能电参数的数字多用表,是指拥有直流电压表、(　　)、交流电流表和数字欧姆表功能的综合仪表。

(A)磁电系仪表　(B)直流电流表　(C)交流电压表　(D)整流系仪表

97. 数字电压表的误差检定方法可分为三大类,分别为(　)和直流标准仪器法。

(A)直流标准电压源法　(B)直流比较法(标准数字电压表法)

(C)交流电压表法　(D)交直流转换法

98. 根据计量法规定,计量检定规程分三类,即(　)。

(A)电学检定规程　(B)国家计量检定规程

(C)部门计量检定规程　(D)地方检定规程

99. 计量技术法规包括(　)。

(A)计量检定规程　(B)国家计量检定系统表

(C)计量技术规范　(D)国家测试标准

四、判 断 题

1. 计量的定义是实现单位统一、量值准确可靠的活动。(　)
2. 以确定量值为目的的一组操作称为测量。(　)
3. 测量有时也称计量。(　)
4. 测量准确度是测量结果与被测量真值之间的一致程度。(　)
5. 准确度是一个定性的概念。(　)
6. 计量检定的目的是确保检定结果的准确,确保量值的溯源性。(　)
7. 检定结论是要确定该计量器具是否准确。(　)
8. 准确度是计量器具的基本特征之一。(　)
9. 对应两相邻标尺标记的两个值之差称为分度值。(　)
10. 不合格通知书是声明计量器具不符合要求的文件。(　)
11. 校准的依据是检定规程或校准方法。(　)
12. 校准不判断测量器具的合格与否。(　)
13. 实行统一立法,集中管理的原则是我国计量法的特点之一。(　)
14. 计量检定人员依法执行计量检定任务受法律保护。(　)
15. 无计量检定证件的,不得从事计量检定工作。(　)
16. 检定合格印应字迹清楚。(　)
17. 计量器具在检定周期内抽检不合格的,发给检定结果通知书。(　)
18. 法定计量单位是由国家法律承认的一种计量单位。(　)
19. 国际单位制是在公制基础上发展起来的单位制。(　)
20. 测量结果减去被测量的真值称为测量误差。(　)
21. 系统误差及其原因不能完全获知。(　)
22. 系统误差大抵来源于影响量。(　)
23. 测量仪器的引用误差是测量仪器的误差除以仪器的特定值。(　)
24. 计量器具的最大误差可以用引用误差的方式表征。(　)
25. 用代数方法与未修正测量结果相加,以补偿其系统误差的值。(　)
26. 国际单位制是在米制基础上发展起来的单位制。(　)
27. 电路图主要是用于安装接线和线路维修的一种电气图。(　)

28. 接线图按国标图形符号表示电气元器件,但同一符号不得分开画。( )

29. 框图可以将同一电气元器件分解为几部分,画在不同的回路中。( )

30. 铜、铅等材料属于高阻材料,它们主要用于制造精密电阻器。( )

31. 空气、变压器油属于绝缘材料。( )

32. 铸铁属于磁性材料,它具有高的导磁系数。( )

33. 铁氧体和玻莫合金可用来制造电气设备的铁芯。( )

34. 电碳材料是一种特殊的导电材料,可用来制造电气设备的铁芯,构成磁场的通路。( )

35. 仪表的轴尖应采用无磁性、不易锈蚀的材料来制作。( )

36. 电磁仪表的轴尖应采用高磁性、不易锈蚀的材料制作。( )

37. 电工仪表的游丝要求平整、光洁,并应有正确螺旋线形状,但其宽度与厚度与游丝的性能无关。( )

38. 无磁性漆包铜线可用来绕制电工仪表的动圈。( )

39. 仪表游丝粘圈时,可用酒精或汽油进行清洗。( )

40. 钳形表在测量线路电流时,可带电转换量程。( )

41. 对于三相对称系统,可采用"一表"法测量三相有功功率,其实际功率值等于功率表的实际读数乘以$\sqrt{3}$。( )

42. 数字式仪表是由 A/D 转换器和显示器两部分组成。( )

43. 整流系仪表是电磁系测量机构配以半导体整流元件组成的仪表。( )

44. 静电系仪表的测量机构的固定和可动部分一般都是由电极构成的,因此,静电系电压表反映的是交流电压表的平均值。( )

45. 静电系仪表只能用于交流电路测量。( )

46. 静电系仪表是一种交直两用仪表,在交流电路测量中,它反映的是交流的有效值。( )

47. 频率表属于比率式结构仪表,测量前它的指针是停留在任意位置。( )

48. 在直流电路中,把电流流入的一端叫电源正极。( )

49. 电容器具有阻止交流通过的能力。( )

50. 在电路中,将两只电容串联起来,总的电容量将减少。( )

51. 10 kV 以下带电设备与操作人员正常活动范围的最小安全距离是 0.6 m。( )

52. 当空气中的相对湿度较大时,会使绝缘电阻上升。( )

53. 静电或雷电能引起火灾。( )

54. 在直流下检定 1.0 级电压表,一般应采用交直流比较法。( )

55. 在直流下检定 0.5 级电流表,可采用数字式电压表法。( )

56. 在交流下检定 1.0 级电压表,可采用直流补偿法。( )

57. 在交流下检定 0.5 级电流表,一般可采用交直流比较法。( )

58. 在电工仪表的拆装过程中,所有零部件的任何相对位置的变动都会影响仪表原来的特性。( )

59. 对因过载冲击造成可动部分平衡不好的仪表,检修时首先应先依靠扳指针的办法使其恢复到冲击前的平衡状态。( )

60. 在拆装仪表的磁屏蔽罩时，磁屏蔽罩的安装螺丝的松紧程度可随意调整，不会影响屏蔽效果。（　）

61. 对内磁式结构的磁电系仪表，调节磁分路片，不会改变仪表的刻度特性。（　）

62. 仪表测量机构必须采用烘箱老化，不可采用自然放置老化的处理方法。（　）

63. 仪表线圈在绕制过程中，每层线间应刷一次专用胶，以防止导线松动或脱开。（　）

64. 电磁系仪表为避免因拆开测量机构的固定线圈而引起位移，轴尖的拔出与安装可以不拆开测量机构进行。（　）

65. 电动系仪表可动线圈与固定线圈的起始角在修理过程中，其相对位置应保持不变。（　）

66. 修磨仪表轴尖时，可用钟表用的天然四方油石进行磨修。（　）

67. 对仪表磁铁进行充磁时，其充磁效果的好坏，与充磁机的感应磁通有很大关系，但与充磁机极头的形状是否与被充磁的磁铁外形相适应无关。（　）

68. 焊接仪表游丝应选用 75 W 的电烙铁快速焊接。（　）

69. 磁电系仪表的结构特点是具有固定的永久磁铁和固定线圈。（　）

70. 在电磁系仪表的测量机构中，由于存在动铁片，在直流电路工作时将产生涡流误差。（　）

71. 电动系仪表测量机构的线圈中不存在任何铁磁物质，因此，其工作磁场是很强的。（　）

72. 与互感器配合使用的安装式电流表的刻度通常是根据互感器的变化直接刻成二次电流值。（　）

73. 电磁系安装式电压表与电压互感器配合测量时，电压互感器的二次电压一般是 100 V。（　）

74. 一台内阻为 R_0 的磁电系直流电流表，若将其电流量程扩大 n 倍，只须将该表串联一个 $R_0/n-1$ 的电阻即可实现。（　）

75. 测量用互感器实际上是一个带有铁芯的变压器。（　）

76. 电流互感器在高压电路中使用时，必须将其次级电路的低电位端同铁芯及外壳一同可靠接地。（　）

77. 电流互感器的次级电路中允许安装保险丝。（　）

78. 电流互感器次级电路中允许并联接入可以短路的开关。（　）

79. 饱和标准电池中的电解液在其允许使用的温度范围内都是饱和溶液。（　）

80. 不饱和标准电池中的电解液在任何温度下都是不饱和溶液。（　）

81. 标准电池由于它的内阻很高，在充放电的情况下不会产生极化现象。（　）

82. 标准电池的电动势不能用一般电压表或万用表去测量。（　）

83. 当标准电阻承受的功率从额定值改变到最大值时，电阻的实际值不会发生变化。（　）

84. 用兆欧表测量大电容设备的绝缘电阻时，必须先将被测物短路放电后，再停止绝缘电阻测量表的转动。（　）

85. 万用表不是一种公用一个标度尺的多量限仪表。（　）

86. 万用表表头的满偏转电流载越大，灵敏度就越高。（　）

87. 万用表在作为电压表使用时,它的内阻参数值越小,对测量线路的工作状态影响就越小。(　　)

88. 万用表在作为电压表使用时,它的内阻参数值越大,测量误差就越大。(　　)

89. 万用在使用中,可以带电转换量程。(　　)

90. 符号"•[5 mA R]•"表示外附定值附加电阻,表头电流值为 5 mA。(　　)

91. 符号"≋"表示具有单元件的三相平衡负载交流。(　　)

92. 符号"$R_d=0.15$"表示仪表专用导线电阻为 0.15/根。(　　)

93. 符号"$U_{max}=1.5U_n$"表示最大允许电压为额定值的 1.5 倍。(　　)

94. 符号"∠30°"表示标尺位置与垂直面倾斜 30°。(　　)

95. 符号"☆2"表示绝缘电阻试验 2 MΩ。(　　)

96. 不合格且已经开具报废单的周期检定仪器必须返回所属单位。(　　)

97. 符号"(1.5)"表示以示值的百分数表示的准确度级别为 1.5 级。(　　)

98. 用两块不同准确度级别,而且量限不同的电压表去测量同一电压值时,准确度级别高的仪表测量误差一定比准确度低的测量误差小。(　　)

99. 测量非正弦波的交流有效值时,可选用整流系仪表。(　　)

100. 特殊设计的电动系仪表可用于中频交流测量。(　　)

101. 测量高频率的电量时,应采用电动系仪表。(　　)

102. 对于测量电压来说,要求电压表的内阻越小越好。(　　)

103. 电流表的内阻越小,它的消耗功率越小,其测量误差就越小。(　　)

104. 仪表在标度盘或说明书上无注明仪表属于哪组和哪组性能的,则为普通式和 B 组仪表。(　　)

105. 对带有反射镜的仪表,读数时要保证视线、指针与反射镜中的针影三者在一平面上。(　　)

106. 检定电工仪表时,要求电源调节设备在调节被测量时,要连续平稳,主要是为了准确地测量仪表的升降变差。(　　)

107. 对于检定等级指数小于 0.1 级的交流电表,其电源稳定度应不低于被检表误差限的 1/10。(　　)

108. 调节设备中最小调节盘旋转一步所对应的被调量值越大说明该设备的调节细度越好。(　　)

109. 被测功率表的电压和电流分量的频率在检定时的允许偏差是标准频率的±1%。(　　)

110. 等级指数为 0.5 的标准表,其标度尺为 110 mm,可以用来检定 5.0 级盘用电表。(　　)

111. 用模拟指示仪表作为标准,检定 2.5 级交流电压表时,可用 0.5 级标准电压表配用 0.2 级电压互感器进行检定。(　　)

112. 用直接比较法检定电流表,就是将被检表和标准表串联起来,并接至调节设备和电源的一种检定方法。(　　)

113. 电压表在做周期检定时，应首先对其绝缘电阻进行测试，以保证其绝缘性能安全完好。（　）

114. 一台电流表因误差超差，在对线路电阻进行调修后，必须对其做位置影响测定。（　）

115. 对修理了测量机构的功率表应对其功率因素影响进行测定。（　）

116. 在对仪表示值误差检定时，对每一带数字分度线点的检定次数是根据仪表变差的大小而定的。（　）

117. 对多量限仪表，应只对其中一个量限的所有带数字分度线进行检定，而对其余量限可只检测量上限即可。（　）

118. 检定带有外附专用分流器及附加电阻的仪表可按多量限仪表的检定方法检定。（　）

119. 相对误差就是引用误差。（　）

120. 对带有互感器的交流电表的非全检量限可只检额定频率下限和测量上限。（　）

121. 对交直流两用电表，如用户只用于交流测量时，也必须分别在直流和交流下检定。（　）

122. 能在多种电源下使用的电工仪表，应分别在每种电源下进行检定，但也可根据用户需要，只检所需部分。（　）

123. 国家标准规定，在温度(20±2)℃时，与定值分流器电位端钮到毫伏表的两条引线电阻值可以是任意的。（　）

124. 配定值导线的仪表实际上是毫伏表，由于毫伏表的内阻较高，所以检定时，导线电阻可忽略不计。（　）

125. 安装式仪表的准确度等级较低，可以在检定前不预热。（　）

126. 电测量指示仪表的变差是在外界条件不变的情况下，仪表测量同一量值时，被测量实际值之间的差值。（　）

127. 电流表的变差是两次测量某一量值之间的差值，用相对误差表示。（　）

128. 一块1.0级，标度尺长110 mm的电流表，在对该表进行偏离零位误差检定时，只要其偏离零位值小于等于0.55 mm，则此项目检定为合格。（　）

129. 仪表偏离零位误差是用标度尺长度的百分数表示。（　）

130. 对功率表功率因素影响引起的仪表指示值的改变量应小于基本误差限的50%。（　）

131. 对无位置标置的仪表，可不做修后位置影响测试。（　）

132. 仪表在做电压试验时，是根据标称线路电压选择试验电压的，电流表的标称线路电压为300 V。（　）

133. 电流电压表在做绝缘电阻试验时，应选用1 000 V绝缘电阻表进行10 min的施加电压试验。（　）

134. 仪表的绝缘电阻试验是在仪表已经接在一起的所有线路和参考试验“地”之间测量绝缘电阻。（　）

135. 用电磁力的方法也可以使仪表产生反作用力矩。（　）

136. 仪表可动部分一般都工作在微欠阻尼状态。（　）

137. 仪表摩擦力矩的方向与可动部分的运动方向相反。(　　)

138. 仪表轴尖和轴承之间的摩擦产生的力矩,会阻止可动部分的运动,但不会影响仪表示值的正确性。(　　)

139. 仪表标度尺特性的好坏是指仪表的分度和被测量是否成比例而言的。(　　)

140. 磁电系仪表的电流灵敏度在仪表标度尺的全部分度线是不同的。(　　)

141. 如果将电测量是频率或相位直接作用到电动系测量机构上时,测量机构是不会产生偏转的,必须将其转换成两个电流的乘积的电量才能使测量机构产生偏转。(　　)

142. 轴尖的作用主要是用来支承测量机构的可动部分。(　　)

143. 磁电系仪表的主要零部件是:永久磁铁、动圈、游丝、轴尖、轴承、指针、调零器、平衡锤及标度盘,磁电系仪表还设有专门的阻尼器。(　　)

144. 磁电系仪表中的反作用力矩是依靠游丝的机械弹性产生的。(　　)

145. 因磁电系仪表动圈偏转方向是随被测电流方向的改变而改变的,所以磁电系仪表可用于交流电量测量。(　　)

146. 磁电系仪表的永久磁铁的磁性是固定不变的,它不随温度的变化而变化。(　　)

147. 磁电系仪表中的磁分路器是用来补偿线路电阻因温度变化而产生的误差的一种器件。(　　)

148. 仪表平衡锤在平衡杆上有微量的移动,不会影响仪表的误差。(　　)

149. 焊接仪表游丝时,为保证游丝焊接牢固可靠,应将电烙铁直接加热游丝。(　　)

150. 仪表游丝因潮湿或腐蚀性气体的腐蚀而损坏,会使仪表的刻度特性产生变化。(　　)

151. 因仪表分流电阻绝缘不好,部分短路时,会使磁电系仪表出现电路通,但仪表指示很小的故障。(　　)

152. 没有检定授权的电子秒表,可以不检定直接使用。(　　)

153. 电压表的升降变差数据修约是采用"四舍六入"奇数法则。(　　)

154. 1.5 级直流电流表的升降变差修约是采用"四舍五入"计算法则。(　　)

155. 电压表的最大基本误差是用绝对误差表示。(　　)

156. 0.5 级电流表的最大基本误差是以标尺长度的百分数表示的。(　　)

157. 0.2 级功率表的最大基本误差是用引用误差表示的。(　　)

158. 电工仪表的最大变差是用绝对误差表示的。(　　)

159. 0.5 级标准电压表的最大变差是用引用误差表示的。(　　)

160. 仪表检定原始记录,可以划改,但不得涂改,划改的数据必须履行一定的手续。(　　)

161. 作为工作标准的仪表检定原始记录,只要检定合格,原始记录只需保存半年即可。(　　)

162. 经检定合格的标准电流表,应发给检定合格证。(　　)

163. 经检定合格的工作用电工仪表,必须发给检定证书,而不可用检定合格证代替。(　　)

164. 对检定不合格,可降级使用的标准功率表,可以发给降级后的检定证书。(　　)

165. 根据仪表使用条件和使用时间不同,用户和检定单位可以商定仪表的检定间隔。(　　)

五、简 答 题

1. 按数据修约规则，将下列数据修约小数点后 2 位。

3.141 59　修约为__________

2.715　　修约为__________

2. 将下列数据化为 4 位有效数字：14.005；　1 000 501。

3. 现有一只金属膜电阻 R_A，其阻值为 5.1 kΩ，0.25 W，另一只金属膜电阻 R_B，阻值为 82 Ω，1 W，试问使用时允许加在哪个电阻上的电压值大？为什么？

4. 简述磁电系仪表测量机构的组成。

5. 电流互感器的次级电路为什么不允许开路？

6. 简述电压互感器次级不能短路的原因。

7. 简述正确选择互感器量限的意义是什么。

8. 为什么互感器的负载要匹配？

9. 简述标准电池的原理及主要特点。

10. 简述标准电池不允许振动或倒置的原因。

11. 何为标准电阻的年稳定性？

12. 简述绝缘电阻表"屏"(G)端钮的作用。

13. 绝缘电阻表在测试完应注意的问题是什么？

14. 简述用兆欧表测量电缆绝缘的方法。

15. 为什么在测量电缆的绝缘电阻时，必须将电缆的绝缘物接到兆欧表的"屏"(G)端？

16. 简述在对大电容设备进行绝缘电阻测试中应注意哪些问题。

17. 为什么当被测线路阻抗很高时，选择电压表的内阻应越高越好？

18. 对于测量电流来说，为什么要求电流表的内阻越小越好？

19. 何为电源的稳定度？

20. 在对一块 0.5 级电动系张丝式功率表的测量机构进行调修后，应进行哪些项目的检定？

21. 简述带外附器件电流电压表的检定方法。

22. 简述电流、电压表偏离零位误差的检定方法。

23. 简述电流、电压、功率表电压试验对试验装置的要求。

24. 简述电压表进行电压试验的方法。

25. 电流、电压表在电压试验中出现什么现象，可判定电压试验不合格？

26. 简述电压表的绝缘电阻试验的方法。

27. 简述电工仪表测量机构的作用是什么。

28. 简述仪表转动力矩产生的原因。

29. 简述仪表测量机构三要素缺一不可的原因。

30. 何为仪表的标度尺特性？

31. 简述对非均匀刻度尺仪表刻度盘的要求。

32. 对电压表的实际值或修正值是如何进行修约的？

33. 简述对检定电工仪表的电源调节设备的主要技术要求。

34. 准确度等级相等的仪表，量程不同，它们的测量误差是否相同，为什么？（举例说明）

35. 简述电测量指示仪表变差的含义及产生原因。

36. 电测指示仪表的变差是否能用加修正值的方法对其进行修正？

37. 国家检定规程对电流电压及功率表的检定周期是如何规定的？

38. 造成磁电系仪表偏离零位的主要原因是什么？

39. 简述电测量指示仪表的基本误差和它的准确度等级的关系。

40. 简述磁电系仪表的特点。

41. 造成磁电系仪表电路通但无指示现象的主要原因是什么？

42. 列举根据驱动方式不同，常用仪表的分类。

43. 简述国家检定规程规定修理后的电流表需要检定的项目。

44. 标准电池的使用和保存应注意哪些问题？

45. 试分析图1中仪表不平衡的原因是由哪个平衡锤引起的，如何调整。

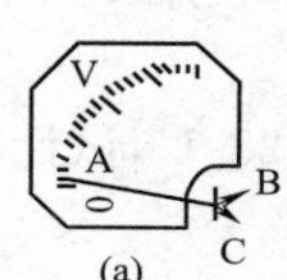

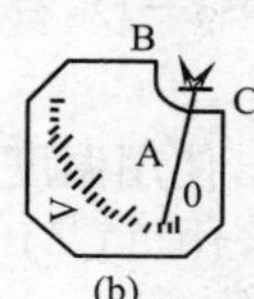

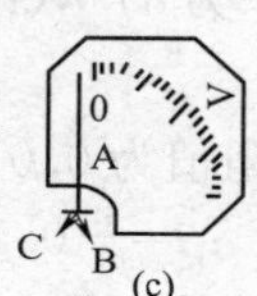

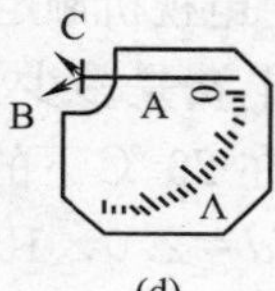

图 1

46. 画出磁电系多量限电压表原理线路图。

47. 画出磁电系电压表原理线路图。

48. 画出带有分流器的电流表线路图。

49. 画出有独立分流器三个量限的电流表原理线路图。

50. 经检定合格的标准电压表，检定证书中应注明哪些内容？

51. 简述电压表数值修约对其末位数的要求是什么。

52. 何为仪表的测量线路？

53. 为什么绝缘电阻表在没有停止转动和被测物没有放电以前，不可用手触及被测物？

54. 列举国家检定规程规定的周期检定电压表的检定项目。

55. 为什么互感器的次级回路要一点接地？

56. 如何确定数字电压表的基本量程？

57. 数字电压表检定时的温湿度要求是什么？

58. 用直流标准电压发生器做标准器检定直流数字电压表时，如何计算被检直流数字电压表的误差？

59. 充磁机是由哪几部分构成？

60. 凡公用一个标度尺的多量程磁电系仪表，按照检定规程如何检定？

61. 万用表是由哪几部分组成的？

62. 作用在磁电系仪表测量机构活动部分的主要力矩有哪些？

63. 简述磁电系仪表由温度变化引起仪表产生附加误差的原因。

64. 磁电系仪表测量机构的基本组成是什么？

65. 磁电系仪表刻度特性变化的主要原因是什么？

66. 如何消除恒定磁场对磁电系仪表测量值的影响？

67. 怎样测量仪表标度尺的长度？

68. 简述功率表偏离零位的检定方法。

69. 对可降级使用的标准电流表，如何管理？

70. 在环境温度升高后，对磁电系仪表有什么影响？

六、综 合 题

1. 画出用直接比较法检定磁电系电流表的接线图，并写出被测量的计算方法。

2. 画出用直接比较法检定单相功率表的接线图，并写出被测量的计算公式。

3. 某标准电池在 20 ℃下的电动势为 $E_{20}=1.018\ 632$ V，使用温度为 19.2 ℃，试计算在该温度下其实际电动势值(化整到 1 μV)。

4. 某 51 cm 彩色电视机额定功率为 85 W(设 $\cos\phi=1$)，若每天使用 4 h，电费 0.4 元/kW·h，求每月(30 天)应付电费是多少？

5. 某标准电阻在 20 ℃下的电阻值为 0.01 Ω，使用温度为 25 ℃，试计算在该温度下其实际电阻值是多少？($d=2.0\times10^{-6}$℃；$\beta=-0.50\times10^{-6}$℃^{2})

6. 检定一台 1.5 级直流电压表，其测量上限为 150 V，直流电压调节电源在半分钟内，电压值从 149.5 V 变化到 150.1 V，试计算其电压稳定度是多少？并判断是否满足检定要求。

7. 检定一块 1.0 级 10 A 直流电流表时，其电源在半分钟内从 9.98 A 变化到 9.99 A，试计算其电源稳定度，并判断是否合格？

8. 画出直接比较法检定磁电系电压表的接线图，并写出被测量的计算公式。

9. 如图 2 所示，试分析仪表不平衡是由哪个平衡锤引起的。如何进行调整。

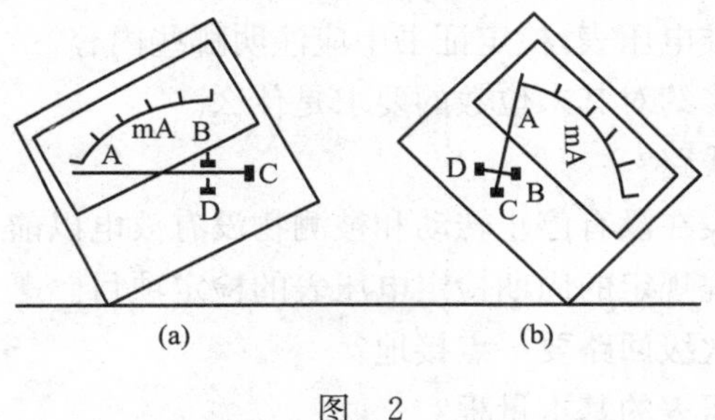

图 2

10. 如图 3 所示电路中，已知 $R_1=750$ Ω，$R_2=500$ Ω，求等效电阻 R_{ab} 的阻值，若电流 $I=125$ mA，求电流 I_1 和 I_2 的值各是多少？

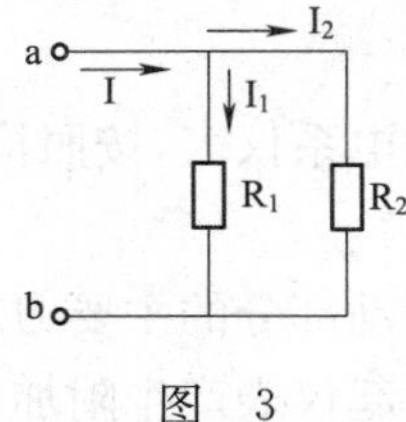

图 3

11. 图 4 为电桥电路,已知电桥处于平衡状态,$R_1=100\ \Omega$,$R_2=150\ \Omega$,$R_3=80\ \Omega$,$E=5\ V$,求电流 I_3。

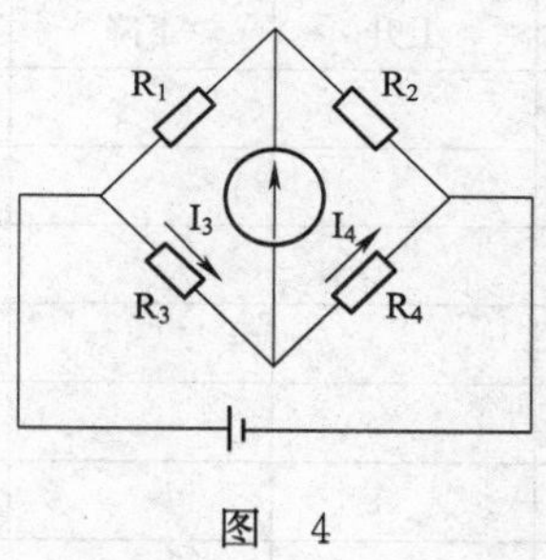

图 4

12. 有两只电容器,一只为 4 μF,耐压 250 V,另一支 6 μF,耐压 400 V,求将它们串联后的电容量和耐压各是多少?

13. 某照明电路中的熔断电流为 5 A,现将 220 V,1 000 W 的负载接入电源,问熔断器是否熔断?若 220 V、1 500 W 的负载接入情况如何?

14. 为什么仪表的准确度要用最大引用误差表示,而不用相对误差表示?

15. 一块准确度为 0.5 级,150 分格刻度,量程为 150 V 电压表,检定结果数据见表 1,试对数据进行计算化整,并计算最大基本误差和最大变差及判断该表是否合格?

表 1

分度线(格)	标准器读数(V)		化成被检表格数		平均值(格)	化整(格)	修正值(格)
	上升	下降	上升	下降			
10	9.969	9.961					
20	19.935	19.952					
30	29.962	29.935					
40	39.967	39.984					
50	50.010	50.002					
60	60.012	60.011					
70	70.063	69.973					
80	80.009	79.982					
90	90.015	90.025					
100	100.034	100.014					
110	110.041	109.998					
120	120.052	120.001					
130	130.195	130.152					
140	140.090	140.033					
150	150.091	150.011					

16. 一块准确度为 0.5 级,150 分格刻度,75 V 电压表,检定结果数据见表 2,试对数据进行计算化整,并计算最大基本误差和最大变差,判断该表是否合格。

表 2

分度线(格)	标准器读数(V)		化成被检表格数		平均值(格)	化整(格)	修正值(格)
	上升	下降	上升	下降			
10	4.931 7	4.931 9					
20	9.914 5	9.894 6					
30	14.894 7	14.902 2					
40	19.883 1	19.864 7					
50	24.875 3	24.872 2					
60	29.835 5	29.834 4					
70	34.831 4	34.799 1					
80	39.826 4	39.773 3					
90	44.821 1	44.780 7					
100	49.894 6	49.894 8					
110	54.816 9	54.799 0					
120	59.893 8	59.863 5					
130	64.888 1	64.867 2					
140	69.891 5	69.891 4					
150	74.906 7	74.938 6					

17. 一块准确度为0.5级,75分格刻度,75 V电压表,检定结果数据见表3,试对数据进行计算化整,并计算最大基本误差和最大变差,判断该表是否合格。

表 3

分度线(格)	标准器读数(V)		化成被检表格数		平均值(格)	化整(格)	修正值(格)
	上升	下降	上升	下降			
5	4.993 1	4.993 5					
10	9.972 5	9.972 5					
15	14.991 4	14.990 7					
20	19.977 6	19.977 4					
25	24.991 7	24.972 5					
30	29.990 1	29.981 2					
35	34.978 5	34.978 5					
40	39.998 9	39.994 5					
45	44.992 6	44.997 2					
50	49.990 7	49.991 9					
55	54.881 2	54.907 2					
60	59.901 3	59.907 7					
65	64.901 3	64.911 2					
70	69.899 2	69.907 4					
75	74.857 5	74.921 7					

18. 一块准确度为 0.5 级,10 分格刻度,10 A 电流表,检定结果数据见表 4,试对数据进行计算化整、计算最大基本误差和最大变差,并判断该表是否合格。

表 4

分度线(格)	标准器读数(V)		化成被检表格数		平均值格	化整(格)	修正值(格)
	上升	下降	上升	下降			
1	1.009 6	1.003 6					
2	2.007 4	2.005 4					
3	3.008 2	3.005 2					
4	4.009 1	4.006 1					
5	5.012 8	5.012 8					
6	6.013 5	6.010 3					
7	6.997 1	6.995 3					
8	7.998 0	7.996 1					
9	8.986 8	8.981 7					
10	10.005 6	10.006 6					

19. 一块准确度为 0.5 级,300 分格刻度,30 A 电流表,检定结果数据见表 5,试对检定结果数据进行计算化整,计算最大基本误差和最大变差,并判定该表是否合格。

表 5

分度线(格)	标准器读数(V)		化成被检表格数		平均值(格)	化整(格)	修正值(格)
	上升	下降	上升	下降			
20	2.009 2	2.007 2					
40	4.000 5	4.001 0					
60	6.000 8	6.001 4					
80	8.021 2	8.019 7					
100	10.012 5	10.010 1					
120	12.026 4	12.021 3					
140	14.021 9	14.011 9					
160	16.018 1	16.009 2					
180	18.037 2	18.035 7					
200	20.031 7	20.030 7					
220	22.029 7	22.011 7					
240	24.009 2	24.012 8					
260	26.021 7	26.030 2					
280	28.017 2	28.018 4					
300	30.020 5	30.009 7					

20. 一块准确度为 0.5 级,450 分格刻度,150 V 电压表,检定结果数据见表 6,试对其数据进行计算化整,并计算最大基本误差和最大变差,并判断该表是否合格。

表 6

分度线(格)	标准器读数(V)		化成被检表格数		平均值(格)	化整(格)	修正值(格)
	上升	下降	上升	下降			
30	2.01	2.02					
60	4.00	4.01					
90	6.01	6.02					
120	8.02	8.03					
150	10.05	10.05					
180	12.03	12.02					
210	14.02	14.01					
240	16.02	16.03					
270	18.03	18.04					
300	20.03	20.04					
330	22.02	22.08					
360	24.01	24.02					
390	26.02	26.03					
420	28.12	28.13					
450	30.02	30.04					

21. 一块准确度为0.5级，30分格刻度，30 V电压表，检定结果数据见表7，试对其数据进行计算化整，并计算最大基本误差，最大变差及判断该表是否合格。

表 7

分度线(格)	标准器读数(V)		化成被检表格数		平均值(格)	化整(格)	修正值(格)
	上升	下降	上升	下降			
2	2.01	2.02					
4	4.00	4.01					
6	6.01	6.02					
8	8.02	8.03					
10	10.05	10.05					
12	12.03	12.02					
14	14.02	14.01					
16	16.03	16.03					
18	18.01	18.05					
20	20.03	20.07					
22	22.06	22.08					
24	24.02	24.03					
26	26.04	26.04					
28	28.05	28.03					
30	30.01	30.06					

22. 画出用"一表法"检定三相二元件(两个元件之间影响很小)有功功率表的接线图,并写出被测量的计算公式。

23. 画出用直接比较法(带电流互感器)检定电流表的接线图,并写出被测量的计算方法。

24. 画出直接比较法(带电压互感器)检定电压表的接线图,并写出被测量的计算公式。

25. 有两电流表,A 表准确度为 0.2 级,测量上限为 5 A。B 表准确度为 0.5 级,测量上限为 1.5 A,用它们同去测量 1 A 的电流,应选用哪一块表测量误差小?

26. 如何根据仪表准确度估算测量误差,正确选择仪表量限?举例说明。

27. 为什么仪表的准确度要用最大引用误差表示,不用相对误差表示?

28. 简述无位置标志电流表位置影响的检定程序。

29. 试述 V 型平衡锤(安装式电表)的平衡调整方法及步骤。

30. 试述十字型平衡锤的平衡调整方法。(安装式电表)

31. 简述对有位置标志的电压表位置影响的检定程序。

32. 一块 0.5 级电流表,分度值为 150 格,其工作量程为 0~7.5 A,当测量 6 A 点的实际值为 6.11 A,求该点的基本误差并判断是否合格。

33. 为什么兆欧表要按电压分类?

34. 什么是检定设备的调节细度?检定规程对检定电流、电压、功率表时,其调节细度的要求是什么?举例说明。

35. 有两台电压表 A 和 B,A 表准确度为 0.5 级,测量上限为 150 V,B 表准确度为 1.5 级,测量上限为 30 V,用它们同去测量一个 20 V 的电压,其测量误差哪个大?

电器计量工(初级工)答案

一、填 空 题

1. 测量	2. 一组操作	3. 真值	4. 全部工作
5. 量值的统一	6. 辅助设备	7. 时间间隔	8. 示值误差
9. 1986 年	10. 统一立法	11. 计量检定证件	12. 法律效力
13. 检定结果通知书	14. 2 000 元	15. 非国际单位制	16. 法令
17. 法定地位	18. 米制	19. SI	20. 绝对误差
21. 人员误差	22. 必要	23. 电路图	24. 电路图
25. 框图	26. 控制	27. 过程	28. 左边
29. 接线表	30. 框图	31. 安装接线	32. 直流
33. $\overset{+\perp}{\top}$	34. $-\!\!\not\square\!\!-$	35. NPN 半导体三极管	36. 磁性
37. 高电阻	38. 精密电阻器	39. 气体绝缘	40. 电介质
41. 电力线	42. 裸导线	43. 电磁	44. 架空外线
45. 最大电流值	46. 导磁系数	47. 铁芯	48. 软磁材料
49. 软磁	50. 很宽	51. 石墨	52. 防锈
53. 刚玉	54. 锡锌青铜	55. 高温焊锡	56. 钟表
57. 汽油	58. 不切断	59. 三相功率	60. 有效值
61. 高电压	62. 发电机端	63. 并联	64. 交流
65. 电流	66. 电阻	67. 节点	68. 方向
69. 是否带电	70. 绝缘棒	71. 单向	72. 集电极
73. 发射极	74. 正向	75. 放大电路	76. 基本
77. 禁止合闸	78. 直接比较法	79. 直接比较法	80. 腐蚀性
81. 初始	82. 平衡	83. 碰撞	84. 短路
85. 60～80 ℃	86. 浸漆	87. 剩磁	88. 钟表榔头
89. 充磁	90. 间接	91. 永久磁铁	92. 圆线圈
93. 固定线圈	94. 串联	95. 附加电阻	96. 并联
97. 串联	98. 铁芯	99. 短路	100. 开路
101. 测量仪表	102. 同名端	103. 温度计	104. 变压器油
105. 线(L)和地(E)	106. 内阻	107. Hz	108. $\overline{\sim}$
109. 额定频率范围	110. 45～65 Hz	111. ⊥	112. 绝缘强度
113. 电源	114. 长度	115. 标度尺上量限	116. 2/3
117. 有效值	118. 45～1 000 Hz	119. 小	120. 垂直

121. 越小　122. 0～40 ℃　123. 不小于　124. 30s
125. 1/10　126. 标准值的±2%　127. 5%　128. 1～1.25
129. 被检表示值　130. 偏离零位　131. 倾斜影响　132. 1次
133. 测量上限　134. 仪表　135. 额定频率范围上限　136. 定值导线
137. 检定环境　138. 上限的百分数　139. 下限　140. 测量机构
141. 正比　142. 均匀　143. 电流　144. 读数误差
145. 螺旋中心线　146. 张丝　147. 转轴　148. 相反
149. 1位　150. 四舍六入偶数　151. 各次　152. 最大
153. 1年　154. 最大升降变差　155. 全部　156. 合格证
157. 结果通知书　158. 1年　159. 标度尺　160. 500 V
161. μA　162. ⊜　163. 静电系　164. ⊙
165. 外附

二、单项选择题

1. C　2. D　3. D　4. D　5. B　6. B　7. D　8. D　9. D
10. B　11. C　12. C　13. D　14. B　15. C　16. A　17. D　18. D
19. C　20. C　21. C　22. A　23. A　24. B　25. C　26. A　27. D
28. C　29. B　30. B　31. B　32. B　33. A　34. B　35. A　36. B
37. B　38. A　39. B　40. C　41. B　42. A　43. A　44. C　45. B
46. A　47. B　48. A　49. B　50. D　51. A　52. B　53. B　54. A
55. C　56. A　57. C　58. B　59. C　60. A　61. C　62. B　63. C
64. D　65. B　66. D　67. B　68. C　69. B　70. B　71. A　72. D
73. C　74. B　75. A　76. A　77. A　78. B　79. B　80. B　81. A
82. A　83. B　84. B　85. A　86. B　87. B　88. A　89. B　90. C
91. B　92. A　93. C　94. A　95. B　96. B　97. B　98. B　99. C
100. C　101. A　102. B　103. C　104. A　105. B　106. A　107. B　108. A
109. B　110. D　111. B　112. B　113. B　114. C　115. A　116. D　117. D
118. A　119. B　120. A　121. A　122. B　123. A　124. A　125. B　126. B
127. D　128. C　129. B　130. A　131. B　132. C　133. B　134. B　135. A
136. C　137. A　138. B　139. B　140. C　141. A　142. B　143. C　144. A
145. C　146. C　147. A　148. B　149. C　150. A　151. B　152. C　153. D
154. A　155. D　156. A　157. B　158. B　159. B　160. B　161. D　162. B
163. A　164. C　165. C

三、多项选择题

1. ABCD　2. AB　3. ABC　4. ABC　5. CD　6. AC　7. ABC
8. CD　9. ABC　10. AB　11. ABCD　12. AB　13. BCD　14. ABD
15. ABC　16. CD　17. ABCD　18. ABCD　19. ABCD　20. ABC　21. ABC

22. ABC 23. ABCD 24. ABCD 25. BC 26. BCD 27. BC 28. AC
29. ABC 30. ACD 31. ABCD 32. CD 33. AB 34. BD 35. AB
36. ABC 37. BCD 38. ABC 39. ABCD 40. ABC 41. ABCD 42. BC
43. AB 44. ABC 45. AB 46. ABC 47. ABC 48. ACD 49. ABC
50. BC 51. BC 52. ABCD 53. BD 54. CD 55. BC 56. AB
57. ABCD 58. BCD 59. AB 60. CD 61. BCD 62. AB 63. ABC
64. ABCD 65. ABCD 66. ABC 67. ABCD 68. BCD 69. ABCD 70. ACD
71. BCD 72. ABC 73. ABC 74. ABD 75. ABCD 76. BCD 77. ABCD
78. ABCD 79. ABCD 80. ABC 81. AB 82. AD 83. ACD 84. AC
85. ABD 86. BC 87. ABC 88. ABCD 89. BCD 90. BCD 91. ABC
92. ABCD 93. ABCD 94. ABD 95. ABD 96. BC 97. AB 98. BCD
99. ABC

四、判 断 题

1. √ 2. √ 3. √ 4. √ 5. √ 6. × 7. × 8. √ 9. √
10. × 11. × 12. √ 13. × 14. √ 15. √ 16. × 17. × 18. ×
19. × 20. √ 21. √ 22. × 23. √ 24. √ 25. √ 26. √ 27. ×
28. √ 29. × 30. × 31. × 32. × 33. √ 34. × 35. √ 36. ×
37. × 38. √ 39. √ 40. × 41. × 42. × 43. × 44. × 45. ×
46. √ 47. √ 48. × 49. × 50. √ 51. √ 52. × 53. √ 54. ×
55. √ 56. × 57. × 58. √ 59. √ 60. × 61. × 62. × 63. √
64. √ 65. √ 66. × 67. × 68. × 69. × 70. × 71. × 72. ×
73. √ 74. × 75. √ 76. √ 77. × 78. √ 79. √ 80. × 81. ×
82. √ 83. × 84. √ 85. √ 86. × 87. × 88. × 89. × 90. √
91. √ 92. × 93. √ 94. × 95. × 96. × 97. √ 98. × 99. ×
100. √ 101. × 102. × 103. × 104. × 105. × 106. √ 107. × 108. ×
109. × 110. × 111. × 112. √ 113. × 114. × 115. √ 116. × 117. ×
118. √ 119. × 120. × 121. × 122. √ 123. × 124. × 125. × 126. √
127. × 128. √ 129. √ 130. × 131. × 132. × 133. × 134. √ 135. √
136. √ 137. √ 138. × 139. √ 140. × 141. × 142. √ 143. × 144. √
145. × 146. × 147. × 148. × 149. × 150. √ 151. √ 152. × 153. ×
154. × 155. × 156. × 157. √ 158. × 159. √ 160. √ 161. × 162. ×
163. × 164. √ 165. √

五、简 答 题

1. 答：3.14(2.5 分)； 2.72(2.5 分)。
2. 答：14.00(2.5 分)； 1.001×10^6(2.5 分)。
3. 答：允许加在 R_A 电阻上的电压大(1 分)，
因为 $U_1=\sqrt{P_1R_1}=35.7$ V(2 分)

$U_2=\sqrt{P_2R_2}=9.1\ \text{V}$(2分)。

4. 答:磁电系仪表测量机构包含两个主要部分磁路和可动部分(3分)。磁路由永久磁铁和磁性软钢组成(1分),可动部分由轻的矩形(或非磁性材料)框上面绕以绝缘铜线(或铝线)而组成(1分)。

5. 答:当电流互感器的初级绕组中有电流时(1分),如果次级电路发生开路,将会产生铁芯的过度磁化(1分),致使铁芯高度饱和发热(1分),引起互感器误差增大(1分),更严重的是,次级将感生极高的电压,危及操作人员和设备安全(1分)。

6. 答:当电压感器的初级电路在运行时(1分),如次级电路发生短路现象,则可能使初次级绕组因过载而烧坏(3分)。

7. 答:互感器的量限与被测参数及测量仪表的量限一致时,可使所选用的设备即不能过载(2分),又能有足够的分辨能力(2分),以保证测量数据的准确可靠(1分)。

8. 答:如果互感器的负载不匹配,一是会引起互感器的误差变大(2.5分),二是可能导致互感器过载烧坏(2.5分)。

9. 答:标准电池是原电池的一种(1分),它是利用化学反应以直接产生电流的装置(1分),它的主要特点是电动势比较稳定(1分),但内阻高(1分),在充放电情况下会极化(1分),不能做供电使用。

10. 答:由于标准电池的内部结构是由较松散的化学物质分层装入玻璃容器而形成的(2分),其电极属于固液两相之间(2分),所以不能振动或倒置(1分)。

11. 答:标准电阻的年稳定性是指标准电阻在一年的期限内阻值的最大相对变化(5分)。

12. 答:绝缘电阻表"屏"(G)端钮的作用是防止被测物表面的漏电电流流过仪表动圈而引起的测量误差(5分)。

13. 答:在绝缘电阻表没有停止转动和被测物没有放电以前(2分),不可用手触及被测物的测量部分或进行拆线(3分)。

14. 答:首先将电缆芯和电缆壳分别接在兆欧表的"L"(线)和"E"(地)接线柱上(2分),然后还要将电缆壳芯之间的内层绝缘物接到兆欧表的"G"(屏蔽)接线柱上(2分),然后摇动兆欧表的手柄(1分),进行测试。

15. 答:目的是为了将由于电缆线表面绝缘不好而产生的漏电流直接流回电源负极(3分),而不流过仪表动圈(1分),减少测量误差(1分)。

16. 答:必须先将被测物短路放电后(2分),再停止绝缘电阻表的转动(2分),以免电容器放电打坏测量仪表(1分)。

17. 答:因为电压表在使用时都是并联在被测对象上(1分),如果所用电压表内阻低(1分),则仪表将对被测线路产生一个很大的分流作用(1分),这样就会改变被测线路的原来的工作状态(1分),给测量带来很大的误差(1分)。

18. 答:因为电流表在使用时是串联在被测线路上(2分),电流表的内阻太大(1分),将会改变被测线路原来的工作状态(1分),从而给测量带来很大误差(1分)。

19. 答:是指在规定的条件下(1分),在某一个时间间隔内,电压、电流、相位或频率的最大相对变化(4分)。

20. 答:应做的项目是外观检查(1分),基本误差检定(2分),偏离零位(1分)和功率因素影响(1分)。

21. 答:检定带有外附专用分流器及附加电阻的仪表可按多量限仪表的检定方法检定(2 分),对带有“定值分流器”和“定值附加电阻”的仪表(1 分),应将仪表和附件分别检定(1 分),仪表不应超过允许误差(1 分)。

22. 答:应在全检量限基本误差检定完后进行偏离零位测试(1 分),将调节被测量至测量上限(1 分),停 30 s 后(1 分),将被测量缓慢地减小到零后并切断电源(1 分),在 15 s 内读取指示器对零分度线的偏离值(1 分)。

23. 答:试验装置输出应为实用正弦波(畸变系数不超过 5%)频率为 45～65 Hz(3 分),试验装置要有足够的输出功率(2 分)。

24. 答:将试验电压平稳地上升到规定值(2 分),在此过程中不应出现明显的变化(1 分),保持 1 min 然后平稳地降到零(2 分)。

25. 答:出现击穿或飞弧现象(5 分),则说明该表电压试验不合格。

26. 答:将仪表的所有线路连在一起和参考试验“地”之间(1 分),用兆欧表施加约 500 V 的直流电压(2 分),历时 1 min 读取绝缘电阻值(2 分)。

27. 答:将电能转换成机械能(5 分)。

28. 答:当被测量作用到测量机构的可动部分或固定部分上时(1 分),由于它们之间的电磁力作用而产生作用力(2 分),该力对转轴的可动部分产生转矩(2 分),形成了仪表的转动力矩。

29. 答:构成仪表测量机构的三要素是转动力矩、反作用力矩和阻尼力矩(2 分),没有转动力矩,可动部分不能产生偏转(1 分),没有反作用力矩,可动部分不能固定停留于某一个位置上(1 分),没有阻尼力矩,可动部分将长时间摇摆不定,无法读数(1 分),故三要素缺一不可。

30. 答:仪表分度和被测量的关系称之为仪表标度尺特性(5 分)。

31. 答:对非均匀刻度尺(1 分),在有效刻度起点应有明显的圆点标记(2 分),一般刻度尺有效工作部分不应小于标度尺全长的 85%(2 分)。

32. 答:(1)先计算后修约(1 分);(2)计算后的位数应比计算前的位数多保留一位(1 分);(3)修约后的小数位数及末位数应和被检表的分辨力及检定设备的不确定度一致(1 分);(4)修约后,其末位数只能是 1 或 2 或 5 的整数倍中的一种(2 分)。

33. 答:对调节设备的主要技术要求有调节范围要满足要求(2 分),调节被调量要连续平稳(1 分),调节细度要满足要求(1 分),对被调量不应有附加影响(1 分)。

34. 答:不相同(1 分),因为电测量指示仪表的准确度等级是以引用误差表示的(1 分),仪表的量程不同,允许的绝对误差就不同(1 分),例如用两只 0.5 级电压表测量电压 220 V 一只表量程为 300 V,其测量误差为 300/220×0.5%＝0.68%(1 分),另一只表量程为 250 V,其测量误差则为 250/220×0.5% ＝0.57%(1 分),显然测量结果的误差是不同的。

35. 答:电测量指示仪表的变差是在外界条件不变的情况下(1 分),仪表测量同一量值时,被测量实际值之间的差值(2 分)。仪表变差产生的主要原因是由于仪表测量机构可动部分轴尖与轴承的摩擦(1 分),磁滞误差以及游丝(或张丝)的弹性失效后引起的(1 分)。

36. 答:由于变差属于随机系统误差(3 分),不能用加修正值的方法加以消除(2 分)。

37. 答:准确度等级等于或小于 0.5 的仪表(1 分),检定周期一般为 1 年(2 分),其余仪表检定周期一般不超过 2 年(2 分)。

38. 答:(1)仪表轴尖磨损变钝、生锈或有脏物(1 分);(2)轴尖座松动(1 分);(3)轴承或轴承螺丝松动,锥孔磨损,光洁度降低,工作表面有伤痕或圆锥孔内太脏(1 分);(4)仪表游丝内焊片与轴承螺丝摩擦(0.5 分);(5)游丝内圈和轴心不同心(0.5 分);(6)游丝平面翘起与平衡锤摩擦,游丝表面太脏,有粘圈现象(0.5 分);(7)游丝过载受热,产生弹性疲劳(0.5 分)。

39. 答:电测量指示仪表的基本误差是以引用误差表示的(2 分),它只表示仪表本身的特性和仪表内部质量、缺陷等引起的误差(1 分),它的准确度等级以测量上限的百分数表示(1 分),根据仪表允许基本误差的大小,划分为不同的准确度等级(1 分)。

40. 答:磁电系仪表具有准确度高(0.5 分),灵敏度高(0.5 分),功率消耗小(0.5 分),刻度均匀(0.5 分),受外磁场影响小(0.5 分),过载能力小(0.5 分),只能用于直流测量(1 分),结构比较复杂(0.5 分),成本较高(0.5 分)等特点。

41. 答:(1)表头有分流支路的测量线路(1 分),表头断路,但分流支路完好(1 分);(2)表头被短路(1 分),游丝的焊片和支架间没有绝缘,使进出线直接短路(1 分);(3)游丝和支架相碰,使动圈被短路(1 分)。

42. 答:由于驱动方式不同,常用仪表可分为磁电系(1 分)、电磁系(1 分)、电动系(1 分)、静电系(1 分)及整流系(1 分)。

43. 答:外观检查(0.5 分)、基本误差(1 分)、升降变差(1 分)、偏离零位(1 分)、位置影响(0.5 分)、功率因数影响、阻尼、绝缘电阻测量和介电强度试验(1 分)。

44. 答:使用和保存标准电池应注意以下问题:(1)标准电池应在规定的技术条件下使用和保管(1 分);(2)标准电池应远离冷热源,标准电池的温度波动要尽量小(1 分);(3)标准电池要避免光的直接照射(1 分);(4)不能让两极端钮短接,更不能用电压表或万用表去测量(1 分);(5)标准电池严禁倒置,摇晃和震动(0.5 分);(6)标准电池的出厂证书、检定证书应妥善保管(0.5 分)。

45. 答:由图(a)和图(d)分析可知此表的重力矩 B 和 C 大于 A(2 分)。

由图(b)和图(c)分析可知是重力矩 C 大于 B(1 分),从而可以看出不平衡的原因为 C 平衡锤引起的(1 分)。

将 C 锤的重量减轻或将平衡锤 C 的位置向轴心方向移动缩短其臂长,即可达到平衡(1 分)。

46. 答:

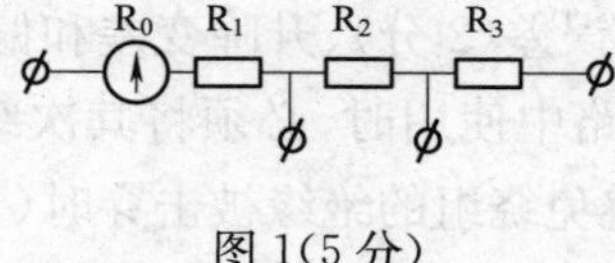

图 1(5 分)

47. 答:

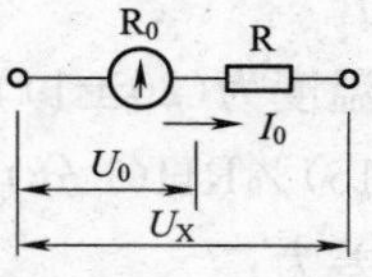

图 2(5 分)

R_0——表头电阻；R——附加电阻；U_0——动圈电压；U_X——被测电压；

48. 答：

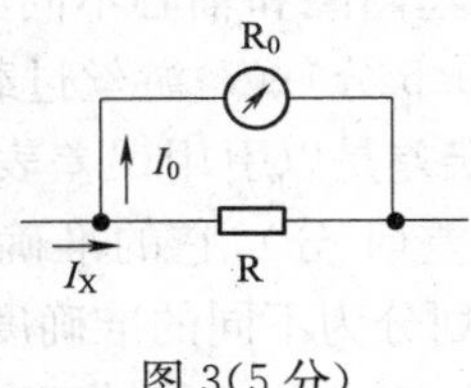

图 3(5 分)

I_X——被测电流；I_0——流经动圈电流；R——分流器；R_0——表头电阻；

49. 答：

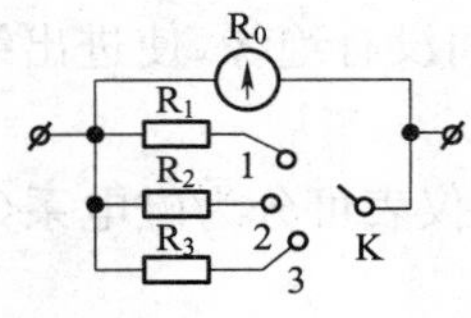

图 4(5 分)

R_0——表头电阻；R_1～R_3——分流器电阻；K——开关；

50. 答：检定证书中应注明仪表的最大基本误差(1 分)，最大升降变差(1 分)，检定点的修正值(1 分)或实际值(1 分)，检定周期(1 分)。

51. 答：数值修约后，其末位数只能是下述三种情况之一：(1)是 1 的整数倍，即 0～9 中的任何数(2 分)；(2)是 2 的整数倍，即 0～8 中的任何偶数(2 分)；(3)是 5 的整数倍，即 0 或 5(1 分)。

52. 答：可以使被测量转换成直接驱动仪表活动部分产生偏转并具有相应量值的物理量的电路称为仪表的测量线路(5 分)。

53. 答：因为在绝缘电阻表测试设备的绝缘电阻后，在没有停止转动和被测物没有放电以前，被测物上还存在剩余的电荷(2 分)，如用手触及被测物时，会造成人身安全事故(3 分)。

54. 答：外观检查(1 分)、基本误差(2 分)、升降变差和偏离零位(2 分)四项。

55. 答：当互感器接到高压电路中使用时，必须将其次级电路的低电位端，连同铁芯及外壳一同可靠接地(2 分)，这样，会避免绕组的绝缘被击穿时(1 分)，次级电路里的电压升高的现象发生(1 分)，以保证操作人员及测量仪表的安全(1 分)。

56. 答：在多量程的数字电压表中测量误差最小的量程是其基本量程(3 分)，一般是不加量程衰减器及量程放大器的量程(2 分)。

57. 答：被检仪表功耗≤50 W 时，温度为(20±1)℃(2 分)；被检仪表功耗＞50 W 时，温度为(20±2)℃(2 分)；相对湿度是(60±15)%RH(1 分)。

58. 答：被检直流数字电压表的误差为：

$\Delta = U_X - U_N$(5 分)

U_X为被检直流数字电压表的显示值，U_N为直流标准电压发生器的输出值。

59. 答:充磁机是由电源和充磁线圈两大部分构成(5 分)。

60. 答:可以只对其中某个量程的测量范围内带数字的分度线进行检定(2 分),而对其余量程只检测量上限和可以判定为最大误差的分度线(3 分)。

61. 答:万用表一般是由表头、转换开关和测量线路三大部分组成的(5 分)。

62. 答:转动力矩(1.5 分)、反作用力矩(1.5 分)、阻尼力矩(1 分)、摩擦力矩(1 分)。

63. 答:测量线路电阻的变化(2 分),游丝或张丝反作用力矩系数的变化(2 分),永久磁铁磁性的变化(1 分)。

64. 答:驱动装置(2 分)、控制装置(2 分)、阻尼装置(1 分)。

65. 答:游丝因过载受热引起弹性疲劳或游丝因潮湿或腐蚀而损坏(2 分),仪表因震动或其他原因使元件变形或相对位置发生变化(2 分),仪表平衡不好(1 分)。

66. 答:可采取第一次测量后再将仪表转 180°后进行第二次测量(2 分),取两次读数的平均值作为仪表的实际值(3 分)。

67. 答:可以打开表盖实测(2 分),也可以通过计算得到,其计算公式为

$$L=\left(\frac{\pi}{180}\right)\cdot R\cdot\theta \text{(3 分)}$$

式中 L——标度尺长度

R——仪表转轴到标度尺的距离

θ——指示器的转角,一般电测仪表为 90°

68. 答:(1)测定当电压线路加额定电压,电流回路断开时,指示器对零位分度线的偏离值(3 分);(2)将功率表调至测量上限通电 30 s 后,迅速减小被测量至零位并切断电源,在 15 s 内读取指示器对零位分度线的偏离值(2 分)。

69. 答:对可降级使用的标准电流表,可以发给降级后的检定证书(5 分)。

70. 答:在环境温度升高后(2 分),永久磁铁的磁场减弱(2 分),会使磁电系仪表的读数偏慢(1 分)。

六、综 合 题

1. 答:如图 5(5 分)

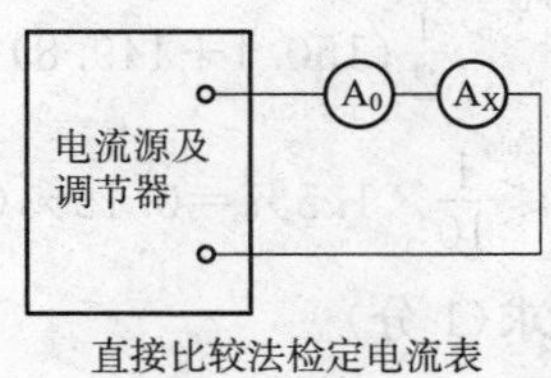

直接比较法检定电流表

图 5

图中:A_0——标准电流表;

A_X——被检电流表;

被测量的实际值 $I=C_j(X_0+C)$(5 分)

式中:C_j——标准电流的额定分度值(A/格);

X_0——标准表示值(格);

C——标准表修正值(格)。

2. 答:如图 6(5 分)

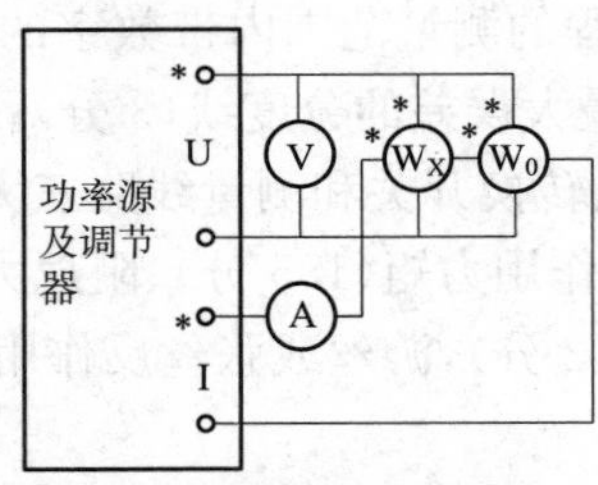

用直接比较法检定单相功率表

图 6

图中:V——监视电压表;I——监视电流表;W_0——标准功率表;W_X——被检功率表

被测量的实际值 $P=C_W(X_0+C)$(5 分)

式中:C_W——标准功率表的额定分度值(W/格);

X_0——标准表示值(格);

C——标准表修正值(格)。

3. 答:$E_t=E_{20}-[39.9(t-20)+0.94(t-20)^2-0.009(t-20)^3]\times10^{-6}$(5 分)

$E_{19.2}=1.018\,632-[39.9\times(-0.8)+0.94(-0.8)^2-0.009(-0.8)^3]\times10^{-6}$(4 分)

$=1.018\,632-[-31.92+0.60+0.004\,6]\times10^{-6}$

$=1.018\,663(\text{V})$(1 分)

4. 解:一个月使用电量为:85×4×30/1 000=10.2(kW·h)(5 分)

应付电费为:10.2×0.4=4.08(元)(4 分)

答:每月使用后应付电费 4.08 元(1 分)。

5. 答:$R_{25}=R_{20}[1+\alpha(t-20)+\beta(t-20)^2]$(5 分)

$=0.01[1+2.0\times10^{-6}(25-20)-0.50\times10^{-6}(25-20)^2]$(4 分)

$=0.009\,999\,975(\Omega)$(1 分)

6. 答:$S_V=\dfrac{\Delta A_m}{\frac{1}{2}(A_1+A_2)}\times100\%=\dfrac{150.1-149.8}{\frac{1}{2}(150.1+149.8)}\times100\%=0.2\%$(5 分)

检定 1.5 级直流电源稳定度应$\leqslant\dfrac{1}{10}\times1.5\%=0.15\%$(4 分)

此电源稳定度不能满足检定要求(1 分)。

7. 答:$S_A=9.99-\dfrac{9.98}{\frac{1}{2}(9.99+9.98)}\times100\%=0.1\%$(5 分)

电源稳定度应$\leqslant\dfrac{1}{10}\times1.0\%=0.1\%$(4 分)

电源稳定度合格(1 分)。

8. 答:接线图如图 7(5 分)

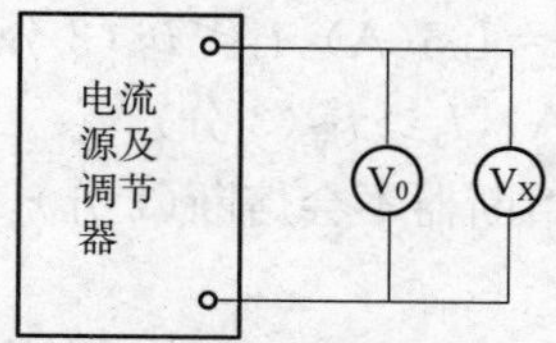

用直接比较法检定电压表

图 7

图中：V_0——标准电压表；

U_X——被检电压表；

被测量的实际值 $U=C_V(X_0+C)$(5 分)；

式中：C_V——标准电压表的额定分度值(V/格)；

X_0——标准表示值(格)；

C——标准表修正值(格)。

9. 答：(1)由图(a)可分析出，重力矩 C 小于 A(2 分)。

(2)由图(b)可分析出，重力矩 D 大于 B(2 分)。

(3)根据以上分析，将平衡锤 C 加重或向离开轴心方向移动，可消除指针水平时的不平衡；减轻 D(加重 B)或向轴心方向移动 D，(或向离开轴心方向移动 B)，可消除指针垂直时的不平衡(4 分)。

(4)再将仪表按图相反位置放置检查是否平衡(2 分)。

10. 解：$R_{ab}=\dfrac{R_1R_2}{R_1+R_2}=\dfrac{750\times500}{750+500}=300\ \Omega$(3 分)

由分流公式有：$I_1=I\dfrac{R_2}{R_1+R_2}=125\times\dfrac{500}{750+500}=50(\text{mA})$(3 分)

$I_2=I-I_1=125-50=75(\text{mA})$(3 分)

答：等效电阻 R_{ab} 为 300 Ω，电流 I_1 为 500 mA，I_2 为 75 mA(1 分)。

11. 解：根据电桥平衡原理：$\dfrac{R_1}{R_2}=\dfrac{R_3}{R_4}$；$I_3=I_4$(5 分)

$R_4=\dfrac{R_3R_2}{R_1}=\dfrac{80\times150}{100}=120\Omega$(2 分)

$I_3=\dfrac{E}{R_3+R_4}=\dfrac{5}{80+120}=0.025(\text{A})=25\text{mA}$(2 分)

答：电流 I_3 为 25 mA(1 分)。

12. 解：已知：$c_1=4\ \mu\text{F}$　$C_2=6\ \mu\text{F}$　$U_{1e}=250\ \text{V}$　$U_{2e}=400\ \text{V}$

$C=\dfrac{C_1C_2}{C_1+C_2}=\dfrac{4\times6}{4+6}=2.4(\mu\text{F})$(5 分)

因电容串联，所以每支电容板的电量均相等，即：

$Q_C=CU=C_1U_1$，　$U_1-U_{1e}=250\ \text{V}$

$U=\dfrac{C_1U_{1e}}{C}=\dfrac{4\times250}{2.4}=416(\text{V})$(5 分)

答：两电容串联后容量为 2.4 μF，耐压为 416 V。

13. 解：$I_1=P_1/U_1=1\ 000/220=4.5(\text{A})$，$I_1<I_{熔}$（3 分）

$I_2=P_2/U_2=1\ 500/220=6.8(\text{A})$，$I_1>I_{熔}$（3 分）

答：1 000 W 负载接入电源时，熔断器不会熔断（1 分）。1 500 W 负载接入电源时，熔断器将熔断（1 分）。

14. 答：相对误差虽然可以衡量测量的准确度，但却不能用它来衡量指示仪表的准确度（1 分），因为每一个指示仪表都有一定的测量范围（1 分），即使绝对误差在仪表的一个量限的全部分度线上保持不变，而相对误差将随着被测量的减小而增大（1 分），也就是说在仪表的各个分度线上的相对误差不是一个常数（1 分），为了便于划分指示仪表准确度的级别（1 分），而取指示仪表的测量上限作为相对误差表达式中的分母（1 分）。实际上引用误差是相对误差的一特殊表示形式（1 分），实际上，由于仪表各示值的绝对误差是不相同的（1 分），为了衡量仪表在准确度上是否合格，引用误差公式中的分子部分要取标度尺工作部分的带数字分度线出现的最大绝对误差来计算（1 分），综合可述，引用误差可以更方便更准确地反映指示仪表的准确度（1 分）。

15. 答：表 1（9 分）

分度线（格）	标准器读数（V）		化成被检表格数		平均值（格）	化整（格）	修正值（格）
	上升	下降	上升	下降			
10							0
20							−0.1
30							0
40							0
50							0
60							0
70							0
80							0
90							0
100							0
110							0
120							0
130							+0.2
140							+0.1
150							+0.1

最大基本误差−0.1%；最大变差 0.1%；结论：合格（1 分）。

16. 答：表 2（9 分）

分度线（格）	标准器读数（V）		化成被检表格数		平均值（格）	化整（格）	修正值（格）
	上升	下降	上升	下降			
10							−0.1
20							−0.2

续上表

分度线(格)	标准器读数(V)		化成被检表格数		平均值(格)	化整(格)	修正值(格)
	上升	下降	上升	下降			
30							−0.2
40							−0.2
50							−0.2
60							−0.3
70							−0.4
80							−0.4
90							−0.4
100							−0.2
110							−0.4
120							−0.2
130							−0.2
140							−0.2
150							−0.1

最大基本误差:+0.3%;最大变差:0.1%;结论:合格(1分)。

17. 答:表3(9分)

分度线(格)	标准器读数(V)		化成被检表格数		平均值(格)	化整(格)	修正值(格)
	上升	下降	上升	下降			
5							0
10							−0.05
15							0
20							0
25							0
30							0
35							0
40							0
45							0
50							0
55							−0.10
60							−0.10
65							−0.10
70							−0.10
75							−0.10

最大基本误差:+0.2%;最大变差:0.1%;结论:合格(1分)。

18. 答：表 4(9 分)

分度线(格)	标准器读数(V)		化成被检表格数		平均值(格)	化整(格)	修正值(格)
	上升	下降	上升	下降			
1							+0.01
2							+0.01
3							+0.01
4							+0.01
5							+0.01
6							+0.01
7							0
8							0
9							−0.02
10							+0.01

最大基本误差：+0.2%；最大变差：0.1%；结论：合格(1 分)。

19. 答：表 5(9 分)

分度线(格)	标准器读数(V)		化成被检表格数		平均值(格)	化整(格)	修正值(格)
	上升	下降	上升	下降			
20							0
40							0
60							0
80							+0.2
100							+0.2
120							+0.2
140							+0.2
160							+0.2
180							+0.4
200							+0.4
220							+0.2
240							+0.2
260							+0.2
280							+0.2
300							+0.2

最大基本误差：−0.1%；最大变差：0.1%；结论：合格(1 分)。

20. 答：表 6(9 分)

分度线(格)	标准器读数(V)		化成被检表格数		平均值(格)	化整(格)	修正值(格)
	上升	下降	上升	下降			
30							0
60							0
90							0
120							+0.5
150							+1.0
180							+0.5
210							0
240							+0.5
270							+0.5
300							+0.5
330							+1.0
360							0
390							+0.5
420							+2.0
450							+0.5

最大基本误差:−0.4%;最大变差:0.2%;结论:合格(1 分)

21. 答:表 7(9 分)

分度线(格)	标准器读数(V)		化成被检表格数		平均值(格)	化整(格)	修正值(格)
	上升	下降	上升	下降			
2							+0.02
4							0
6							+0.02
8							+0.02
10							+0.04
12							+0.02
14							+0.02
16							+0.04
18							+0.04
20							+0.04
22							+0.08
24							+0.02
26							+0.04
28							+0.04
30							+0.04

最大基本误差：−0.3%；最大变差：0.2%；结论：合格(1分)。

22. 答：见图8(4分)

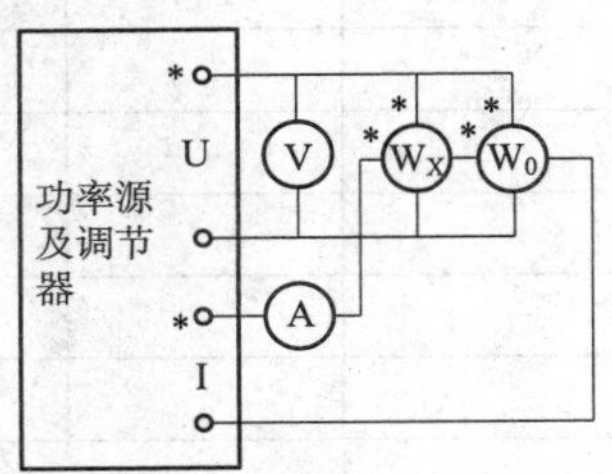

"一表法"检定三相二元件有功功率表

图 8

图中：V——监视电压表；I——监视电流表；W_0——标准功率表；W_X——被检功率表。

将被检仪表的两个电流线圈串联，两个电压线圈并联后，即将被检三相二元件功率表变成一个单相有功功率表进行检定(3分)。

被测量的实际值 $P=2C_W(P_0+C)$(3分)

式中：C_W——标准表的额定分度值(W/格)；

P_0——标准表指示值(格)；

C——标准表修正值(格)。

23. 答：如图9(5分)

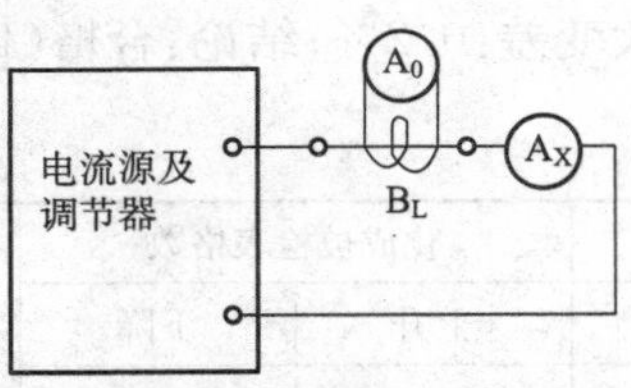

用带标准电流互感器的标准表检定电流表

图 9

图中：A_0——标准电流表；A_X——被检电流表；B_L——电流互感器。

被测量的实际值 $I=C_j(X_0+C)K_i$(5分)。

式中：C_j——标准电流表的额定分度值(A/格)；

X_0——标准表示值(格)；

C——标准表修正值(格)；

K_i——电流互感器额定变比系数。

24. 答：如图10(5分)

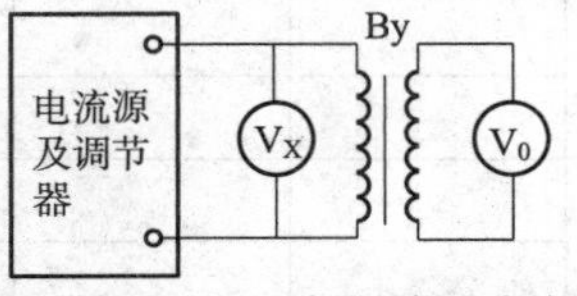

用带标准电压互感器的标准表检定电压表

图 10

图中：V_0——标准电压表；V_X——被检电压表；B_y——电压互感器。

被测量的实际值$U=C_V(X_0+C)K_u$(5分)。

式中：C_V——标准电压表的额定分度值(V/格)；

X_0——标准表示值(格)；

C——标准表修正值(格)；

K_u——互感器额定变比系数。

25. 答：$\gamma_5=5/1\times0.2\%=\pm1\%$(4分)；$\gamma_{1.5}=1.5/1\times0.5\%=\pm0.75\%$(4分)。应选用B表测量误差相对小一些(2分)。

26. 答：测量结果的准确度，不仅取绝于所用仪表的准确度，而且和仪表量限与被测量大小的适应程度有很大关系(2分)，只有当被测量等于仪表测量上限时，测量误差才与仪表准确度相等(1分)，在其他各点，测量误差都大于仪表准确度等级所允许的误差(1分)，所以，一般使用仪表时，要根据被测量的大小，合理选择仪表量限，使仪表读数在测量上限的2/3以上为好(2分)。可根据公式$V_x=X_m/X_x a\%$估计仪表的测量误差(2分)，其中a为仪表准确度等级，X_m为仪表测量上限，X_x为被测值。

例如：用二块0.5级的不同量限的电压表(V_A上限为150V。V_B上限为50 V)同去测量30 V的电压，其测量结果：一块测量误差为150/30×0.5%=±2.5%(1分)，另一块测量误差则为50/30×0.5%=±0.8%(1分)。

27. 答：相对于误差虽然可以衡量测量的准确度，但却不能用它来衡量指示仪表的准确度(2分)，因为每一个指示仪表都有一定的测量范围，即使绝对误差在仪表的一个量限的全部分度线上保持不变，而相对误差将随着被测量的减小而增大(2分)，也就是说在仪表的各个分度线上的相对误差不是一个常数，为了便于划分指示仪表准确度的级别，而取指示仪表的测量上限作为相对误差表达式中的分母(1分)。实际上引用误差是相对误差的一特殊表示形式(1分)，实际上，由于仪表各示值的绝对误差是不相同的，为了衡量仪表在准确度上是否合格，引用误差公式中的分子部分要取标度尺工作部分的带数字分度线出现的最大绝对误差来计算(2分)，综合可述，引用误差可以更方便更准确地反映指示仪表的准确度(2分)。

28. 答：(1)将仪表置于正常工作位置，调节零位，通电并调节电源使指示器分别指在测量上限和下限的分度线上，轻敲，记录每点的实际值X_{iO}(4分)。

(2)将仪表倾斜90°(对固定式仪表将安装面水平，对便携式仪表将支撑面垂直)调节零位，通过并调节电源使指示器指在测量上限和下限分度线上，轻敲，记录实际值X_{ij}(4分)。

(3)X_{ij}相对X_{iO}的最大偏差即是由位置引起的改变量，用引用误差表示(2分)。

29. 答：盘式仪表(V型平衡锤)可按下列顺序进行平衡调整：仪表在垂直水平的位置调好零位(2分)。

仪表按使用位置放置观察指针偏移的情况(2分)。然后分别将仪表向上、向下、向左、向右竖立放置，分别观察各方向放置时，指针偏移的情况(2分)。分析造成不平衡是由哪个平衡锤所造成的，然后将其的重量进行调整，或将其平衡锤的位置沿轴方向移动，调整其臂长，即可达到平衡的要求(2分)。调整平衡锤之前，首先应消除机械故障引起的不平衡(2分)。

30. 答：(1)首先消除机械故障引起的不平衡(2分)；(2)在水平位置调整好零位(2分)；(3)将仪表的右上角向上，使指针成水平位置，观察指针偏离零位情况(2分)；(4)再将仪表左上角向上，使指针处于垂直位置，观察指针偏离零位情况(2分)；(5)根据以上分析，确定是由哪个平衡锤所造成的不平衡，做相应的平衡锤重量或位置调整(1分)；(6)将仪表再按(3)、(4)相反的位置放置检查是否平衡(1分)。

31. 答：(1)将仪表置于所标志的位置，调节零位，通电并调节电源使指示器分别指在测量上限和下限的分度线上，轻敲，记录每点的实际值 X_{iO}(4分)；(2)将仪表向前、后、左、右倾斜5°或标志值，每次都要调节零位，然后通电调节电源指示器指在测量上限和下限的分度线上，轻敲，记录实际值 X_{ij}(4分)；(3) X_{iO} 和 X_{ij} 的最大偏差即是由位置引起的改变量，用引用误差表示(2分)。(i表示测量上限或下限，j表示前、后、左、右四个方向)

32. 答：(6－6.11)/7.5×100%＝－1.5%(8分)

6A点不合格(2分)。

33. 答：各电气设备，根据使用电压不同，其绝缘电阻要求也不同(2分)，高压电气设备绝缘电阻要大，否则就不能在高压的条件下工作(2分)，如果用低压兆欧表测量高压设备，由于高压设备绝缘层厚，电压分布则比较小，不能使其绝缘介质极化，测出结果不能反映实际情况(2分)，如果低压设备(绝缘电阻低)用高压兆欧表测量，则使低压设备内部绝缘承受不了，很可能击穿(2分)，所以兆欧表应按电压分类(2分)。

34. 答：调节设备的调节细度是指当调节设备中最细调节盘旋转一步(对步进调节的)或一匝(对于滑线调节的)所对应的被调量值(4分)。

检定规程要求其调节细度应不低于被检表允许误差限的1/10(4分)，例如：检定一块0.5级10 A电流表，其调节器的最小调节盘的步进值应小于或等于1/10×0.5%×10 A＝5 mA(2分)。

35. 答：γ_A＝150/20×0.5%＝±3.75%(4分)；γ_B＝30/20×1.5%＝±2.25%(4分)。A表测量误差大(2分)。

电器计量工(中级工)习题

一、填 空 题

1. 计量的本质特征就是(　　)。

2. 测量的定义是以确定量值为目的的(　　)。

3. 准确度等级是指符合一定的计量要求,使误差保持在(　　)以内的测量仪器的等别、级别。

4. 稳定性是测量仪器保持其计量特性随时间恒定的(　　)。

5. 测量结果是指由测量所得到的赋予(　　)的值。

6. 测量准确度是测量结果与被测量真值之间的(　　)。

7. 重复性是指在相同测量条件下,对同一被测量进行(　　)测量所得结果之间的一致性。

8. 复现性是指在改变了的测量条件下,同一被测量的(　　)的一致性。

9. 为评定计量器具的计量性能,确认其是否合格所进行的(　　),称为计量检定。

10. 计量器具的定义是:单独地或连同(　　)一起用以进行测量的器具。

11. 量是现象、物体或物质可(　　)和定量确定的属性。

12. 一般由一个数乘以(　　)所表示特定量的大小称为量值。

13. 计量器具的检定是(　　)计量器具是否符合法定要求的程序,它包括检查、加标记和(或)出具检定证书。

14. 我国《计量法》规定,属于强制检定范围的计量器具,未按照规定(　　)或者检定不合格继续使用的,责令停止使用,可以并处罚款。

15. 进口计量器具必须经(　　)以上人民政府计量行政部门检定合格后,方可销售。

16. 我国对制造、修理计量器具实行(　　)制度。

17.《计量法》是调整计量(　　)的法律规范的总称。

18. 实行统一立法,(　　)的原则是我国计量法的特点之一。

19. 计量检定机构可以分为(　　)和一般计量检定机构两种。

20. 计量检定人员是指经考核合格,持有(　　),从事计量检定工作的人员。

21. 计量检定印包括:錾印、喷印、钳印、漆封印、(　　)印。

22. 使用不合格计量器具或者破坏计量器具准确度和伪造数据,给国家和消费者造成损失的,责令其赔偿损失,没收计量器具和全部违法所得,可并处(　　)以下的罚款。

23. 中华人民共和国法定计量单位是以(　　)单位为基础,同时选用了一些非国际单位制的单位构成的。

24. 法定计量单位是由国家法律承认,具有(　　)的计量单位。

25. 国际单位制是在米制基础上发展起来的单位制。其国际简称为(　　)。

26. 在国家选定的非国际单位制中，级差的计量单位名称是(　　)，计量单位的符号是 dB。

27. 国际单位制中具有专门名称的导出单位帕斯卡的符号是(　　)。

28. 在误差分析中，考虑误差来源要求(　　)、不重复。

29. 误差按其来源可分为：设备误差、环境误差、人员误差、(　　)、测量对象。

30. 在重复性条件下，对同一被测量进行(　　)测量所得结果的平均值与被测量的真值之差称为系统误差。

31. 测量测量的引用误差是测量仪器的误差除以仪器的(　　)。

32. 常见的电气图有系统图、(　　)、电路图、接线图和接线表等。

33. 电路图可以将同一电气元件分解为几部分，画在不同的回路中，但以(　　)标注。

34. 系统图中，过程与信息的(　　)是自左至右，或从上至下表示的。

35. 系统图和框图中控制信号是用(　　)表示的。

36. 电路图通常将主回路与辅助电路分开，主电路用(　　)画在辅助电路的左边或上部。

37. 主要用于安装接线、线路检查、线路维修和故障处理的是(　　)。

38. (　　)可以用于详细理解电路的作用原理，分析与计算电路特性，并作为编制接线图的依据。

39. NPN 三极管的图形符号为(　　)。

40. 图形符号"▽⁄⁄"代表的是(　　)。

41. 图形符号"⏦"表示的是具有(　　)的整流电流。

42. 可调电容的图形符号是(　　)。

43. 中频(音频)的图形符号是(　　)。

44. 符号"⎓"代表的是(　　)。

45. 符号"▽"代表的是(　　)。

46. 正脉冲的图形符号为(　　)。

47. 导电材料一般可分为(　　)材料和高电阻导电材料。

48. 常用的电工材料包括导电材料，绝缘材料和(　　)。

49. 电力线可分为裸导线和(　　)导线。

50. 电磁线主要用于制作各种(　　)线圈。

51. 软磁材料的磁滞回线(　　)易磁化也易去磁。

52. 硬磁材料的磁滞回线(　　)。

53. 仪表的游丝一般是用(　　)制成的。

54. 仪表的轴尖应采用(　　)的不易锈蚀的线材制成。

55. 焊接仪表张丝时，应使用(　　)焊锡。

56. 电能表的制动磁铁若发生生锈、脱漆现象，可将磁铁浸入(　　)内除去残存的涂层。

57. 数字电压表主要是由(　　)、电子计数器、显示器三大部分组成。

58. 数字电压表就是将被测的连续电压量自动地转换成断续量，然后进行(　　)。并将测量结果以数字形式显示出来的一种电测仪表。

59. 直流电桥是用于(　　)测量的一种仪器。

60. 单电桥按阻值测量范围可分为普通电桥和(　　)电桥。

61. 直流电位差计按测量范围可分为高电势电位差计和(　　)。

62. 电能表按其结构类别可分为(　　)电能表和静止式电能表。

63. 电能表按接线方式可分为单相电能表、三相三线电能表和(　　)电能表。

64. 三相四线制交流电能表铝盘的转速与电路中的(　　)成正比。

65. 测量三相四线动力和照明灯负载混用电路的有功功率时,应当采用(　　)有功功率表。

66. 在实际中广泛使用的无功功率表有两种,一种是具有两元件跨相 90°三相无功功率表,另一种是具有(　　)的三相无功功率表。

67. 当三相系统完全对称时,可采用一个(　　)功率表测量三相系统的无功功率。

68. 磁电系检流计可分为(　　)式和动铁式。

69. 检流计的可动部分是用吊丝或(　　)来支承的。

70. 交流电桥按用途可分为电容电桥、电感电桥和(　　)。

71. 电压互感器在使用中严禁次级电路(　　)。

72. 当互感器的次级电路中接入电能表时,在接入互感器时必须遵守(　　)的接线规则。

73. 标准电池的正极金属是(　　)。

74. 标准电池不能作供电使用,主要原因是由它的(　　)现象造成的。

75. 标准电池在使用中,不可避免地会有充放电发生,对于放电产生的极化现象会使电动势(　　)。

76. 在直流电路中,负载获得最大功率的条件是负载电阻等于(　　)。

77. 理想电流源的内阻为(　　)。

78. 已知电流的瞬时值函数式为 $I=2\sin(100t+30°)$A,则电流的最大值为(　　)。

79. 低压验电器在使用时应用手指触(　　)将笔尖角触及带电体,并将氖管朝向自己。

80. 使用高压验电器时,应戴(　　),右手握住验电器的握柄,并与带电体保持足够的安全距离。

81. 绝缘手套,绝缘靴是用于具有(　　)危险的场合时穿戴。

82. 用万用表测量二极管的正、反向电阻时,如果两个方向的电阻都大,则二极管很可能是(　　)。

83. 用万用表测量二极管的正、反向电阻时,如果两个方向的电阻都小,则二极管一般是(　　)。

84. 单相半波整流电路负载电压的平均值与电源电压有效值之比为(　　)。

85. 单相桥式整流电路负载电压的平均值等于(　　)电源电压的有效值。

86. 磁通线是用来描述磁场的强弱和(　　)的一种量。

87. 电磁铁是利用铁芯线圈通以电流产生(　　),吸引铁磁物质这一特性制成的。

88. 电磁感应现象是在(　　)变化的条件下,磁向电的转化现象。

89. 将正常情况下不带电的金属外壳和电气故障情况下可能出现危险的对地电压的金属部分与接地装置可靠的连接,这种连接方法称为(　　)。

90. 采用闭路抽头式直流测量线路的万用表在表头上增加分流电阻后,将造成表头灵敏度(　　)。

91. 万用直流测量线路可分为开路式和(　　)直流测量线路。

92. 万用表电阻刻度的始末与电流刻度的始末(　　)。

93. 对某一万用表的欧姆档而言,当其电源电压和电路灵敏度选定后,其标准档的(　　)就确定了,则其电阻的标度,也就随之确定。

94. 绝缘电阻表的测量线路可分为串联式和(　　)两种。

95. 采用串联式测量线路的绝缘电阻适合测量(　　)。

96. 采用并联式测量线路的绝缘电阻表适合测量(　　)。

97. 电动系功率表在使用中,必须遵守"发电机端"接线原则,其正确接线方法可分为电压线圈前接法和电压线圈(　　)法。

98. 磁电系仪表动圈的偏转不仅和被测电流成线性关系,而且当电流方向改变时,(　　)方向也随之改变。

99. 电磁系仪表由于具有不用把(　　)引入可动部分这一特点,可以制成直接接入大电流电路的仪表。

100. 电动系功率表的固定线圈是(　　)在负载电路中的。

101. 感应系电能表是利用固定的(　　)与处在该磁场中的可动部分导体所感应出的电流之间的相互作用而使可动部分转动的仪表。

102. 感应系电能表驱动部分是由电压元件和电流元件组成,其中由很细的导线绕成的匝数较多的是(　　)元件。

103. 带有镜面标度尺的万用表,在检定时,应使视线经指示器尖端与镜面反射像(　　)。

104. 对万用表的电流、电阻档做基本误差检定时,应按照(　　)标度尺的多量限仪表,分别进行检定。

105. 万用表的电阻档在检定前,应用机械零位调节器和(　　)调节器将指示器调到零分度线上。

106. 万用表欧姆档的非全检量限只检(　　)分度线即可。

107. 测定电能表基本误差的方法基本上分两种,一种是比较法,另一种是(　　)。

108. 瓦秒法检定电能表基本误差的方法可分为定转测时法和(　　)法。

109. 比较法检定电能表基本误差的方法可分为转数控制法和(　　)比较法。

110. 测定电能表基本误差的试验电路与电能表在运行现场应用时的电路不同,一般是采用(　　)的电路进行测定的。

111. 用标准电能表法检定电能表时,若用手动方法控制转数,在标定电流至额定最大电流,并且功率因数为 1.0 条件下,被检表为 2 级表的转数 n 应不少于(　　)。

112. 检定绝缘电阻表基本误差时,若绝缘电阻表的额定转速为 120r/min,其手柄转速应控制在(　　)范围内为合格。

113. 检定绝缘电阻表基本误差应使用标准高压高阻箱和(　　)装置。

114. 绝缘电阻表进行基本误差检定时,其标准除采用标准高阻箱外,还可以采用满足检定基准条件要求的(　　)或其他电阻器。

115. 直流电位差计测量电压的方法称为补偿法,即是用(　　)去补偿未知电压的数值,从而确定未知电压的数值。

116. 用直流电位差计测量电压的方法称为补偿法,即是用已知电压去(　　)未知电压,从而确定未知电压的数值。

117. 在补偿法测量中，当测量回路实现平衡，检流计的示值指零时，表明输入端的电压或输入电流为(　　)。

118. 用直流补偿法检定电压表时，应根据被检表的(　　)和直流电位差计的测量上限采用不同的接线图以保证检定要求。

119. 用直流补偿法检定电压表时，如果被检表的测量上限超过直流电位差计的测量上限时，检定装置中应加(　　)。

120. 用补偿法检定有功功率表有两种方法，一种是轮换检定法，另一种是(　　)检定法。

121. 直流补偿法检定功率表时，当检定条件中室温温度升高时，电位差计的标准电池温度补偿盘示值相应(　　)，才能保持测量的准确度。

122. 万用表主要是由表头、测量线路和(　　)组成。

123. 万用表的交流电压档实质上就是一个多量限的(　　)式交流电压表。

124. 万用表欧姆档是一种受(　　)变化影响的磁电系欧姆表。

125. 兆欧表的结构按手摇发电机转子的结构特点可分为转子磁铁式发电机和(　　)发电机。

126. 兆欧表的结构按磁电系流比计测量机构可分为交叉线圈式流比计和(　　)流比计。

127. 在兆欧表检修中，如发现有短路现象，可将整个线框从支架上拆下来，在未拆大小铝框前，应注意记下线框的相对位置与(　　)。

128. 电能表按接入电路中的方式可分为直接接入式和经(　　)接入式。

129. 电能表的制动力矩是由(　　)产生的。

130. 单相电能表的测量机构是由一组测量元件组成的，若用(　　)测量元件组成共轴的测量机构，即可用于三相四线电路的测量。

131. 电能表转动元件是由(　　)和铝质圆盘组成的。

132. 电能表制动元件是由永久磁钢和(　　)组成的。

133. 电能表的计数器是用来累积电能表(　　)的装置。

134. 电能表的轴承一般是用(　　)制成的。

135. 电能表的轴承是用来支承转动元件的，它分为上轴承与下轴承，上轴承的作用是起(　　)的。

136. 在焊接绝缘电阻表导流丝时，应先固定表头的(　　)不让其自由转动，主要目的是为了焊接方便。

137. 为保证测量电压的准确度，在选用电位差计时，应使电位差计工作在(　　)附近，并尽量用上电位差计的第一位测量盘。

138. 采用直流电子稳压电源做为直流电位差计的供电电源时，要求直流电子稳压电源的稳定性应比直流电位差计的准确度级别优于(　　)以上。

139. 检流计的电压灵敏度是用(　　)所引起的偏转角表示的。

140. 当用检流计测量电阻较大的电路电流时，应选择电流灵敏度高而(　　)的检流计。

141. 不均匀标度尺电压表表盘上的黑圆点表示从该黑圆点起才是该仪表标度尺的(　　)。

142. 仪表指示器和刻度盘统称为(　　)。

143. 矛形指示器的尖端，应盖住标度尺上任一最短分度线长度的（　　）。

144. 电流表的准确度越高，要求该度标尺越长，分度线（　　），分格越多。

145. 精密电工仪表标度尺的分度线较细，一般约为（　　）。

146. 仪表标度尺刻分度线的工艺过程，是将晒好符号的标度盘装在仪表上，在校验线路中进行校验，定出（　　）刻度点，然后进行刻度。

147. 精密电工仪表的指针，大部分为组合零件，针尖部分是用染色的细的（　　）制成的。

148. 电工仪表的调零器一般是用来调整仪表的（　　）零点。

149. 符号"$\overset{1.0}{\bigvee}$"表示以（　　）百分数表示的准确度级别为 1.0 级。

150. 多量限仪表和复用仪表公共端钮的符号是（　　）。

151. 用直流补偿法检定 0.5 级 50 A 电流表时，应使用标称使用功率为（　　）的阻值为 0.001 Ω 的标准电阻。

152. 用直流补偿法检定 0.5 级电压表时，应选用准确度等级为（　　）的标准电池。

153. 对一块 0.5 级铁磁电动系功率表的测量机构进行调整修理后，应对其做正常周期检定项目检定外，还应做（　　）项目的检定。

154. 检定带有外附电阻的电压表应按（　　）仪表的检定方法检定。

155. 电流表的绝缘电阻测试，是指电流表所有线路与（　　）之间的绝缘电阻。

156. 检定绝缘电阻表基本误差时，连接导线应有良好的绝缘，应采用硬导线（　　）连接或高压聚四氟乙烯导线连接。

157. 测量绝缘电阻表端钮电压是在线路端钮和（　　）之间进行的。

158. 在检定电能表时，若用监视电压表监测三相电压对称度时，各电压表在同一示值的测量误差相互之差应不超过仪表（　　）。

159. 安装式电能表在进行潜动试验时加于电压线路的电压为额定电压值的（　　），电能表转盘转动不得超过 1 转。

160. 电能表潜动试验是在电流线路（　　），电压线路的电压为额定电压值的 80%～110%条件下进行的。

161. 经整形修理后的 0.5 级电表的指针，应在（　　）温度下老化处理 4～6 h，或自然老化一周。

162. 电能表的计度器在清洗组装后，应在各个转动齿轮的（　　）内加适量的钟表油进行润滑。

163. 万用表交流电流测量电路扩展量程是采用分流电阻或（　　）来实现的。

164. 万用表交流电压全部量程误差都大，或者大部分量程有这种趋势，是由于公共电路中，流电压独有的与表头（　　）的电阻变化造成的。

165. 绝缘电阻表电压回路电阻（　　），会使其指针超出"∞"的位置。

166. 兆欧表电流线圈或（　　）线圈，局部短路或断路会使其指针不指零位。

167. 电能表相对误差的末位数，应化整为（　　）的整数倍。

168. 非线性绝缘电阻表的最大基本误差是用（　　）误差表示的。

169. 非线性绝缘电阻表所检各点的示值与测量的实际值之间的最大差值，按其基本误差计算公式计算所得到的结果为绝缘电阻表（　　）的最大基本误差。

170. 标准功率表的检定数据应记入检定原始记录,并保存(　　)。

171. 经检定全部项目都合格的标准电流表,应发给检定(　　)。

172. 经检定合格的电能表,应由检定单位加上(　　)。

173. 对电能表进行(　　)检定时,合格的应发给检定证书。

174. 绝缘电阻表的检定周期不得超过(　　)。

175. 对于等级指数等于和小于 0.5 级的功率表的检定周期一般为(　　)。

二、单项选择题

1. 计量工作的基本任务是保证量值的准确、一致和测量器具的正确使用,确保国家计量法规和(　　)的贯彻实施。

(A)计量单位统一　(B)法定计量单位　(C)计量检定规程　(D)计量保证

2. 标准计量器具的准确度一般应为被检计量器具准确度的(　　)。

(A)1/2～1/5　(B)1/5～1/10　(C)1/3～1/10　(D)1/3～1/5

3. 与给定的特定量定义一致的值(　　)只有一个。

(A)不一定　(B)一定是　(C)经确认　(D)不可能

4.(量的)数值是在量值表示中与单位(　　)的数。

(A)相乘　(B)相除　(C)相加　(D)相减

5. 属于强制检定工作计量器具的范围包括(　　)。

(A)用于重要场所方面的计量器具

(B)用于贸易结算、安全防护、医疗卫生、环境监测四方面的计量器具

(C)列入国家公布的强制检定目录的计量器具

(D)用于贸易结算、安全防护、医疗卫生、环境监测方面列入国家强制检定目录的工作计量器具

6. 强制检定的计量器具是指(　　)。

(A)强制检定的计量标准

(B)强制检定的计量标准和强制检定的工作计量器具

(C)强制检定的社会公用计量标准

(D)强制检定的工作计量器具

7. 进口计量器具必须经(　　)检定合格后,方可销售。

(A)省级以上人民政府计量行政部门　(B)县级以上人民政府计量行政部门

(C)国务院计量行政部门　(D)当地国家税务部门

8. 未经(　　)批准,不得制造、销售和进口国务院规定废除的非法定计量单位的计量器具和国务院禁止使用的其他计量器具。

(A)国务院计量行政部门　(B)有关人民政府计量行政部门

(C)县级以上人民政府计量行政部门　(D)省级以上人民政府计量行政部门

9.(　　),第六届全国人大常委会第十二次会议讨论通过了《中华人民共和国计量法》,国家主席李先念同日发布命令正式公布,规定从 1986 年 7 月 1 日起施行。

(A)1985 月 9 月 6 日　(B)1986 年 7 月 1 日

(C)1987 年 7 月 1 日　(D)1977 年 7 月 1 日

10. 我国《计量法实施细则》规定,(　　)计量行政部门依法设置的计量检定机构,为国家法定计量检定机构。

(A)国务院　　(B)省级以上人民政府

(C)有关人民政府　　(D)县级以上人民政府

11. 国家法定计量检定机构的计量检定人员,必须经(　　)考核合格,并取得检定证件。

(A)政府主管部门　　(B)国务院计量行政部门

(C)省级以上人民政府计量行政部门　　(D)县级以上民政府计量行政部门

12. 非法定计量检定机构的计量检定人员,由(　　)考核发证。

(A)国务院计量行政部门　　(B)省级以上人民政府计量行政部门

(C)县级以上人民政府计量行政部门　　(D)其主管部门

13. 计量器具在检定周期内抽检不合格的,(　　)。

(A)由检定单位出具检定结果通知书　　(B)由检定单位出具测试结果通知书

(C)由检定单位出具计量器具封存单　　(D)应注销原检定证书或检定合格印、证

14. 伪造、盗用、倒卖强制检定印、证的,没收其非法检定印、证和全部非法所得,可并处(　　)以下的罚款;构成犯罪的,依法追究刑事责任。

(A)3 000 元　　(B)2 000 元　　(C)1 000 元　　(D)500 元

15. 1984 年 2 月,国务院颁布《关于在我国统一实行(　　)》的命令。

(A)计量制度　　(B)计量管理条例　　(C)法定计量单位　　(D)计量法

16. 法定计量单位中,国家选定的非国际单位制的质量单位名称是(　　)。

(A)公斤　　(B)公吨　　(C)米制吨　　(D)吨

17. 国际单位制中,下列计量单位名称属于有专门名称的导出单位是(　　)。

(A)摩(尔)　　(B)焦(耳)　　(C)开(尔文)　　(D)坎(德拉)

18. 国际单位制中,下列计量单位名称不属于有专门名称的导出单位是(　　)。

(A)牛(顿)　　(B)瓦(特)　　(C)电子伏　　(D)欧(姆)

19. 测量结果与被测量真值之间的差是(　　)。

(A)偏差　　(B)测量误差　　(C)系统误差　　(D)粗大误差

20. 按照 ISO10012－1 标准的要求:必须(　　)。

(A)实行测量设备的统一编写管理办法　　(B)分析计算所有测量的不确定度

(C)对所有的测量设备进行标识管理　　(D)对所有的测量设备进行封缄管理

21. 计量检测体系要求对所有的测量设备都要进行(　　)。

(A)检定　　(B)校准　　(C)比对　　(D)确认

22. 用符号表示成套装置,设备或装置的内、外部各种连接关系的一种简图称为(　　)。

(A)系统图　　(B)电路图　　(C)框图　　(D)接线图

23. 用图形符号绘制,并按工作顺序排列,详细表示电路,设备或成套装置的全部组成部分和连接关系,而不考虑其实际位置的一种简图称为(　　)。

(A)接线图　　(B)电路图　　(C)位置图　　(D)接线表

24. 系统图和框图中开口箭头专门用于表示(　　)流向。

(A)过程　　(B)控制信号　　(C)实际线路　　(D)布局

25. 不明确表示电路的原理和元件间的控制关系,只表示电器元件的实际安装位置,实际

配线方式的图是(　　)。

(A)电路图　(B)接线图　(C)位置图　(D)框图

26. 可以用来详细理解电路的作用原理,分析与计算电路特性的是(　　)。

(A)框图　(B)电路图　(C)接线图　(D)接线表

27. 符号"⏚"表示(　　)。

(A)接地　(B)保护接地　(C)保护接零　(D)接机壳

28. 符号"—▭—"表示(　　)。

(A)电阻器　(B)可调电阻器

(C)带滑动触点的电阻器　(D)带滑动触点的电位器

29. 符号"⌒⌒⌒"表示(　　)。

(A)电感器　(B)线圈　(C)带磁芯的电感器　(D)扼流圈

30. 硅钢和铸铁属于(　　)材料。

(A)导电　(B)绝缘　(C)磁性　(D)电碳

31. 聚氯乙烯绝缘双根平行软线是用来作为交直流额定电压为(　　)及以下移动电具,吊灯的电源连接导线。

(A)500 V　(B)250 V　(C)220 V　(D)380 V

32. 高碳钢常用来产生磁电系仪表测量机构中的工作磁场,它属于(　　)材料。

(A)金属永磁　(B)铁氧体磁性　(C)半永磁　(D)铁氧体永磁

33. 电机的电刷是由(　　)材料制成的。

(A)磁性　(B)电碳　(C)绝缘　(D)导电

34. 水平位置使用的实验室电工仪表,下轴承承受的重量较大,易于摩损,一般是采用(　　)做成的。

(A)玛瑙　(B)刚玉　(C)高碳钢　(D)硅钢

35. 水平位置使用的实验室电工仪表,上轴承是起着支持住可动部分的作用,它一般是用(　　)制作的。

(A)玛瑙　(B)刚玉　(C)高碳钢　(D)硅钢

36. 仪表分流器附加电阻用料应选用(　　)。

(A)高强度漆包圆铜线　(B)高强度漆包圆铝线

(C)无磁性漆包铜线　(D)高强度漆包锰铜线

37. 磁电系仪表的动圈不是用(　　)制成的。

(A)无磁性漆包铜线　(B)自粘性漆包圆铜线

(C)高强度漆包锰铜线　(D)高强度漆包铜线

38. 数字电压表的输入阻抗很高,其基本量程一般可达到(　　)以上。

(A)1 000 kΩ　(B)5 000 kΩ　(C)1 000 MΩ　(D)5 000 MΩ

39. 数字电压表的灵敏度很高,一般可达到(　　)。

(A)1 mV　(B)1 μV　(C)2 mV　(D)2 μV

40. 直流单臂电桥测量电阻的下限范围一般都规定在(　　)以上。

(A)1 Ω　(B)100 Ω　(C)10 Ω　(D)5 Ω

41. 直流单臂电桥不适用于测量小电阻的原因是(　　)。

(A)桥臂电阻过大　　(B)桥路灵敏度低

(C)导线电阻影响大　　(D)开关电阻影响大

42. 影响双桥测量准确度的主要原因是(　　)。

(A)跨线电阻的影响　　(B)电位端导线电阻的影响

(C)桥路灵敏度低　　(D)开关热电势影响

43. 交流电能表的基本误差是以(　　)表示的。

(A)相对误差　　(B)引用误差　　(C)绝对误差　　(D)标准偏差

44. 在对称三相电路中,不管电源或负载是星形连接还是三角形连接,三相功率总是线电压和线电流及功率因素三者乘积的(　　)。

(A)3　　(B)$\sqrt{3}$　　(C)$\frac{\sqrt{3}}{2}$　　(D)2

45. 两元件跨相 90°无功功率表是把两个(　　)的测量机构组合在一起,两个测量机构的可动部分固定在一个转轴上制成的。

(A)三相功率表　　(B)单相有功功率表

(C)单相无功功率表　　(D)三相无功功率表

46. 检流计最合适的工作状态是(　　)。

(A)欠阻尼状态　　(B)微欠阻尼状态　　(C)临界阻尼状态　　(D)过阻尼状态

47. 交流电桥可以直接测量(　　)。

(A)交流电阻　　(B)交流电流　　(C)交流电压　　(D)交流功率

48. 当电流互感器的次级电路中需接入相位表时,应遵守同名端接线规则,(　　)是电流互感器的同名端。

(A)L_1 和 K_1　　(B)K_1 和 K_2　　(C)L_1 和 L_2　　(D)K_1 和 L_2

49. 标准电池在正常使用时,短时间的允许充放电流的规定是:0.005 级标准电池在 1 min 内允许通过的电流是(　　)。

(A)1 μA　　(B)0.1 μA　　(C)0.2 μA　　(D)2 μA

50. 几个不同名义值的电阻(阻值均大于零)相并联,在这并联的支路两端加以恒定电压,则其中阻值最小的电阻上消耗的功率(　　)。

(A)最小　　(B)最大　　(C)与别的电阻相同　　(D)为 1/3 总功率

51. 功率因数 $\cos\phi$ 是(　　)之比。

(A)视在功率与有功功率　　(B)无功功率与视在功率

(C)有功功率与视在功率　　(D)视在功率与无功功率

52. 验电笔只限于(　　)以下导体的检测。

(A)220 V　　(B)500 V　　(C)380 V　　(D)110 V

53. 属于基本安全用具的是(　　)。

(A)绝缘手套　　(B)绝缘棒　　(C)绝缘靴　　(D)绝缘垫

54. 硅二极管的正向压降大约为(　　)。

(A)1 V　　(B)0.3 V　　(C)0.5 V　　(D)1.2 V

55. 有甲、乙两只电感线圈,甲电感大于乙电感,已知它们所产生的磁通相等,所以甲线圈

所通过的电流 $I_{甲}$ 与乙线圈中通过的电流 $I_{乙}$ 的关系是(　　)。

(A)$I_{甲}>I_{乙}$　(B)$I_{甲}<I_{乙}$　(C)$I_{甲}=I_{乙}$　(D)$I_{甲}=2I_{乙}$

56. 电流通过线圈会产生磁场,它们的方向关系可用右手定则来判定,其右手大拇指所指的方向是(　　)。

(A)电流的方向　(B)磁通线从线圈中出来的方向

(C)磁通线进入线圈的方向　(D)磁场的方向

57. 电开关安装接线时必须控制(　　)。

(A)地线　(B)火线　(C)零线　(D)中性线

58. 采用闭路抽头式直流测量线路的万用表在表头上接上分流电阻后,会使表头满偏转的电路电流(　　)。

(A)增加　(B)减少　(C)不变　(D)减少一半

59. 万用表的欧姆档是一种受电源电压变化影响的磁电系欧姆表,但不同的是它的补偿电源变化的线路采用的是改变(　　)两端的可变电阻的方法。

(A)并联在表头　(B)串联在表头　(C)并联在电源　(D)串联在电源

60. 在完全对称的三相四线制中,可以用一块单相电能表测量任一相的消耗电能,然后乘以(　　)即可求得三相点电能。

(A)$\sqrt{3}$　(B)$\frac{\sqrt{3}}{2}$　(C)3　(D)$\frac{\sqrt{3}}{3}$

61. 在三相三线制中所消耗的电能可以用两块单相电能表来测量,测量结果等于(　　)。

(A)两块单相电能表读数之差　(B)两块单相电能表读数之和

(C)两块单相电能表读数的平均值　(D)$\sqrt{3}$(两块单相电能表之和)

62. 在三相四线制中,若三相负荷不平衡时,可应用三只单相电能表分别测出各相所消耗的电能,测量结果应是(　　)。

(A)三只单相电能表读数的平均值　(B)三只单相电能表读数的平均值乘以 3

(C)三只单相电能表读数之和　(D)三只单相电能表读数之和乘以$\sqrt{3}$

63. 在三相电压和负载都对称时,可用两只单相有功电能表测量三相无功电能,当采用跨相 90°法接线时,其测量结果为(　　)。

(A)二只单相电能表的读数之和　(B)二只单相电能表读数之和乘上$\sqrt{3}$

(C)二只单相电能表读数之和乘上$\frac{\sqrt{3}}{2}$　(D)二只单相电能表读数之和乘上$\frac{2}{\sqrt{3}}$

64. 在三相完全对称的电路里,可用两只单相有功电能表测量三相无功电能,当采用人工中性点法接线时,其测量结果为两只单相有功电能表(　　)。

(A)之和乘上$\sqrt{3}$　(B)之和乘上$\frac{\sqrt{3}}{2}$　(C)之和乘上 3　(D)之和乘上$\frac{2}{\sqrt{3}}$

65. 万用表电流档示值误差的检定方法一般是采用数字式三用表校验仪作为标准的方法或采用(　　)。

(A)直流补偿法　(B)数字电压表法　(C)直接比较法　(D)交直流比较法

66. 万用表欧姆档的全检量限可只检中心阻值左右两边各(　　)的弧长或测量范围内带

数字的分度线。

(A)20％　(B)10％　(C)35％　(D)25％

67. 万用表欧姆档的非全检量限可只检(　　)电阻的分度线。

(A)上限　(B)中值

(C)下限　(D)上限和可以判定最大误差

68. 用定转测时法检定电能表基本误差时，应预先选定被试电能表的计算转数 N，一般取 N 应(　　)。

(A)≥3　(B)>5　(C)>2　(D)>10

69. 用定时测转法检定电能表基本误差时，若用手动方式来控制计时，其选定时间不应小于(　　)。

(A)100 s　(B)120 s　(C)180 s　(D)150 s

70. 用脉冲比较法检定电能表时，在每一负载功率下，应适当选择被检电能表的转数和标准电流互感器量程，或标准电能表所发脉冲数的倍乘开关，2 级被检电能表的预置脉冲数不少于(　　)。

(A)3 000　(B)2 000　(C)1 500　(D)1 000

71. 用直流补偿法，固定电压检定功率表时，由于监视电压线路不灵敏而造成的功率变化应小于被检表允许误差的(　　)。

(A)$\frac{1}{10}$　(B)$\frac{1}{5}$　(C)$\frac{1}{20}$　(D)$\frac{1}{15}$

72. 在三相电压对称，而负载不对称的三相电路中，可用一只三相四线有功电能表接成跨相的无功电能表，其测量结果是将其读数乘上(　　)。

(A)$\sqrt{3}$　(B)$\frac{\sqrt{3}}{2}$　(C)$\frac{1}{\sqrt{3}}$　(D)3

73. 用直流补偿法检定仪表时，供给被检表电路的电压和电流的电源的稳定度应在(　　)内，直流电源的稳定度不应低于被检仪表误差限的$\frac{1}{10}$。

(A)1 min　(B)30 min　(C)10 min　(D)30 s

74. 用直流补偿法检定 0.2 级直流电流表时，供给被检表电路的电流调节器，其调节细度应不低于(　　)。

(A)5×10^{-4}　(B)1×10^{-4}　(C)2×10^{-4}　(D)3×10^{-4}

75. 万用表的表头是采用(　　)仪表的测量机构做成的。

(A)电磁系　(B)整流系　(C)磁电系　(D)电动系

76. 万用表在作为电压表使用时，其内阻参数数值越大，对被测线路工作状态(　　)。

(A)影响越大　(B)影响越小　(C)无直接关系　(D)变得越差

77. 当具有全波整流电路的万用电表，选择量程种类开关，置交流电压 100 V 量程时，测量 100 V 直流电压，此时仪表的读数应是(　　)。

(A)0 V　(B)100 V　(C)111 V　(D)70.7 V

78. 为了使万用表的欧姆档在各量限能共用一个电阻刻度线，一般都以标准档 R 为基础，采用(　　)的整数倍来扩大量限。

(A)10　　(B)100　　(C)5　　(D)2

79. 绝缘电阻表测量机构采用流比计，主要是为了消除(　　)对测量产生的误差。

(A)线路电阻　　(B)电压变化　　(C)电流变化　　(D)反作用力矩

80. 单相电能表测量机构是由(　　)组成的。

(A)一组测量元件　　(B)二组测量元件　　(C)三组测量元件　　(D)四组测量元件

81. 单相电能表的测量机构是由一组测量元件组成的，若用(　　)组成共轴的测量机构，即可用于三相三线电能的测量。

(A)一组测量元件　　(B)二组测量元件　　(C)三组测量元件　　(D)四组测量元件

82. 电能表制动元件的作用是在转盘转动时产生(　　)。

(A)摩擦力矩　　(B)制动力矩　　(C)转动力矩　　(D)阻尼力矩

83. 一般电能表所显示的数是(　　)。

(A)转盘的转数　　(B)负载所消耗的电能数

(C)负载功率数　　(D)电源消耗的功率数

84. 电能表转盘的位置应处于两个电磁元件间隙的(　　)处，旋转时应无明显的"∞"字形不平现象。

(A)$\frac{1}{3}$　　(B)$\frac{1}{2}$　　(C)$\frac{1}{4}$　　(D)$\frac{2}{3}$

85. 在对绝缘电阻表的导流丝进行焊接时，应先将三根导流丝焊在外焊片上，然后分别将三根导流丝(　　)再焊到各线圈焊片上。

(A)沿转轴各绕一圈　　(B)各绕一圈　　(C)沿转轴各绕二圈　　(D)各绕二圈

86. 在用直流电位差计测量电压时，为使电位差计的工作电流校正准确度较高，一般来说 0.01 级电位差计应配用(　　)的标准电池。

(A)0.01 级　　(B)0.005 级　　(C)0.02 级　　(D)0.002 级

87. 若直流电位差计的工作电流不超过(　　)时，一般可采用一号干电池供电。

(A)10 mA　　(B)5 mA　　(C)15 mA　　(D)8 mA

88. 磁电系检流计与指针式磁电系仪表的不同点是(　　)。

(A)无轴承　　(B)无游丝　　(C)无轴承和游丝　　(D)无动框

89. 在使用中，检测计通常给出的指标是(　　)。

(A)电压灵敏度　　(B)电流灵敏度　　(C)灵敏度倒数　　(D)阻尼时间

90. 电指示仪表标度尺工作部分的长度与标度尺长度之比不小于(　　)。

(A)90%　　(B)85%　　(C)80%　　(D)95%

91. 一般大、中型安装式仪表或准确度较低的仪表，其指针多为(　　)。

(A)刀形　　(B)矛形　　(C)丝形　　(D)光标

92. 对装有反射镜式读数装置的仪表，指针端部距标度盘表面的距离应不大于(　　)。(L 为指针长度)

(A)$0.02L+1$ mm　　(B)$0.01L+1$ mm　　(C)$0.02L+0.5$ mm　　(D)$0.01L+0.5$ mm

93. 可携式仪表的指针多为刀形，其指示器的尖端至少应盖住标度尺最短分度线长度的(　　)。

(A)$\frac{1}{3}$　　(B)$\frac{1}{4}$　　(C)$\frac{3}{4}$　　(D)$\frac{1}{2}$

94. 符号"$\frac{\cap}{\rightarrow\!\vdash}$"代表的是(　　)表示的整流系仪表。

(A)平均值　(B)最大值　(C)有效值　(D)瞬时值

95. (　　)不属于计量法调整的范围。

(A)建立计量基准、计量标准　(B)制造、修理计量器具

(C)进行计量检定　(D)使用教学用计量器具

96. 用直流补偿法检定0.5级15A电流表时,标准电阻的年稳定度应(　　)。

(A)≤0.005%　(B)≤0.01%　(C)≤0.002%　(D)≤0.003%

97. 用直流补偿法检定0.5级30 A电流表时,标准电阻的标称使用功率最小不应小于(　　)。

(A)1 W　(B)2 W　(C)3 W　(D)0.5 W

98. 用直接补偿法检定电流表时,使用(　　)以下的标准电阻必须置于油槽中使用(　　)。

(A)1 Ω　(B)10 Ω　(C)0.1 Ω　(D)0.01 Ω

99. 用直流补偿法检定0.2级电表时,与直流电位差计配套的标准电池的级别应为(　　)。

(A)0.005　(B)0.01　(C)0.02　(D)0.002

100. 用直接补偿法检定0.2级电压表时,与直流电位差计配合使用的分压箱的准确度等级应为(　　)。

(A)0.01　(B)0.02　(C)0.05　(D)0.03

101. 用直接补偿法检定0.5级电压表时,要求检定装置的相对灵敏度(　　)。

(A)≤2.5×10^{-4}/格　(B)≤1×10^{-4}/格

(C)≤5×10^{-5}/格　(D)≤2×10^{-4}/格

102. 用直接补偿法检定0.5级电流表时,要求直流电位差计工作电流的变化应≤(　　)。

(A)5×10^{-5}　(B)1×10^{-4}　(C)2.5×10^{-4}　(D)1.5×10^{-4}

103. 用直流补偿法检定0.5级功率表上限时,直流电位差计读数位数应为(　　)。

(A)4位　(B)5位　(C)6位　(D)3位

104. 对于可动部分为轴承、轴尖支撑的标准表,在做周期检定时应对(　　)进行检定。

(A)位置影响　(B)绝缘电阻　(C)偏离零位　(D)阻尼

105. 对一块0.5级电压表的平衡误差进行调整后,应对其做(　　)的检定。

(A)功率因数影响　(B)电压试验　(C)绝缘电阻　(D)位置影响

106. 测量电压表的绝缘电阻是对其施加约(　　)电压后,1 min测得的绝缘电阻。

(A)220 V交流　(B)380 V直流　(C)500 V交流　(D)500 V直流

107. 对电流表进行偏离零位误差检定,应在测量(　　)进行。

(A)基本误差检定之后　(B)全检量限基本误差之前

(C)全检量限基本误差之后　(D)升降变差之后

108. 测定功率表功率因素影响时,是在不同的状态下,调节电流,使指示器指在测量范围(　　)分度线上,测得的实际值。

(A)上限　(B)下限　(C)中心　(D)最大误差

109. 万用表电流,电压量限基本误差的检定方法,是应按照(　　)仪表的检定方法进行。

(A)多量限　(B)公用一个标度尺的多量限

(C)不公共一个标度尺的多量限　(D)单量限

110. 检定绝缘电阻表基本误差时,标准高压高阻箱,检定辅助设备及环境条件所引起的检定总不确定度,不应超过绝缘电阻表允许误差值的(　　)。

(A)$\frac{1}{2}$　(B)$\frac{1}{3}$　(C)$\frac{1}{4}$　(D)$\frac{1}{5}$

111. 绝缘电阻表测量端钮在开路情况下,若接通电源或摇动发电机摇柄,指针应指在(　　)位置上,不得偏离标度线的中心位置±1 mm。

(A)零　(B)最大数字分度线　(C)∞　(D)最小数字分度线

112. 对于无零分度线的绝缘电阻表,在做初步试验时,应接以(　　)电阻进行检验。

(A)上限　(B)起点　(C)∞　(D)中点

113. 绝缘电阻表的开路电压,应在额定电压的(　　)范围内。

(A)85%～100%　(B)90%～110%　(C)95%～105%　(D)95%～115%

114. 在 1 min 内绝缘电阻表开路电压最大指示值与最小指示值之差应不大于绝缘电阻表额定电压值的(　　)。

(A)5%　(B)3%　(C)10%　(D)2%

115. 绝缘电阻表在做倾斜影响的检验时,仪表应向前、后、左、右四个方向分别倾斜(　　)。

(A)5°　(B)10°　(C)15°　(D)45°

116. 测量绝缘电阻表的绝缘电阻时,所选用的绝缘电阻表的额定电压一般应与被检绝缘电阻表电压等级一致,但不得低于(　　)。

(A)1 000 V　(B)500 V　(C)100 V　(D)380 V

117. 绝缘电阻表的测量线路与外壳之间的绝缘电阻在标准条件下,当额定电压为 1 000 V 时,其绝缘电阻应高于(　　),为合格。

(A)100 MΩ　(B)50 MΩ　(C)200 MΩ　(D)20 MΩ

118. 用比较法检定 2 级交流有功电能表时,要求标准电能表的允许相对误差为(　　)。

(A)±0.5%　(B)±0.4%　(C)±0.3%　(D)±0.2%

119. 在交流电能表检定装置上配用多量程标准电流、电压互感器,主要目的是为了(　　)。

(A)检表方便

(B)隔离高压

(C)改变量程,使标准表在满量程下工作,保证装置准确度

(D)调节时相互影响小

120. 交流电能表检定装置中,设置相位平衡调节装置,目的是为了(　　)。

(A)调节功率因数　(B)调节三相系统的对称性

(C)改变功率表的级性　(D)提高相位调节的稳定性

121. 用比较法检定 2 级交流有功电能表基本误差时,要求监视功率表的准确度等级

为(　　)。

(A)1.0　(B)0.5　(C)0.3　(D)0.2

122. 安装式电能表字轮式计度器上的数字约有(　　)高度被字窗遮盖时(末位字轮和处在进位的字轮除外)该表为不合格。

(A)$\frac{1}{3}$　(B)$\frac{1}{5}$　(C)$\frac{1}{2}$　(D)$\frac{1}{4}$

123. 交流电能表起动试验应在额定电压,额定频率和功率因数为(　　)的条件下进行。

(A)1.0　(B)0.5(感性)　(C)0.5(容性)　(D)0.8(感性)

124. 安装式电能表校核常数是在额定电压(　　)和功率因数为1.0的条件下进行的。

(A)标定电流　(B)额定电流　(C)额定最大电流　(D)80%标定电流

125. 电能表的标准温度标注在电能表的铭牌上,未标注者为(　　)。

(A)18 ℃　(B)20 ℃　(C)25 ℃　(D)23 ℃

126. 确定交流电能表的三相不平衡负载基本误差时,应在电源的(　　)情况下进行。

(A)三相电压不对称,三相电流也不对称

(B)三相电压不对称,三相电流对称

(C)三相电压对称,任一电流回路有电流,其他两相无电流

(D)三相电压对称,三相电流不对称

127. 经检修后的交流电能表所有线路对金属外壳间或外露金属部分间的试验电压为(　　)。

(A)2 kV　(B)1 kV　(C)1.5 kV　(D)2.5 kV

128. 焊接C_4型电表游丝时,应使用(　　)电烙铁,加热焊片,避免游丝直接接受高温引起退火。

(A)25 W　(B)40 W　(C)75 W　(D)100 W

129. 调节C_4型多量限电流表磁分路可以改变表头灵敏度,当把磁分路处于少分磁的位置时,仪表的灵敏度将(　　)。

(A)减弱　(B)提高　(C)不变　(D)减弱$\frac{1}{2}$

130. 当磁电系仪表指针与动圈夹角改变时,会造成仪表(　　)。

(A)刻度特性误差　(B)可动部分卡滞　(C)指示不稳定　(D)变差大

131. 在C_4型电流表、电压表表头电流和刻度特性良好的情况下,若略有误差,应调节(　　)。

(A)粗调磁分路　(B)细调磁分路

(C)与动圈并联的电阻　(D)与动圈串联的锰铜电阻

132. 在C_4型电压表动圈重绕后,仪表还略有误差,可适当微调(　　)。

(A)与动圈串联的锰铜电阻　(B)与动圈并联的电阻

(C)与动圈串联的铜电阻　(D)细调磁分路

133. 对于C_4型电流表,在调好线路电流后,如果各量程满度值误差率是一致的,说明与分路并联的分流电阻是(　　)。

(A)不好的　(B)好的　(C)断路的　(D)短路的

134. C_4型仪表的指针在使用中受过载冲击变形后，应找到弯折点进行整形，保证其平直度，其指针离开表盘面的高度应控制在(　　)。

(A)1～2 mm　(B)1.5～2.5 mm　(C)0.5～1.5 mm　(D)2～3 mm

135. 电能表计度器的字轮应转动灵活，其转动时左右摆动量不应超过(　　)。

(A)0.1 mm　(B)0.2 mm　(C)0.05 mm　(D)0.15 mm

136. 电能表电压铁芯与电流铁芯间隙太小会造成电能表(　　)。

(A)满载表快　(B)满载表慢　(C)轻载表快　(D)轻载表慢

137. 电能表电流线圈满载匝间短路，而轻载不短路会造成电能表(　　)。

(A)轻载表快　(B)轻载表忽快忽慢　(C)轻载表慢　(D)潜动

138. 电能表计度器齿轮咬合太紧，会使电能表产生轻载表慢故障，应将齿牙咬合在(　　)处。

(A)$\frac{1}{3}\sim\frac{1}{2}$　(B)$\frac{1}{5}\sim\frac{1}{2}$　(C)$\frac{1}{4}\sim\frac{1}{3}$　(D)$\frac{1}{5}\sim\frac{1}{4}$

139. 在电能表因电压铁芯老化生锈，而使左边柱磁通过多时，造成电能表正潜动超过一周且很快时，应采取(　　)方法加以调整。

(A)在电压铁芯左边柱上加铜短路环　(B)在电压铁芯右边柱上加铜短路环

(C)松开螺丝放大电压铁芯左边间隙　(D)松开螺丝放大电压铁芯右边间隙

140. 电能表电压铁芯和电流铁芯右边间隙太小会造成电能表(　　)。

(A)正潜动很快超过一周　(B)反潜动很快，超过一周

(C)轻载表慢　(D)轻载表快

141. 在调整修后单相电能表的相位角时，应使电能表的电压、电流为额定值，同时，二者的相位差为90°，即功率表的读数为(　　)。

(A)$\frac{1}{2}$额定值　(B)零　(C)额定值　(D)$\sqrt{3}$额定值

142. 调节修后单相电能表的相位角是在(　　)情况下进行调整。

(A)$\cos\phi=0$　(B)$\cos\phi=1$　(C)$\cos\phi=0.5$　(D)$\cos\phi=0.8$

143. 对修后单相电能表制动力矩的调整是在(　　)情况下进行的。

(A)$\cos\phi=0$　(B)$\cos\phi=0.5$　(C)$\cos\phi=1$　(D)$\cos\phi=0.8$

144. 对修后三相二元件电能表进行补偿力矩调整试验是在(　　)负荷情况下进行的。

(A)10%　(B)50%　(C)80%　(D)30%

145. 三相交流电能表各元件平衡调整的目的是使作用于转盘上的(　　)相等。

(A)摩擦力矩　(B)制动力矩　(C)转动力矩　(D)补偿力矩

146. 万用表直流电流测量各量程误差无一致性，而且相差较大，原因是(　　)。

(A)与表头并联的公共分流电阻过大　(B)与表头并联的公共分流电阻过小

(C)表头灵敏度过高　(D)各档分流电阻不准确

147. 万用表直流电压测量电路某一量程不工作，其他量程都工作原因是(　　)。

(A)表头公用电路部分用于改变电压测量电路灵敏度的分流电阻短路

(B)串联共用的最低量程倍压电阻断路

(C)该量程的倍压电阻的连线断线

(D)表头分流电阻功率不足，焊接不良

148. 万用表指针在刻度零点左右快速摆动，是由于(　　)所造成的。

(A)与表头焊接的整流器击穿

(B)桥式整流电路中有一个整流器被击穿

(C)互感器绕组短路

(D)互感器次及绕组断路

149. 兆欧表在额定电压下断开"E""L"接线柱，若仪表指针指不到∞时，应(　　)的电阻。

(A)增加电压回路　　(B)增加电流回路

(C)减少电压回路　　(D)减少电流回路

150. 有无穷大平衡线圈的兆欧表，如果该线圈短路或断路，会造成兆欧表(　　)。

(A)指针指不到∞位置　　(B)指针超出∞位置

(C)指针指不到零位　　(D)指针转动不灵活

151. 兆欧表电流回路电阻值变小，会造成指针(　　)。

(A)超过零位　　(B)指不到零位　　(C)超过∞位　　(D)指不到∞位

152. 三相无功功率表的最大基本误差是用(　　)表示的。

(A)绝对误差　　(B)引用误差　　(C)相对误差　　(D)平均值

153. 有一块标度尺为100分格，量程为10A的0.2级电流表，其检定结果修正值应为(　　)的整数倍。

(A)1　　(B)2　　(C)5　　(D)10

154. 一块0.5级功率表，其标尺长度为130 mm，当测定该表在电压线路加额定电压，电流回路断开时的偏离零位值时，其指示器对零分度线的偏离值最大不得超过(　　)。

(A)0.325 mm　　(B)1.3 mm　　(C)0.65 mm　　(D)0.13 mm

155. 当用两只单相有功功率表按人工中性点法接线，测量三相三线无功功率时，设两只功率表的读数分别W_1和W_2，则三相无功功率等于(　　)。

(A)W_1+W_2　　(B)$\frac{\sqrt{3}}{2}(W_1+W_2)$　　(C)$\sqrt{3}(W_1+W_2)$　　(D)$\frac{1}{\sqrt{3}}(W_1+W_2)$

156. 用两表跨相对90°法检定二元件功功率表时，A相上标准有功功率表的读数为W_1，C相上标准有功功率表的读数为W_2，假设三相完全对称，则其三相无功功率值为(　　)。

(A)W_1+W_2　　(B)$\sqrt{3}(W_1+W_2)$　　(C)$\frac{\sqrt{3}}{2}(W_1+W_2)$　　(D)$\frac{1}{\sqrt{3}}(W_1+W_2)$

157. 交流电能表的基本误差是以(　　)来表示的。

(A)相对误差　　(B)引用误差　　(C)绝对误差　　(D)平均值误差

158. 准确度等级为2级的三相有功电能表，其相对误差末位数的化整间距为(　　)。

(A)0.5　　(B)0.1　　(C)0.2　　(D)0.02

159. 检定2级电能表时，要求电能表检定装置的测量误差应≤(　　)。

(A)0.2%　　(B)0.3%　　(C)0.5%　　(D)0.1%

160. 在$\cos\phi=0.5$(感性)条件下，检定2.0级电能表时，要求其检定装置的测量误差应≤(　　)。

(A)±0.45%　(B)±0.3%　(C)±0.6%　(D)±0.5%

161. 万用表电阻档的基本误差是用(　　)误差来表示的。

(A)相对　(B)绝对　(C)引用　(D)平均值

162. 对非线性标尺的绝缘电阻表基本误差中的基准值规定为(　　)。

(A)最大值　(B)平均值　(C)测量指示值　(D)中心值

163. 对非线性标度尺的绝缘电阻表的量程可划分为三个区段，其中(　　)准确度最高。

(A)Ⅰ区段　(B)Ⅱ区段　(C)Ⅲ区段　(D)$\frac{2}{3}$区段

164. 被检绝缘电阻表的最大基本误差的计算数据，应按规则进行修约，其修约间隔为允许误差限值的(　　)。

(A)$\frac{1}{10}$　(B)$\frac{1}{5}$　(C)$\frac{1}{3}$　(D)$\frac{1}{4}$

165. 对 0.2 级标准电压表的检定原始记录应保留(　　)。

(A)2 年　(B)1 年　(C)半年　(D)3 个月

166. 对安装式电能表，周期检定合格的应发给(　　)。

(A)检定证书　(B)检定结果通知书　(C)检定合格证　(D)检定标记

167. 检定合格的绝缘电阻表应发给(　　)。

(A)检定证书　(B)检定证书加检定标记

(C)检定合格证　(D)检定标记

168. 按国标图形符号表示电气元器件但同一符号不得分开画，这是(　　)图。

(A)接线　(B)电路　(C)系统　(D)位置

169. 万用表检定装置的测量重复性是用(　　)表示的。

(A)相对误差　(B)引用误差　(C)标准偏差　(D)绝对误差

170. 处理计量纠纷所进行的仲裁检定以(　　)检定的数据为准。

(A)企事业单位最高计量器具　(B)国家计量基准或社会公用计量标准

(C)经考核合格的相关计量标准　(D)经强制检定合格的计量器具

171. 检定或校准的原始记录是指(　　)。

(A)记在草稿纸上，在整理抄写后的记录

(B)当时的测量数据及相关信息的记录

(C)先记在草稿纸上，然后输入到计算机中保存的记录

(D)经整理计算出测量结果的记录

172. 计量检定的对象是指(　　)。

(A)包括教育、医疗、家用在内的所有计量器具

(B)列入《中华人民共和国依法管理的计量器具目录》的计量器具

(C)企业用于产品检测的所有检测设备

(D)所有进口的测量仪器

173. 统一全国量值的最高依据是(　　)。

(A)计量基准　(B)社会公用计量标准

(C)部门最高计量标准　(D)工作计量标准

174. 国家计量检定系统表由(　　)制定。
(A)省、自治区、直辖市政府计量行政部门　(B)国务院计量行政部门
(C)国务院有关主管部门　(D)计量技术机构

三、多项选择题

1. 国家法定计量检定机构应根据质量技术监督部门的授权履行(　　)职责。
(A)建立社会公用计量标准　(B)执行强制检定
(C)没收非法计量器具　(D)承办有关计量监督工作
2. 计量立法的宗旨是(　　)。
(A)加强计量监督管理,保障计量单位制的统一和量值的准确可靠
(B)适应社会主义现代化建设的需要,维护国家、人民的利益
(C)保障人民的健康和生命、财产的安全
(D)有利于生产、贸易和科学技术的发展
3. 在处理计量纠纷时,以(　　)进行仲裁检定后的数据才能作为依据,并具有法律效力。
(A)计量基准　(B)社会公用计量标准
(C)部门最高计量标准　(D)工作计量标准
4. 计量检定规程可以由(　　)制定。
(A)国务院计量行政部门　(B)省、自治区、直辖市政府计量行政部门
(C)国务院有关主管部门　(D)法定计量检定机构
5. 需要强制检定的计量标准包括(　　)。
(A)社会公用计量标准　(B)部门最高计量标准
(C)企事业单位最高计量标准　(D)工作计量标准
6.《计量器具新产品管理办法》中,计量器具新产品是指(　　)。
(A)制造计量器具的企业、事业单位从未生产过的计量器具
(B)对原有产品在结构、材质等方面做了重大改进导致性能、技术特征发生变更的计量器具
(C)制造计量器具的企业的原有产品
(D)制造计量器具的事业的原有产品
7. 根据计量法规定,计量检定规程分三类,即(　　)。
(A)电学检定规程　(B)国家计量检定规程
(C)部门计量检定规程　(D)地方检定规程
8. 计量技术法规包括(　　)。
(A)计量检定规程　(B)国家计量检定系统表
(C)计量技术规范　(D)国家测试标准
9. 国家计量检定规程可用于(　　)。
(A)产品的检验　(B)计量器具的周期检定
(C)计量器具修理后的检定　(D)计量器具的仲裁检定
10. 国家计量检定系统表是(　　)。
(A)国务院计量行政部门管理计量器具,实施计量检定用的一种图表

(B)将国家基准的量值逐级传递到工作计量器具,或从工作计量器具逐级溯源到国家计量基准的一个比较链,以确保全国量值的统一准确和可靠

(C)由国家计量行政部门组织、修订,批准颁布,由建立计量基准的单位负责起草的,在进行量程传递或量值溯源时做为法定依据的文件

(D)计量检定人员判断计量器具是否合格所依据的技术文件

11. 力矩单位"牛顿米",用国际符号表示时,下列符号中(　　)是正确的。

(A)NM　(B)Nm　(C)mN　(D)N·m

12. 下列量中属于国际单位制导出量的有(　　)。

(A)电压　(B)电阻　(C)电荷量　(D)电流

13. 下列单位中,(　　)属于国际单位制中的单位。

(A)毫米　(B)吨　(C)赫兹　(D)帕

14. 有一块接线板,其标注额定电压和电流容量时,下列表示中(　　)是正确的。

(A)180～240V,5～10A　(B)180V～240V,5A～10A

(C)(180～240)V,(5～10)A　(D)(180～240)V,(5～10)A

15. 计量在国民经济中的作用包括(　　)。

(A)是发展科学技术的重要基础和手段　(B)是保证产品质量的重要手段

(C)是维护社会经济秩序的重要手段　(D)是确保国防建设的重要手段

16. 计量具有的特点是(　　)。

(A)准确性　(B)一致性　(C)溯源性　(D)法制性

17. 计量按社会功能分类,可分为(　　)。

(A)科学计量　(B)法制计量　(C)工业计量　(D)农业计量

18. 测量不确定度小,表明(　　)。

(A)测量结果接近真值　(B)测量结果准确度高

(C)测量值的分散性小　(D)测量结果可能值所在的区间小

19. 单独地或连同辅助设备一起用以进行测量的器具在学术语中为(　　)。

(A)测量仪器　(B)测量链　(C)计量器具　(D)测量传感器

20. 下列计量器具中(　　)属于实物量具。

(A)流量计　(B)标准信号发生器　(C)砝码　(D)秤

21. 测量仪器的准确度是一个定性的概念,在实际应用中应该用测量仪器的(　)表示其准确程度。

(A)最大允许误差　(B)准确度等级　(C)测量不确定度　(D)测量误差

22. 测量仪器的使用条件包括(　　)。

(A)参考条件　(B)标准测量条件　(C)额定操作条件　(D)极限条件

23. 计量技术法规的作用是正确进行量值传递,量值溯源,确保(　　)所测出的量值准确可靠,以及实施计量法制管理的重要手段和条件。

(A)计量基准　(B)计量标准　(C)工作标准　(D)最高标准

24. 测量标准是为了(　　)量的单位或一个或多个量值,用作参考的实物量具、测量仪器、参考物资或测量系统。

(A)定义　(B)复现　(C)获得　(D)保存

25. 社会公用计量标准必须经过计量行政部门主持考核合格，取得(　　)方能向社会开展量值传递。

(A)《标准考核合格证书》　(B)《计量标准考核证书》

(C)《计量检定员证》　(D)《社会公用计量标准证书》

26. 对测量结果或测量仪器示值的修正可以采取(　　)措施。

(A)加修正值　(B)乘修正因子

(C)给出修正曲线或修正值表　(D)给出中位值

27. 测量仪器检定或校准的状态标识可包括(　　)。

(A)检定合格证　(B)产品合格证　(C)准用证　(D)检定证

28. 强制检定的对象包括(　　)。

(A)社会公用计量标准器具

(B)标准物质

(C)列入《中华人民共和国强制检定的工作计量器具目录》的工作计量器具

(D)部门和企事业单位使用的最高计量器具

29. 对检定、校准证书的审核是保证工作质量的一个重要环节，核验人员对证书的审核内容包括(　　)。

(A)对照原始记录检查证书上的信息是否与原始一致

(B)对数据的计算或换算进行验算并检查结论是否正确

(C)检查数据的有效数字和计算单位是否正确

(D)检查被测件的功能是否正常

30. 使用检流计时应注意(　　)。

(A)检流计配有多档分流器，测量时应从检流计最低灵敏度档开始，逐渐转向高灵敏度档

(B)检流计必须轻拿轻放，避免机械震动，在搬动时要用止动器将活动部分锁住，对于没有止动器的检流计，可用一根导线将输出短路

(C)严禁用万用表，欧姆表去测量检流计的内阻，以免通过大电流烧坏检流计

(D)检流计有零点调节器和标度盘活动调节器，前者为零点粗调，后者为零点细调，屏蔽端钮是用来消除寄生电动势和漏电对测量的影响

31. 直流电位差计的一般选用原则是(　　)。

(A)根据被测电压内阻的高低选择电位差计，内阻小的选低阻电位差计，内阻大的选高阻电位差计

(B)根据被测电压的大小选择电位差计，最好是使电位差计工作在测量上限附近

(C)根据被测电压准确度的要求选择电位差计，如某一测量电压要求测量相对误差小于0.02%，则一般应选0.01级电位差计

(D)为保证测量准确度，还应正确选择直流电位差计的配套仪器，如标准电池，供电电源及检流计

32. 用直流补偿法检定电压表时应注意(　　)等事项。

(A)在检定电压表的测量上限时，对0.1及0.2级仪表，电位差计的第一个测量盘要有大于零的示值，而0.5级仪表，电位差计的第二个测量盘要有大于零的示值

(B)加到分压箱的电压不应超过其允许值，因为分压系数受温度影响较大

(C)检定电压表时,要注意泄漏电流的影响,由泄漏电流产生的误差是和分压箱的电阻有关,当被测的电压高时,泄漏电流也有可能通过检流计,使检流计发生偏转,而产生误差

(D)不用特别选择,只要是检流计就可使用

33. 计量标准必须具备(　　)等条件,才可使用。

(A)经计量检定合格　(B)具有正常工作所需要的环境条件

(C)具有称职的保存、维护、使用人员　(D)具有完善的管理制度

34. 通过一条具有规定不确定度的不间断的比较链,使测量结果或测量标准的值能够与规定的参考标准,通常是与(　　)联系起来的特性。

(A)企业最高标准　(B)社会标准　(C)国家测量标准　(D)国际测量标准

35. 国家有计划地发展计量事业,用现代计量技术、装备各级计量检定机构,为社会主义现代化建设服务,为(　　)以及人民健康、安全提供计量保证。

(A)工农业生产　(B)国防建设　(C)科学实验　(D)国内外贸易

36. 计量检定人员的职责是(　　)。

(A)正确使用计量基准或计量标准并负责维护、保养,使其保持良好的技术状况

(B)执行计量技术法规,进行计量检定工作

(C)保证计量检定的原始数据和有关技术资料的完整

(D)承办政府计量部门委托的有关任务

37. 测量误差的来源可从(　　)和测量对象几个方面考虑。

(A)设备　(B)环境　(C)方法　(D)人员

38. 数字电压表有(　　)、输入阻抗高、使用方便和用途广泛、线路复杂、维修较困难等特点。

(A)准确度高　(B)灵敏度高　(C)测量速度慢　(D)读数准确无视差

39. 交流电路的功率有(　　)和无功功率四种表示形式。

(A)瞬时功率　(B)平均功率　(C)视在功率　(D)有功功率

40. 整流电路一般有(　　)三种电路形式。

(A)半波整流　(B)全波整流　(C)桥式整流　(D)电压整流

41. 因为铝线有(　　)三大缺点,接地线一般不准采用铝线。

(A)熔点高　(B)熔点低　(C)易腐蚀　(D)机械强度差

42. 当发现起火后,应首先设法切断电源,切断电源时要注意(　　),同时要考虑非同相电线应在不同部位剪断,剪断空中电线时,应在电源方向的支持物附近剪断,防止电线落下造成接地短路或触电事故。

(A)拉闸选用绝缘工具操作

(B)高、低压拉闸均应按操作顺序进行

(C)切断电源的地点要选择适当,防止断电后影响灭火工作

(D)带电导线落地时,应防止跨步电压

43. 校准的对象是(　　)。

(A)测量仪器　(B)测量系统　(C)实物量具　(D)参考系统

44. 检定和校准的区别在于(　　)、方式不同、周期不同、内容不同、结论不同和法律效力

不同。

(A)目的不同　(B)对象不同　(C)性质不同　(D)依据不同

45. 首次检定是对未曾检定过的新计量器具进行的一种检查。检定对象仅限于(　　)或从未检定过的计量器具。

(A)新生产的　(B)新购置的　(C)没有使用过的　(D)报废的

46. 后续检定是对计量器具首次检定后的任何一种检定。包括(　　)。

(A)首次检定　(B)强制性周期检定

(C)修理后检定　(D)周期检定有效期内的检定

47. 强制检定的要求是(　　),按检定规程给出检定周期。

(A)制定周期检定计划

(B)按计划通知被检定者,安排检定

(C)强检必须在政府规定的期限内完成

(D)出具检定证书或检定结果通知书,并加该检定印记

48. 法定计量检定机构不得从事的行为有。(　　)

(A)按计量检定规程进行计量检定

(B)使用超过有效期的计量标准开展计量检定工作

(C)指派取得注册计量师资格证的人员开展计量检定工作

(D)开展授权项目之外的计量检定工作

49. 计量器具经检定合格的,由检定单位按照计量检定规程的规定,出具(　　)或加盖检定合格印。

(A)校准证书　(B)检定证书　(C)检定合格证　(D)校准合格证

50. 检定证书、检定结果通知书必须(　　),有检定、核验、主管人员签字,并加盖检定单位印章。

(A)字迹清楚　(B)干净整洁　(C)数据无误　(D)可以无数据

51. 检定合格印应清晰完整。(　　)的检定合格印,应停止使用。

(A)字迹模糊　(B)磨损　(C)残缺　(D)无法识别

52.《计量检定人员管理办法》规定,计量检定人员是指(　　),从事计量检定工作的人员。

(A)经考核合格　(B)持有计量检定证件

(C)部门允许的　(D)总经理同意的

53. 强制检定的(　　),统称为强制检定的计量器具。

(A)计量基准　(B)最高标准　(C)计量标准　(D)工作计量器具

54. 计量检定人员出具的检定数据,用于量值传递、(　　)和实施计量监督具有法律效力。

(A)计量认证　(B)裁决计量纠纷　(C)技术考核　(D)工程认证

55. 我国《计量法实施细则》规定,计量检定工作应当符合经济合理、就地就近的原则,不受(　　)的限制。

(A)行政区划　(B)部门管辖　(C)公司领导　(D)部门领导

56. 我国《计量法实施细则》规定,县级以上的人民政府计量行政部门对当地销售的计量器具实施监督检查。凡没有产品(　　)标志的计量器具不得销售。

(A)合格证　　(B)合格印

(C)生产厂家所在地　　(D)《制造计量器具许可证》

57. 我国《计量法实施细则》规定,任何单位和个人不得经营销售残次计量器具零配件,不得使用残次零配件(　　)计量器具。

(A)清理　　(B)组装　　(C)修理　　(D)交换

58. 我国《计量法实施细则》规定,任何单位和个人不准在工作岗位上使用(　　)以及经检定不合格计量器具。

(A)无检定合格证、印　　(B)超过周期未检定

(C)检定周期内　　(D)检定合格

59. 我国《计量法》规定,制造、销售、使用以欺骗消费者为目的的计量器具的,没收计量器具和非法所得,处以罚款;情节严重的,并对个人或者单位直接责任人按(　　)追究刑事责任。

(A)妨害公务罪　　(B)诈骗罪　　(C)投机倒把罪　　(D)欺骗罪

60. 我国《计量法实施细则》规定,非经国务院计量行政部门批准,任何单位和个人不得(　　)计量基准,或者自行中断其计量检定工作。

(A)改装　　(B)组装　　(C)修理　　(D)拆卸

61. 我国《计量法实施细则》规定,未取得《制造计量器具许可证》、《修理计量器具许可证》的制造或修理计量器具的,责令(　　),可以并处罚款。

(A)停止生产　　(B)停止营业　　(C)没收非法所得　　(D)行事拘留

62. 我国《计量法》规定,国家采用国际单位制。(　　),为国家法定计量单位。

(A)英制单位　　(B)国际单位制

(C)国家选定的其他计量单位　　(D)非标单位

63. 测量不确定度的表示方法有(　　)。

(A)标准不确定度　　(B)非标准不确定度

(C)分散性不确定度　　(D)扩展不确定度

64. 下列单位中,(　　)属于SI基本单位。

(A)开[尔文]K　　(B)摩[尔]mol　　(C)牛[顿]N　　(D)坎[德拉]cd

65. 测量仪器的计量特性是指其影响测量结果的一些明显特征,其中包括测量(　　)。

(A)范围、偏移　　(B)重复性、稳定性　　(C)分辨力、鉴别力　　(D)准确度

66. 测量结果的误差,按其组成分量的特性可分为(　　)。

(A)测量误差　　(B)随机误差　　(C)系统误差　　(D)计算误差

67. 测量仪器按其机构和功能特点可分为四种,它们分别是(　　)和积分式。

(A)显示式　　(B)比较式　　(C)微分式　　(D)累积式

68. 为实现测量过程所必须的(　　)及辅助设备的组合称为测量设备。

(A)测量仪器　　(B)软件　　(C)测量标准　　(D)标准物质

69. 电气图一般按用途进行分类,常见的电气图有(　　)和接线表等。

(A)系统图　　(B)框图　　(C)电路图　　(D)接线图

70. 常用电工材料包括(　　)以及各种线、管等。

(A)导电材料　　(B)绝缘材料　　(C)磁性材料　　(D)非磁性材料

71. 绝缘材料可分为(　　)和气体绝缘材料。

(A)导电材料 (B)固体绝缘材料 (C)液体绝缘材料 (D)非磁性材料

72. 铁磁材料分为( )硬磁材料、巨磁材料和软磁材料。

(A)硬磁材料 (B)巨磁材料 (C)强磁材料 (D)弱磁材料

73. 欧姆定律主要说明了电路中( )三者之间的关系。

(A)电压 (B)电流 (C)电阻 (D)功率

74. 常用电工基本安全用具有( )等。

(A)手套 (B)验电笔 (C)绝缘夹钳 (D)绝缘棒

75. 三极管的三个极分别是( )。

(A)基极 (B)栅极 (C)发射极 (D)集电极

76. 三极管主要用于( )电路。

(A)放大 (B)闭环 (C)开关 (D)集成

77. 电动系仪表的结构主要是由( )和指针等构成。

(A)放大线圈 (B)固定线圈 (C)可动线圈 (D)阻尼器

78. 电压表的内阻越大,结果是( )。

(A)消耗功率就越小 (B)消耗功率就越大

(C)带来的误差就小 (D)带来的误差就大

79. 电测量指示仪表是由( )两部分组成。

(A)放大线圈 (B)固定线圈 (C)测量机构 (D)测量线路

80. 已知电流 $I=2\sin(100t+60°)$(A),对此信号描述正确的是( )。

(A)最大值是 2 A (B)角频率是 100 弧度/秒

(C)初相角是+60° (D)初相角是-60°

81. 标准电阻的主要技术性能有:( ),额定功率和最大功率等。

(A)标准电阻值的年变化

(B)标准电阻的标称值,实际值及电阻值的偏差

(C)温度系数

(D)绝缘电阻

82. 电路图主要用途分别是( )、简单的电路图还可以直接用于接线。

(A)分析与计算电路特性 (B)作为编制接线图的依据

(C)用作系统图 (D)详细理解电路的作用原理

83. 经检定合格的标准电流表,检定证书中应注明仪表的( )和检定周期。

(A)最大基本误差 (B)最大升降变差

(C)检定点的修正值或实际值 (D)颜色

84. 对带有反射镜的仪表,读数时要保证( )三者在同一平面上,以消除读数误差。

(A)反射镜中的针影 (B)指针 (C)左眼 (D)视线

85. 计量检定印包括喷印和( )。

(A)錾印 (B)钳印 (C)漆封印 (D)注销印

86. 检定证书、检定结果通知书必须有( )签字,并加盖检定单位印章方可生效。

(A)经理 (B)检定员 (C)检验员 (D)主管人员

87. 当电流互感器的初级绕组中有电流时,如果次级电路发生开路,( )。

(A)将会产生铁芯的过度磁化　　(B)使铁芯高度饱和发热

(C)引起互感器误差增大　　(D)危及操作人员和设备安全

88. 互感器的量限与被测参数及测量仪表的量限一致时,可使所选用的设备(　)。

(A)不会过载　　(B)有足够的分辨能力

(C)保证测量数据的准确可靠　　(D)可以过载

89. 互感器的负载不匹配,会引起(　)。

(A)引起互感器的误差变小　　(B)引起互感器的误差变大

(C)导致互感器过载烧坏　　(D)对互感器的误差没影响

90. 标准电池是利用化学反应以直接产生电流的装置,它的主要特点是(　)。

(A)电动势较稳定　(B)内阻高　(C)有极化现象　(D)不能做供电电源

91. 在绝缘电阻表没有停止转动和被测物没有放电以前,(　)。

(A)不可触及被测物的测量部分　　(B)不可拆除接线

(C)不可触及绝缘电阻表的输出部分　　(D)拆除接线

92. 测量电缆的绝缘电阻时,必须将电缆的绝缘物接到兆欧表的"屏"(G)端,目的是为了将(　)。

(A)漏电流直接流回电源负极　　(B)漏电流不流过仪表动圈

(C)减少测量误差　　(D)增加测量误差

93. 电压表使用时是并联在被测对象上,如果所用电压表内阻较低,则(　),所以选择电压表的内阻应越高越好。

(A)仪表将对被测线路产生一个很大的分流作用

(B)改变被测线路的原来的工作状态

(C)给测量带来很大的误差

(D)不会产生影响

94. 电流表使用时是串联在被测线路上,电流表的内阻太大,将会(　),所以要求电流表的内阻越小越好。

(A)分得一部分电流　　(B)分得一部分电压

(C)改变原来的电路　　(D)增加测量误差

95. 电流表的修正值是按(　)规定进行修约的。

(A)先计算后修约

(B)计算后的位数应比计算前的位数多保留一位

(C)修约后的小数位数及末位数应和被检表的分辨力及检定设备的不确定度一致

(D)修约后,其末位数只能是 1 或 2 或 5 的整数倍中的一种

96. 电测量指示仪表的变差产生的主要原因是在外界条件不变的情况下,仪表测量同一量值时,由于(　)。

(A)指示部分误差引起的

(B)仪表测量机构可动部分轴尖与轴承的摩擦引起的

(C)磁体变化引起的

(D)磁滞误差以及游丝(或张丝)的弹性失效后引起的

97. 对准确度等级等于或小于 0.5 的仪表,经检定合格,发给检定证书,并给出仪表

的(　　)。

(A)最大基本误差　　(B)最大升降变差

(C)各检定点的修正值或实际值　　(D)有效期

98. 国家检定规程对电流电压及功率表的检定周期的规定是(　　)。

(A)准确度等级等于或小于 0.5 的仪表,检定周期一般为 1 年

(B)准确度等级大于 0.5 的仪表,检定周期一般不超过 2 年

(C)根据仪表的使用条件和时间不同确定检定间隔

(D)由用户和检定单位商定仪表的检定间隔

99. 造成磁电系仪表电路通但无指示的现象的主要原因有(　　)。

(A)表头断路,分流支路完好　　(B)表头被短路

(C)动圈被短路　　(D)指示部分出现卡位现象

100. 安装式电表十字型平衡锤的平衡调整步骤如下:首先消除机械故障引起的不平衡,然后在水平位置调整好零位,(　　)。

(A)将仪表水平位置放置,调整平衡锤重量或位置

(B)将仪表左上角向上,使指针处于垂直位置,观察指针偏离零位情况

(C)确定是由哪个平衡锤所造成的不平衡,做相应的平衡锤重量或位置调整

(D)将仪表的右上角向上,使指针成水平位置,观察指针偏离零位情况

101. 导致磁电系仪表偏离零位的原因有很多,主要有(　　)。

(A)仪表轴尖的问题　　(B)仪表轴承的问题

(C)仪表游丝的问题　　(D)磁体的问题

102. 温度变化引起磁电系仪表产生附加误差的原因有很多,主要原因是(　　)。

(A)标尺存在热胀冷缩问题　　(B)测量线路电阻的变化

(C)游丝或张丝反作用力矩系数的变化　　(D)永久磁铁磁性的变化

103. 当互感器接到高压电路中使用时,必须将(　　)及外壳一同可靠接地,可避免绕组的绝缘被击穿时,伤及操作人员或损坏测量仪表。

(A)初级电路的低电位端　　(B)铁芯

(C)次级电路的低电位端　　(D)次级电路的高电位端

104. 凡公用一个标度尺的多量程磁电系仪表,按照检定规程,只对其中某个量程的测量范围内带数字的分度线进行检定,而对其余量程只检(　　)。

(A)测量下限　　(B)可以判定为最大误差的分度线

(C)测量上限　　(D)测量范围内的分度线任选其一

105. 对于额定频率为 50 Hz 的交直流两用电流表,除要在直流下对测量范围内带数字的分度线进行检定之外,还应在额定频率 50 Hz 下检定(　　)。

(A)测量下限　　(B)可以判定为最大误差的分度线

(C)测量上限　　(D)测量范围内的分度线任选其一

106. 检定规程规定,检定电阻表时,在读数前用(　　)将指示器调在零分度线上。

(A)9 V 电池　　(B)机械零位调节器

(C)电气零位调节器　　(D)电源

107. 0.5 级磁电系仪表测量机构的基本组成是(　　)。

(A)驱动装置　(B)控制装置　(C)阻尼装置　(D)电源

108. 磁电系仪表刻度特性变化的主要原因是(　　)。

(A)游丝因过载受热引起弹性疲劳

(B)游丝因潮湿或腐蚀而损坏

(C)因震动或其他原因使元件变形或相对位置发生变化

(D)仪表平衡不好

109. 对计量器具的计量性能、(　　)及检定数据的处理等,都必须执行计量检定规程。

(A)检定项目　(B)检定条件　(C)检定方法　(D)检定周期

110. 标准电池除了应在规定的技术条件下使用和保管外,还应注意(　　)等主要问题。

(A)标准电池应远离冷热源

(B)标准电池要避免光的直接照射

(C)不能让两极端钮短接,更不能用电压表或万用表去测量

(D)标准电池严禁倒置,摇晃和震动

111. 相对误差虽然可以衡量测量的准确度,但却不能用它来衡量指示仪表的准确度,因为(　　)。

(A)绝对误差在仪表的一个量限的全部分度线上保持不变

(B)相对误差在仪表的一个量限的全部分度线上将随着被测量的减小而增大

(C)在仪表的一个量限的各个分度线上的相对误差不是一个常数

(D)相对误差可以更方便更准确地反映指示仪表的准确度

112. V型平衡锤(安装式仪表)的平衡调整时,仪表在垂直水平的位置调好零位,仪表按使用位置放置观察指针偏移的情况,然后分别将仪表(　　)放置,分别观察各方向放置时,指针偏移的情况。

(A)向上　(B)向下　(C)向左　(D)向右

113. 万用表是采用(　　)和测量线路实现不同功能和不同量限的选择。

(A)转换开关　(B)1.5 V电池　(C)9 V电池　(D)测量机构

114. (　　)是单相电能表主要组成部分。

(A)驱动元件　(B)转动元件　(C)制动元件　(D)计数器

115. 电指示仪表刻度盘上的刻度线,可大致分为(　　)。

(A)均匀刻度　(B)不均匀刻度

(C)单向刻度　(D)正向刻度(零标在左端)

116. 磁电系检流计在直流测量中用来测量(　　)。

(A)小电流　(B)小电压　(C)小电势　(D)小电阻

117. 补偿法的优点是(　　),因此测量准确度高,缺点是对电源稳定性要求较高。

(A)不从被测电势吸取电流　(B)从被测电势吸取电流

(C)引线电阻对测量误差影响极小　(D)不歪曲被测量的真实状态

118. 绝缘电阻表在做倾斜影响的检验时,仪表应向(　　)等方向分别倾斜5°。

(A)前　(B)后　(C)左　(D)右

119. 交流电能表起动试验应在(　　)和功率因数为1.0的条件下进行。

(A)额定电压　(B)额定电流　(C)最大电流　(D)额定频率

120. 安装式电能表校核常数是在(　　)和功率因数为1.0的条件下进行的。

(A)额定电流　(B)额定电压　(C)额定最大电流　(D)80%标定电流

121. 确定交流电能表的三相不平衡负载基本误差时,应在(　　)情况下进行。

(A)三相电压不对称　(B)三相电流对称

(C)任一电流回路有电流,其他两相无电流　(D)三相电压对称

122. 检定合格的绝缘电阻表应发给(　　)。

(A)检定证书　(B)校准证书　(C)检定合格证　(D)检定标记

123. 用电烙铁间接加热游丝,焊接的时间要短,(　　)。

(A)防止游丝过热

(B)产生弹性疲劳

(C)焊好的游丝其螺旋平面应与转轴相垂直

(D)内外圈和轴心近似同心圆

124. 检流计屏蔽端钮应接地,它的作用是消除(　　)寄生电动势和漏电对测量结果的影响。

(A)寄生电动势　(B)漏电　(C)绝缘　(D)放电

125. 对于0.5级标准电流表在做周期检定时,应检定的项目是(　　)。

(A)外观检查　(B)介电强度试验　(C)基本误差检定　(D)位置影响

126. 安装式电能表周期检定项目有(　　)。

(A)直观检查　(B)位置影响　(C)潜动试验　(D)起动试验

127. 在(　　)及功率因数 $\cos\phi=1.0$ 条件下,能使机械式电能表的转盘连续不停转动的最小电流,称为起动电流。

(A)额定电阻　(B)额定电压　(C)额定周期　(D)额定频率

128. 引起机械式电能表满载表快的主要原因有(　　)。

(A)永久磁钢磁性减弱　(B)电压线圈匝间短路

(C)电压铁芯与电流铁芯的间隙太小　(D)满载调整器失灵

129. 引起机械式电能表轻载表快的主要原因是(　　)。

(A)电流线圈满载匝间短路轻载不短路　(B)电压铁芯右边间隙太大

(C)满载快　(D)轻载调整器失灵

130. 造成机械式电能表正潜动太快的主要原因有(　　)。

(A)上下轴承、计度器摩擦过大　(B)摩擦补偿过度

(C)游丝老化　(D)电压铁芯老化生锈

131. 兆欧表指针指不到"∞"可能存在的问题是(　　)。

(A)导流丝变形　(B)电源电压过大

(C)电压回路电阻变质,数值增高　(D)电压线圈局部短路

132. 兆欧表可动部分平衡不好,可能存在的问题是(　　)。

(A)指针打弯或向上翘起　(B)平衡锤上螺丝松动,使位置改变

(C)轴承松动,引起中心偏移　(D)摩擦补偿过度

133. 使用兆欧表进行作业时,应注意(　　)等安全事项。

(A)测量前必须将被测设备电源切断

(B)雷电时,严禁测量线路绝缘

(C)在测量绝缘前后,必须将被测设备对地放电

(D)在兆欧表没有停止转动和被测物没有放电前,不可用手触及被测物的测量部分和进行拆线

134. 万用表欧姆档所有量程都不工作的主要原因有电池老化和(　　)等。

(A)欧姆调零电阻可变头没有接触上

(B)与表头串联或并联的电阻阻值有大范围变化

(C)扩展量程的分流电路不通或短路

(D)可变头电路不通

135. 电压表进行绝缘电阻试验的方法及要求是先将仪表已经接在一起的所有线路与参考试验"地"之间测量绝缘电阻,(　　)。

(A)试验时施加约 500 V 的直流电压

(B)历时 1 min 读取绝缘电阻值

(C)试验环境温度应为 15～35 ℃,相对湿度不超过 75%

(D)其绝缘电阻值不应低于 5 MΩ

136. 电流电压表偏离零位的测量方法是(　　)。

(A)调节被测量至测量范围上限通电 30 s 后,迅速减小被测量至零

(B)断电 15 s 内读取指示器对零分度线的偏离值

(C)断电 30 内读取指示器对零分度线的偏离值

(D)调节被测量至测量范围上限通电 15 后,迅速减小被测量至零

137. 能够影响电能表误差的外界因素主要有(　　)。

(A)温度变化　　(B)电压、频率波动

(C)电压和电流波形失真　　(D)电能表倾斜度

138. 较高准确度的交直流数字仪器的示值误差都带有时间概念,有 24 小时误差、(　　)和一年误差。

(A)30 天误差　　(B)90 天误差　　(C)60 天误差　　(D)半年误差

139. 电磁系仪表一般有(　　)和价钱便宜等特点。

(A)准确度低　　(B)功率损耗大　　(C)分度不均匀　　(D)过载能力大

140. 检定规程是指对计量器具的计量性能、(　　)以及检定数据处理等所作的技术规定。

(A)检定项目　　(B)检定条件　　(C)检定方法　　(D)检定周期

141. 造成磁电系仪表指示不稳定的主要原因是(　　)等问题。

(A)有虚焊　　(B)线路焊接处焊接不好,接触不良

(C)线路中有击穿　　(D)线路中有短路

142. 如果按仪表的工作电流性质划分,可分为(　　)和交直流两用仪表。

(A)电压表　　(B)交流表　　(C)直流表　　(D)电阻表

143. 国际单位制的优越性表现在统一性、(　　)、继承性和世界性。

(A)简明性　　(B)实用性　　(C)合理性　　(D)科学性

144. 县级人民政府行政部门根据需要,在统筹规划、(　　)、方便生产的前提下,可以授

权其他单位的计量机构或技术机构,执行强制检定和其他检定、测试任务。

(A)追求高标准 (B)经济合理 (C)就地就近 (D)便于管理

145. 高精度仪表一般有( )、易于损坏和价格昂贵的特点,所以工作需要认真和细心。

(A)灵敏度高 (B)灵敏度低 (C)过载能力差 (D)过载能力强

146. 为了定量地反映测量误差的大小,可采用三种表达方式,即( )。

(A)绝对误差 (B)系统误差 (C)相对误差 (D)引用误差

147. 在电学计量中,基准度量器还可分为( )和工作基准。

(A)主要基准 (B)主基准 (C)副基准 (D)比较基准

148. 对电工仪表检定电源调节设备的主要技术要求有:( )和对被调量不应有附加影响。

(A)一定是业内最好的设备 (B)调节范围要满足要求

(C)调节被调量要连续平稳 (D)调节细度要满足要求

149. 国际单位制中包括长度、( )、时间频率、光学、放射性和化学等所有领域的计量单位。

(A)力学 (B)热学 (C)电磁学 (D)声学

150. 整流系仪表一般有( )和过载能力小等特点。

(A)准确度低 (B)功率损耗大 (C)分度均匀 (D)作万用表

151. 根据获得测量结果的不同方法,可以将测量方法分为( )共三类。

(A)直接测量 (B)间接测量 (C)组合测量 (D)粗略测量

152. 仪表平衡不好和( )是引起磁电系仪表刻度特性变化的主要原因。

(A)游丝因过载受热,引起弹性疲劳或游丝因潮湿或腐蚀而损坏

(B)电网电压的影响

(C)仪表因震动或其他原因使元件变形或相对位置发生变化

(D)阻尼的影响

153. 20 级绝缘电阻表检定时的基本条件是( )。

(A)手柄转速应在额定转速 120^{+5}_{-2} r/min(或 125^{+5}_{-2} r/min)范围内

(B)连接导线应有良好的绝缘,可采用硬导线悬空连接或高压聚四氟乙烯导线连接

(C)手柄转速应在额定转速 150^{+5}_{-2} r/min(或 155^{+5}_{-2} r/min)范围内

(D)标准高压高阻箱允许误差限值,应不超过绝缘电阻表允许误差限值的 $\frac{1}{4}$,标准高压高阻箱准确度应≤2%

154. 以下方法中( )获得的是测量复现性。

(A)在改变了的测量条件下,计算对同一被测量的测量结果之间的一致性,用实验标准差表示

(B)在相同条件下,对同一被测量进行多次测量,计算所得测量结果之间的一致性

(C)在相同条件下,对不同被测量进行测量,计算所得测量结果之间的一致性

(D)在相同条件下,由不同人员对同一被测量进行测量,计算所得测量结果之间的一致性,用实验标准差表示

155. 磁电系仪表由温度变化引起仪表产生附加误差的原因有( )三项。

(A)测量线路电阻的变化　　(B)游丝或张丝反作用力矩系数的变化

(C)永久磁铁磁性的变化　　(D)位置影响

156. 检定证书、检定结果通知书必须有(　　)签字,并加盖检定单位印章。

(A)经理　　(B)检定员　　(C)检验员　　(D)主管人员

四、判 断 题

1. 计量的定义是实现单位统一、量值准确可靠的活动。(　　)
2. 以确定量值为目的的一组操作称为测量。(　　)
3. 标称范围两极限之差的模称为量程。(　　)
4. 灵敏度是反映测量仪器被测量变化引起仪器示值变化的程度。(　　)
5. 稳定性是科学合理的确定检定周期的重要依据之一。(　　)
6. 未修正结果是指系统误差修正前的测量结果。(　　)
7. 准确度是一个定性的概念。(　　)
8. 重复性是指在相同测量条件,对同一被测量进行连续多次测量所得结果之间的一致性。(　　)
9. 复现性是指在改变了的测量条件下,同一被测量之间的一致性。(　　)
10. 表征合理地赋予被测量之值的分散性,与测量结果相联系的参数称为测量不确定度。(　　)
11. 测量不确定度由多个分量组成。(　　)
12. 计量检定的目的是确保检定结果的准确,确保量值的溯源性。(　　)
13. 对应两相邻标尺标记的两个值之差称为分度值。(　　)
14. 量的真值只有通过完善的测量才有可能获得。(　　)
15. 检定具有法制性,其对象是法制管理范围内的计量器具。(　　)
16. 计量检定必须按照国家计量检定系统表进行。(　　)
17. 个体工商户可以制造、修理计量器具。(　　)
18. 实行统一立法,区别管理的原则是我国计量法的特点之一。(　　)
19. 计量器具新产品定型鉴定由省级法定计量检定机构进行。(　　)
20. 计量器具在检定周期内抽检不合格的,发给检定结果通知书。(　　)
21. 计量检定人员有伪造检定数据的,给予行政处分;构成犯罪的依法追究刑事责任。(　　)
22. 法定计量单位是由国家法律承认的一种计量单位。(　　)
23. 系统误差及其原因不能完全获知。(　　)
24. 计量确认这一定义来源于国际标准 ISO 10012-1。(　　)
25. 电气图是由电路图,接线图及印刷板零件图等构成,而系统图与框图不属于电气图的范畴。(　　)
26. 电路图通常将主回路与辅助电路分开,主电路用粗实线画在辅助电路的右边或下部,而辅助电路则是以细实线画在主电路的左边或上部。(　　)
27. 电气接线图和接线表是一种不明确表示电路的原理和元件间的控制关系,只表示电器元件的实际安装位置,实际的配线方式的一种简图。(　　)

28. 电路图是电气图中很重要的一类，它可以为进一步编制详细的技术文件提供依据，供操作及维修时参考。(　　)

29. 图形符号“　”表示电容器。(　　)

30. 保护接地的图形符号是“　”。(　　)

31. 符号“　”表示接机壳或接底板。(　　)

32. 导电材料的用途是输送和传导电能，这类材料的主要特点是具有极高的电阻率。(　　)

33. 绝缘材料可用来隔离带电体，使电流能沿一定的方向流通，以保证电气安全运行。(　　)

34. 电工所用导线可分为电磁线和电力线两大类，电磁线一般用作各种电路连接，电力线常用来制作各种电感线圈。(　　)

35. 导线一般由线芯，绝缘层，保护层三部组成。(　　)

36. 硅钢、铁氧体、玻莫合金、铸铁均属于磁性材料。(　　)

37. 电碳材料一般是以石墨为主制成的，它具有良好的绝缘性。(　　)

38. 磁电系仪表的轴尖是采用永磁材料磨制而成的。(　　)

39. 仪表的轴尖可以采用高碳钢线材制造，但应采取防锈措施。(　　)

40. 磁电系仪表的游丝一般是采用锡锌青铜制作的。(　　)

41. 焊接仪表张丝时，应采用低温焊锡，以免高温焊接使仪表张丝产生弹性疲劳。(　　)

42. 电能表的下轴承在检修后应注入少量的钟表油，以用来润滑及防止钢珠轴尖生锈。(　　)

43. 电位差计的开关和触点在清洗完后，应涂上一层薄薄的松节油。(　　)

44. 仪表的轴尖应采用无磁性且不易锈蚀的线材制作。(　　)

45. 数字电压表的灵敏度与分辨力两者是一致的。(　　)

46. 从直流单臂电桥平衡方程式可知，电桥线路达到平衡状态时，各桥臂参数之间的关系是与电源电压的大小无关，所以电源电压的大小及质量与电桥测量的结果无关。(　　)

47. 在使用双电桥测量低值电阻时，应采用四端钮接线方式，允许将电位端钮与电流端钮的引线互相混用。(　　)

48. 直流分流器是仪表的配套，仪表必须检定，分流器可以不检。(　　)

49. 直流电位差计可以用来精密测量电动势、电压、电流、电阻和功率。(　　)

50. 单相交流电能表旋转的转数是与电路中的电能成正比的。(　　)

51. 三相三线制系统的电能表可以用两只单相交流电能表组合起来进行测量，测量结果是两只单相交流电能表的读数之和的$\sqrt{3}$倍。(　　)

52. 不论三相系统的负载特性和负载接法如何，三相系统电源发出的平均功率或三相系统负载所吸收的平均功率都是等于它的各相平均功率之和。(　　)

53. 在三相系统中，不论对称与否以及负载接法如何，整个系统的瞬时功率总是等于各相平均功率之和。(　　)

54. 无功功率不代表所做的功，只代表单位时间内所传递的能量。(　　)

55. 检流计最理想的工作状态是微欠阻尼状态。(　)

56. 在交流电桥中,只要有两个可变参数就可以使电桥实现平衡。(　)

57. 交流电桥可以直接用于测量交流电阻、电容、电感、互感和频率等各种参数。(　)

58. 电流互感器的次级电路中不允许安装保险丝。(　)

59. 一般说来新生产不饱和标准电池的内阻比饱和标准电池的内阻小。(　)

60. 在纯电阻正弦交流电路中,电压与电流的相位关系是反相位关系。(　)

61. 绝缘手套,绝缘靴是用于有触电危险的场合时穿戴的电工防护用具。(　)

62. 二极管的单向导电能力可以通过万用表测量二极管的正反向电阻来得到证明。(　)

63. 线圈和电容器一样都是储能元件。(　)

64. 交变磁通在磁性材料中不会产生损耗。(　)

65. 电器设备未经验电,应一律视为有电,不准用手触及电器设备。(　)

66. 在电气设备的安装线路上使用熔断器或漏电开关是保证电气安全的常用措施。(　)

67. 当万用表测量电阻 R 为无穷大时,表头电流为零。(　)

68. 感应系单相电能表对外有四个接线端子,接线属于标准型式,不能随意改变。(　)

69. 电动系仪表主要用于交流精密测量和功率测量,一般它是按直流刻度的。(　)

70. 感应系电能表由电压元件产生的磁通都是用来产生转矩的。(　)

71. 万用表因准确度等级低,可以在检定前不用将其置于检定环境条件中,放置足够的时间,可以直接检定。(　)

72. 万用表欧姆档的非全检量限应检定测量上限和可以判定为最大误差的分度线。(　)

73. 用标准电能表法检定电能表基本误差时,其接线系数与标准电能表的接线无关。(　)

74. 测定电能表基本误差的试验电路是与电能表在运行现场应用时的电路是不同的。(　)

75. 用定转测时法测量电能表基本误差时,使用转数控制装置所选定的被检电能表的计算转数一般大于用手控方式时所选定的转数。(　)

76. 用定时测转法测量电能表基本误差时,可用自动预置定时装置,也可用手动开关进行控制计时,但用手动方式控制时,选定时间不应小于 100 s。(　)

77. 用转数控制法检定电能表基本误差时,用手动控制标准电能表的方式会产生滞后误差。(　)

78. 用转数控制法检定电能表基本误差时,若用手动控制,则选择标准表的转数 N 值应比自动控制方式时增大 1 倍以上。(　)

79. 采用脉冲比较法检定电能表基本误差的条件是被检电能表与标准电能表都能发出与输入电能成正比的高频脉冲。(　)

80. 只要标准电能表发出与输入电能成正比的高频脉冲,即可采用脉冲比较法检定电能表基本误差。(　)

81. 检定绝缘电阻表基本误差时,必须使用恒定转速驱动装置,不可用手摇代替。(　)

82. 用直流补偿法测量时，被测电压的测量准确度主要取决于标准电池和电阻元件的准确度。(　　)

83. 用直流补偿法检定电压表的测量上限时，对0.5级仪表，电位差计的第二个测量盘要有大于零的示值。(　　)

84. 在直流补偿法检定电流表上限时，对于0.2级仪表，电位差计的第二个测量盘要有大于零的示值。(　　)

85. 用直流补偿法检定0.2级毫安表的上限时，电位差计第一个测量盘应有大于零的示值。(　)

86. 采用直流补偿法固定电压检定功率表时，为了监视电压的变化，当电压变化值等于被检表允许误差时，检流计的偏转格数应不少于20格。(　)

87. 采用直流补偿法固定电压检定功率表时，为了监视电压的变化，当电压变化值等于被检表允许误差时，检流计的偏转格数不应少于10格。(　)

88. 万用表主要是由表头和转换开关组成一种整流式仪表。(　　)

89. 万用表中使用的转换开关是一种由固定触点和活动触点组成的扭转式切换开关。(　　)

90. 万用表满偏转电流增加时，表头灵敏度也随之增强。(　　)

91. 万用表闭路抽头式直流测量电路各量限具有独立的分流电阻，它们之间互不干扰，可以分别调整。(　　)

92. 万用表在进行交流电压测量时，仪表的偏转取决于被测交流电压的平均值的大小。(　　)

93. 万用表交流电压的刻度是按正弦交流电压的有效值刻度的，它的主要目的是为了实际使用方便。(　　)

94. 万用表欧姆档的标尺刻度是不均匀的。(　　)

95. 万用表的欧姆档是一种不受电源电压电压变化影响的磁电系欧姆表。(　　)

96. 绝缘电阻表当被测电阻为零时，指针偏转角最大，处在刻度零的位置。(　　)

97. 绝缘电阻表在使用前，指针可能停留在标尺的任何位置，原因是因为它没有产生反作用力矩的游丝。(　)

98. 电能表的制动力矩是由游丝产生的。(　　)

99. 单相电能表的测量机构是由一组测量元件组成的，若用二组测量元件组成共轴的测量机构，即可用于三相四线电能的测量。(　　)

100. 电能表测量机构的制动力矩与转盘速度成正比，并随功率的大小，转盘速度快慢而改变。(　　)

101. 电能表测量机构的转动力矩与转盘的转速与正比，其制动力矩与转盘转速成反比。(　　)

102. 电能表电流元件产生的非工作磁通是不穿过转盘的。(　　)

103. 为减少电能表本身带来的误差，要求电能表转盘灵敏度高，质量轻、电阻大。(　　)

104. 电能表的计数器是用来计算电能表转盘转数的，一般电能表所显示的数即是转盘转动的转数。(　　)

105. 电能表的下轴承一般是由球孔宝石轴承嵌在铜轴座中组成的轴承组合件。(　　)

106. 不同型号的电能表的制动磁铁是不可以互换使用的。(　　)

107. 在选用直流电位差计的配套标准电池时，一般标准电池的准确度应比电位差计的准确度高一个等级，原因是高等级的标准电池的允许年变化小。(　　)

108. 检流计的标度尺是按被测量分度的。(　　)

109. 当检流计用在双臂电桥电路内测量小电阻时，应选用外临界电阻小，电流灵敏度高的检流计。(　　)

110. 在测量热电势时，应选择电压灵敏度高的检流计。(　　)

111. 检流计的内阻可以用万用表和欧姆表来进行测量。(　　)

112. 检流计配有多档分流器，测量时应从检流计的最低灵敏度档开始。(　　)

113. 采用欧姆表法测量晶体管的漏电时，若正反两个向阻值读数相同或接近一致，则说明此晶体管是合格的。(　　)

114. 采用欧姆表法测量晶体管漏电时，若正向和反向阻值都很小或为零，则此晶体管是短路的。(　　)

115. 不均匀标度尺电流、电压表的工作部分都是从零分度线开始的。(　　)

116. 当电工仪表标度尺工作部分的始点及终点与标度尺的始点及终点不重合时，应用黑圆点标于工作部分始点分度线和终点分度线处。(　　)

117. 仪表指示器的作用，主要是通过它在刻度盘上指示出被测量的值。(　　)

118. 对无反射镜的万用表，指针端部距标度盘表面的距离比有反射镜的万用表指针端部距标度盘表面的距离要大。(　　)

119. 电工指示仪表指针的尖端的宽度不应超过标度尺最细分度线的宽度。(　　)

120. 双向标度尺仪表，当将电流的负极接到接线端的负极上时，其指示器应自标度尺零位向右或上方偏转。(　　)

121. 双向标度尺仪表当将电流的正极接到接线端的正极上时，其指示器应自标度尺零位向左方或下方偏转。(　　)

122. 画仪表刻度时，可用高级绘图墨汁或用研墨作为绘图笔尖的黑色墨水材料，当白漆标度尺着墨能力不好时，可用海绵沾少量爽身粉擦漆面后，再画写刻度。(　　)

123. 调节调零器时，可以带动仪表游丝使转轴在任意角度转动。(　　)

124. 对吊丝式电工仪表，必须安装止动器，除了在运输和移动时必须使用止动器锁住活动部分外，不通电使用时，也应用止动器锁住活动部分。(　　)

125. 检流计在不搬动时，可以将量限选择开关不打至短路上。(　　)

126. 用直流补偿法检定有功功率表可以直接测量出功率的数值。(　　)

127. 探伤机应用在非常重要工序，必须进行周期检定。(　　)

128. 用于放置标准电阻的油槽中应加入无酸性的变压器油。(　　)

129. 用直流补偿法检定 0.1 级功率表时，应选用 0.005 级的标准电池。(　　)

130. 用直接补偿法检定 0.5 级电压表时，应适当选择分压箱的分压系数，只要保证经过分压箱的电压值不超过分压箱的允许电压值即可。(　　)

131. 用直接补偿法检定 0.2 级电流表时，检定装置的相对灵敏度应$\leqslant 1.5\times 10^{-4}$/格。(　　)

132. 用直接补偿法检定 0.5 级电压表时，直流电位差计工作电流的变化应小于或等于

2.5×10^{-4}。(　　)

133. 用直流补偿法检定0.1级电压表上限时,直流电位差计读数应为6位。(　　)

134. 用直流补偿法检定0.2级电流表上限时,直流电位差计的读数位数应保证不少于4位。(　　)

135. 对任何结构的电流、电压表在做正常周期检定时,都应对其做外观检查、基本误差检定、升降变差检定及偏离零位检定。(　　)

136. 当对一块0.2级电流表的测量机构的绝缘情况进行调整之后,除对其应做正常周期检定项目的检查外,还应对其进行耐压试验。(　　)

137. 对公用一个标度尺的多量限仪表,应分别对每个量限的有效范围内带数字分度线进行检定。(　　)

138. 检定带定值分流器的0.5级直流电流表,应将仪表和分流器分别检定。(　　)

139. 检定带有外附专用分流器的电流表可按多量限仪表的检定方法检定。(　　)

140. 兆欧表做周期检定时,绝缘电阻测量是必检项目。(　　)

141. 电流表、电压表和功率表测量偏离零位误差的方法是相同的。(　　)

142. 测定修后0.2级功率表的功率因素影响,应在滞后和超前两种状态下试验。(　　)

143. 测定修理后0.5级功率表的功率因素影响,应在滞后和超前两种状态下试验。(　　)

144. 万用表欧姆档的全检量限可以只检中心值左右两边各35%的弧长内带数字的分度线。(　　)

145. 将绝缘电阻表线路端钮和接地端钮短接时,指针应指在"∞"位置上。(　　)

146. 测量绝缘电阻表端钮电压可采用静电电压表,其准确度不得低于1.5级。(　　)

147. 绝缘电阻表倾斜影响的检验是在Ⅱ区段测量范围的上限和下限上进行的。(　　)

148. 绝缘电阻表在工作位置上向任一方向倾斜5°,其指示值的改变不应超过基本误差极限值。(　　)

149. 测量10级绝缘电阻表的绝缘电阻时,所选用的绝缘电阻表的准确度,应高于被检绝缘电阻表的准确度等级。(　　)

150. 用比较法检定2级交流无功电能表时,要求检定装置的准确度等级为0.3级。(　　)

151. 新生产和修理后的电能表,必须进行工频耐压试验,其他的可不做此项试验。(　　)

152. 安装电能表如果盒盖上没有接线图或没有铅封的地方不予检定,可视为直观检查不合格。(　　)

153. 安装式电能表做潜动试验时,电流线路和电压线应分别加80%~110%的标定电流和额定电压。(　　)

154. 交流电能表在做工频耐压试验时,如果出现电晕噪声和转盘抖动现象,则说明该表的绝缘已被击穿。(　　)

155. 当磁电系仪表动圈变形,偏离中心位置时,会造成仪表的刻度特性误差增大。(　　)

156. 磁电系仪表指针在零位时,若两根游丝未处于松弛状态会使仪表刻度特性误差增大。(　　)

157. 电能表电流线圈匝间短路会使电能表产生满载表快的故障。(　　)

158. 电能表电压铁芯右边间隙太大时会造成电能表轻载表快的故障。(　　)

159. 电能表电压铁芯和电流电芯左边间隙太小会引起电能表正潜动很快,并且超过一周。(　　)

160. 在电能表电压铁芯右边柱上加铜短路环可以消除电能表因电压铁芯右边柱磁通过多引起的反潜动现象。(　　)

161. 万用表测量电路中与表头串联的公共电阻值过小,甚至短路,会造成万用表直流大部分量程误差均为正。(　　)

162. 万用表测量电路中与表头并联的公共分流电阻值过大,会使万用表直流大部分量程误差均为负。(　　)

163. 万用表直流电压最小量程误差大,并随量程的增高而减小,原因是该量程倍压电阻不好,阻值变化造成的。(　　)

164. 在用来改变万用表测量电路灵敏度的公共电路中,如交流独有的分流电阻过大,会造成万用表交流电流各量程误差为负。(　　)

165. 万用表交流电压测量电路中最小电压量程倍压电阻断路,会使整个交流电压测量的全部量程不工作。(　　)

166. 万用表欧姆档调零电阻与表头回路都是串联的。(　　)

167. 万用表电阻档各量程误差都很大,是因为调零电阻可变头接触不良造成的。(　　)

168. 兆欧表电流线圈断路会使仪表指针指不到"∞"位置。(　　)

169. 兆欧表轴承松动,轴间距离增大,中心偏移,会使兆欧表可动部分平衡不好。(　　)

170. 三相有功功率表的最大基本误差是以标尺长度的百分数表示的。(　　)

171. 2 级交直流两用电流表的最大变差是以绝对误差表示的。(　　)

172. 数字钳形表不能公司内检定,所以也不用管理。(　　)

173. 有一块标度尺为 100 分格,量程为 10A 的 0.2 级电流表,其检定结果的修正值应保留小数末位数二位。(　　)

174. 10 级绝缘电阻表最大基本误差的修约间隔为 1 的整数倍。(　　)

175. 判断绝缘电阻表是否超过允许误差限值时,应以修约后的数据为依据。(　　)

五、简 答 题

1. 按数据修约规则,将 4.155 修约为小数点后 2 位。

2. 将 0.023 151 化为 4 位有效数字。

3. 何谓电桥线路的灵敏度?

4. 如何正确选择和使用检流计?

5. 万用表的测量线路是由哪些部分组成的?

6. 简述万用表直流电压测量中表头灵敏度倒数的物理意义是什么,其单位是什么,举例说明。

7. 简述瓦秒法检定电能表基本误差的方法。

8. 何谓比较法检定电能表?

9. 何谓转数控制法检定电能表?

10. 何谓脉冲比较法检定电能表?

11. 何谓直流补偿法检定?

12. 简述单相电能表是由哪些主要部分组成的。

13. 电能表驱动元件的作用是什么?

14. 电能表转动元件的作用原理是什么?

15. 简述电工仪表游丝焊接方法和基本要求。

16. 焊接仪表游丝时应注意哪些问题?

17. 什么叫补偿测量法?

18. 简述补偿测量法的优缺点。

19. 为保证直流电位差计工作电流稳定,其供电电源可以采用哪几种方法?

20. 简述磁电系检流计在直流测量中的用途。

21. 何谓检流计灵敏度?

22. 为测量装置选择检定流计的基本原则是什么?

23. 简述检流计屏蔽端钮的作用。

24. 简述标尺长度的定义。

25. 电指示仪表刻度盘上的刻度线,根据仪表的不同,可分为哪几种?

26. 简述仪表玻璃针尖的更换方法。

27. 简述仪表调零器的结构及作用。

28. 仪表止动器的作用是什么?

29. 用直流补偿法检定电流表时,如何正确选择标准电阻?

30. 用直流补偿法检定电压表时,应如何正确选择分压系数?

31. 何谓测量装置的灵敏度?

32. 对于0.5级标准电压表在做周期检定时,应做哪些项目的检定?

33. 对公用一个标度尺的多量限电流表,应如何对其进行基本误差检定?

34. 现有一块3个量限的0.5级电压表,其中150 V和300 V共用一个标度尺,45 mA量限单独一个标度尺,在对其进行基本误差检定时,应如何检定?

35. 简述电流表、电压表进行绝缘电阻试验的方法及要求。

36. 简述电流、电压表偏离零位的测量方法。

37. 如何检测绝缘电阻表的绝缘电阻?

38. 对绝缘电阻表的绝缘电阻有何要求?

39. 试述电能表检定装置上必须配用多量程标准电流、电压互感器的理由。

40. 安装式电能表周期检定项目有哪些?

41. 影响电能表误差的外界因素主要有哪些?

42. 携带式电能表周期检定的项目有哪些?

43. 电能表的起动电流是如何定义的?

44. 简述检查仪表轴承好坏的方法。

45. 影响仪表刻度特性的主要因素是什么？举例说明。

46. 电能表满载表快故障的主要原因有哪些？

47. 造成电能表满载表慢故障的主要原因是什么？

48. 电能表轻载表快的主要原因是什么？

49. 造成电能表轻载表慢的主要原因是什么？

50. 造成电能表正潜动太快的主要原因是什么？

51. 造成电能表反潜动很快且超一周的主要原因是什么？

52. 对修后单相电能表防潜动装置进行调整的方法是什么？

53. 某万用表直流电压档在检定时发现:250 V以上电压量程误差大,并随量程额定电压的增高而增大,试分析造成此现象的可能原因是什么？

54. 试分析兆欧表指针指不到"∞"位置的主要原因是什么？

55. 兆欧表指针超出"∞"位置的主要原因有哪些？

56. 兆欧表可动部分平衡不好的主要原因是什么？

57. 简述电测量指示仪表的基本误差和它的准确度等级的关系(并举例说明)。

58. 简述电测指示仪表变差的含义及产生原因。

59. 简述电测量指示仪表变差的测定方法。

60. 电测指示仪表的变差是否能用加修正值的方法对其进行修正？

61. 检定规程对检定2级安装式单相电能表的基本误差是如何规定的,列表解答。

62. 检定规程对检定2级安装式三相有功电能表在不平衡负载时的基本误差限有何要求列表解答？

63. 检定规程对检定2级安装式三相无功电能表在不平衡负载时的基本误差限是如何规定的列表解答？

64. 简述检定结果处理的数据修约"四舍六入"偶数法则的具体含义是什么？

65. 经检定合格的标准电流电压表应填发何种证书？其证书中应标明哪些主要内容？

66. 图1是西林电容电桥的基本测量电路,写出当电桥达到平衡时的平衡方程式。

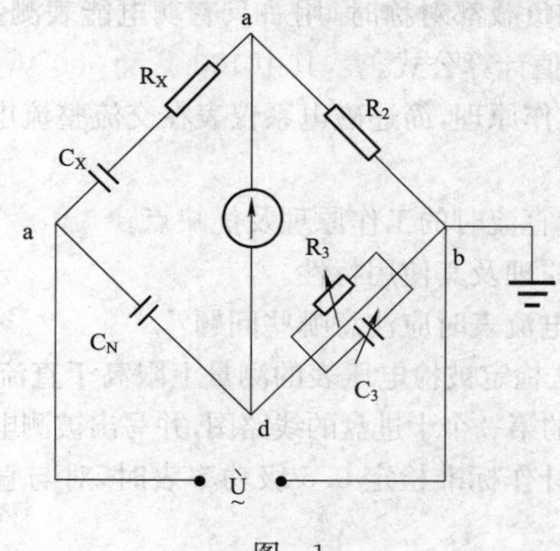

图 1

67. 图 2 是由电阻比电桥测量电感的基本电路，写出当电桥达到平衡时的平衡方程式。

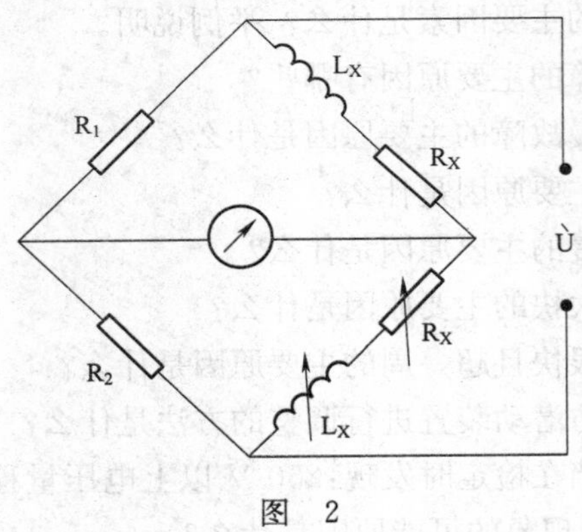

图 2

68. 接地线为什么一般不采用铝线？

69. 解释数字电压表的基本量程。

70. 交流电能表检定基本误差时在什么情况下，必须进行 4 次以上读数？

六、综 合 题

1. 电能表调整与检定的差别是什么？为什么在各负载点要把电能表误差尽量调在$\frac{1}{2}$基本误差限内？

2. 试画出有 4 个量限的闭路抽头式万用表直流电流测量电路的结构图，并注明符号的具体含义。

3. 试画出万用表附加电阻各自独立的直流电压测量线路图，(四个量限)，并注明各符号意义。

4. 试画出四个量限的万用表半波整流交流电压测量线路图，并注明符号意义。

5. 试画出用单相电能表测量完全对称的三相四线制电能的接线图，并注明实际电能的计算公式。

6. 试画出单相交流电能表的电路及接线方式图，并注明图中符号意义。

7. 试画出在三相电压和负载都对称时，用一只有功电能表测量三相无功电能的接线图，并写出三相无功电能的实际值计算公式。

8. 根据磁电系仪表的工作原理，简述磁电系仪表在交流整流电路测量中的特性及如何选用磁电系仪表。

9. 试述电磁系仪表测量直流时的工作原理及优缺点。

10. 论述电动系仪表的原理及其使用特性。

11. 用直流补偿法检定电流表时应注意哪些问题？

12. 试画出用直流补偿法检定被检电压表的测量上限高于直流电位差计的测量上限，且在检定时能用上直流电位差计的第一个十进盘的线路图，并写出被测电压的实际值的计算公式。

13. 论述用直流电位差计作标准检定 0.5 级功率表时，对与直流电位差计及相配套的标准器具的要求是什么？

14. 有一只 C4-V 直流毫伏表，量程为 44.84 mV，当应配以定值导线为 0.035 Ω，额定电压为 45 mV 的分流器测量大电流使用时,没有使用定值导线,而随意使用一阻值为 0.2 Ω 的导线与分流器连接,试分析会引起的测量误差是多少。(毫伏表内阻为 9.926 Ω)

15. 试说明 10 级绝缘电阻表基本误差的检定方法及检定时的基本条件。

16. 如何进行绝缘电阻表的初步试验?

17. 电能表外部检查时,发现哪些缺陷不予检定?

18. 安装式电能表在进行内部检查时,发现哪些缺陷应加倍抽检?

19. 试分析磁电系多量程电流表各量程误差率不一致故障产生的原因及消除方法。

20. 试分析万用表交流电压测量全部量程不工作的主要原因是什么。

21. 试分析万用表欧姆档全部量程不工作的原因是什么。

22. 一块准确度等级为 0.5 级,75 分格刻度,75 V 电压表,其检定结果数据如表 1,试对数据进行计算化整,计算最大基本误差和最大变差,并判断该表是否合格。

表 1

分度线(格)	标准器读数		化成放检表格数		平均值(格)	化整(格)	修正值(格)
	上升	下降	上升	下降			
5	4.993 1	4.993 5					
10	9.972 5	9.972 5					
15	14.991 4	14.990 8					
20	19.977 6	19.977 4					
25	24.991 7	24.972 5					
30	29.990 1	29.981 3					
35	34.978 5	34.978 5					
40	39.998 9	39.994 5					
45	44.992 6	44.997 2					
50	49.990 7	49.991 9					
55	54.881 2	54.907 2					
60	59.901 3	59.907 7					
65	64.901 3	64.911 3					
70	69.899 2	69.907 4					
75	74.957 5	74.921 7					

23. 一块准确度等级为 0.2,100 分格刻度,10 A 电流表,检定结果数据如表 2,试对其数据进行计算化整,计算最大基本误差和最大变差,并判断该表是否合格。

表 2

分度线(格)	标准器读数(A)		化成被检表格数		平均值(格)	化整(格)	修正值(格)
	上升	下降	上升	下降			
10	1.009 6	1.003 6					
20	2.007 4	2.005 4					
30	3.008 2	3.005 2					
40	4.009 1	4.006 1					

续上表

分度线(格)	标准器读数(A)		化成被检表格数		平均值(格)	化整(格)	修正值(格)
	上升	下降	上升	下降			
50	5.012 8	5.012 8					
60	5.996 5	5.995 3					
70	6.997 1	6.995 3					
80	7.998 1	7.996 1					
90	8.986 8	8.981 8					
100	10.005 6	10.006 6					

24. 有一块 1.5 级三相二元件有功功率表，该表的测量上限为 80 MW，仪表上注明电压互感器比值为 110 kV/100 V，电流互感器比值为 400/5 A，现采用二块量程为 120 V，5 A 量程刻度为 150 分格，0.2 级单相功率表做标准对其进行检定，(接线方式按电压线圈前接方式)，试计算在 $\cos\phi=1$ 时，检定 80 MW 刻度时，两块单相功率表的读数之和是多少分格，每只单相功率表的读数应各为多少格？两块单相功率表的允许误差为多少分格？

25. 用瓦秒法检定 2 级电能表，量程为 220 V，2.5(5)A，电能表常数 $c=2\ 400$ r/kWh，标准功率表为 0.2 级，量程为 300 V，5 A 满刻度 150 格，不用电压互感器，电流互感器初级电流为 0.1，0.2，0.4，0.5，1，1.5，2，3，4，5，10，20，50 A 次级电流为 5 A。问：(1)若检定 200%Ib 点，电流互感器选何变比？(2)当 $\cos\phi=1.0$ 时，功率表指示格数为多少？(3)若被检表选 40r，算定时间为多少？当实测 $t_1=54.9$ s，$t_2=55.8$ s，求该点的误差为多少？(4)若检定 100%Ib 点相对误差时，电流互感器选何变比合适？

26. 某电能表的常数为 3 000 r/kWh，计度器小数位 $a=1$，计度器倍率 $b=1$，试计算计度器末位改变 5 个字时，电能表转盘应转多少转。

27. 某电能表铭牌上标注：600 r/kWh，计度器倍率 $b=1$，当其计度器数字由 1 536.8 改变为 1537.0 时，此时电能表转盘转了多少转？(计度器小数位 $a=1$)

28. 用标准表法检定 220 V、10 A 的单相电能表，所用标准电流互感器变比为 10/5 A，电压互感器变比为 220/100 V，标准电能表常数为 0.6 Wh/r，被检电能表常数为 3 000 r/kWh，问：(1)计算被检表转 10 转时，标准表转数为多少？(2)如果标准表每转 1 转发出其 1 000 个脉冲，则此时标准表发出多少脉冲？

29. 用定转测时方法检定 2 级单相有功电能表时，其量程为 100 V、5 A，常数 C=900 r/kWh，$\cos\phi=1.0$，时控装置予置在 N=10 r，两次测得 $t_1=80.98$ s，$t_2=81.12$ s 求该点相对误差，并进行误差化整。

30. 用瓦秒法的定时测转法检定 2 级 100V，5A 单相电能表、其常数为 $C=3\ 000$ r/kWh，标准功率表为 0.1 级，150 V、5 A 功率表常数为 $C_W=5$W/格，求 $\cos\phi=0.5$ 时，功率表示值和算定转数是多少？($T=50$ S)

31. 画出用直流补偿法检定电流表的接线图，并写出被测电流的实际值的计算公式。

32. 试画出功率表电压线圈前接的接线图，并分析该接线方法的误差及产生原因。

33. 画出功率表电压线圈后接的接线图，并说明该接线方法所产生误差的原因。

34. 画出三相四线有功电能表的电路与接线方式线路图。

35. 试画出三相三线制交流电能表的电路及接线方式图。

电器计量工(中级工)答案

一、填 空 题

1. 测量
2. 一组操作
3. 规定极限
4. 能力
5. 被测量
6. 一致程度
7. 连续多次
8. 测量结果之间
9. 全部工作
10. 辅助设备
11. 定性区别
12. 测量单位
13. 查明和确认
14. 申请检定
15. 省级
16. 许可证
17. 法律关系
18. 区别管理
19. 法定计量检定机构
20. 计量检定证件
21. 注销
22. 2000 元
23. 国际单位制
24. 法定地位
25. SI
26. 分贝
27. Pa
28. 不遗漏
29. 方法误差
30. 无限多次
31. 特定值
32. 框图
33. 同一文字符号
34. 流向
35. 开口箭头
36. 粗实线
37. 接线图和接线表
38. 电路图
39.
40. 发光二极管
41. 交流分量
42.
43. ≈
44. 直流
45. 等电位
46.
47. 良导体
48. 磁性材料
49. 绝缘
50. 电感
51. 较窄
52. 很宽
53. 锡锌青铜
54. 无磁性
55. 高温
56. 松节油
57. 模/数转换器
58. 数字编码
59. 电阻
60. 高阻
61. 低电势电位差计
62. 感应系
63. 三相四线
64. 三相功率
65. 三相三元件
66. 人工中性点
67. 单相有功
68. 动圈
69. 张丝
70. 万用电桥
71. 短路
72. 同名端
73. 汞
74. 极化
75. 上升
76. 电源内阻
77. 无限大
78. 2 A
79. 笔尾金属体
80. 绝缘手套
81. 触电
82. 开路
83. 短路
84. 0.45
85. 0.9 倍
86. 方向
87. 磁场
88. 磁通
89. 保护接地
90. 降低
91. 闭路抽头式
92. 相反
93. 中值电阻
94. 并联式
95. 大电阻
96. 小电阻
97. 后接
98. 动圈偏转
99. 电流
100. 串联
101. 交变磁场
102. 电压
103. 重合
104. 不共用一个
105. 电气零位
106. 中值电阻
107. 瓦秒法
108. 定时测转
109. 脉冲
110. 假负载
111. 10 转
112. (118~127)r/min
113. 恒定转速驱动
114. 数值可变的
115. 已知电压
116. 补偿

117. 零　　118. 量程　　119. 分压箱　　120. 固定电压
121. 减小　　122. 转换开关　　123. 整流　　124. 电源电压
125. 转子线圈式　　126. 丁字形　　127. 指针夹角　　128. 互感器
129. 永久磁铁　　130. 三组　　131. 转轴　　132. 磁轭
133. 转盘转数　　134. 宝石　　135. 定位导向　　136. 可动部分
137. 测量上限　　138. 10 倍　　139. 单位电压　　140. 外临界电阻大
141. 工作部分　　142. 指示机构　　143. $\frac{1}{4}\sim\frac{3}{4}$　　144. 越细
145. 0.1～0.2 mm　　146. 主要　　147. 玻璃丝　　148. 机械
149. 标度尺长度　　150. ✱　　151. 3 W　　152. 0.01 级
153. 功率因数影响　　154. 多量限　　155. 参考试验“地”　　156. 悬空
157. 接地端钮　　158. 准确度等级指数　　159. 80%～110%　　160. 无负载电流
161. 80 ℃　　162. 轴孔　　163. 互感器　　164. 串联
165. 变小　　166. 零点平衡　　167. 化整间距　　168. 相对
169. 所检区段　　170. 1 年　　171. 证书　　172. 封印
173. 仲裁　　174. 两年　　175. 1 年

二、单项选择题

1.B　2.C　3.A　4.A　5.D　6.B　7.A　8.A　9.A
10.D　11.D　12.D　13.D　14.B　15.C　16.D　17.B　18.C
19.B　20.C　21.D　22.D　23.B　24.B　25.B　26.B　27.B
28.D　29.C　30.C　31.B　32.A　33.B　34.B　35.A　36.D
37.C　38.C　39.B　40.C　41.C　42.A　43.A　44.B　45.B
46.B　47.A　48.A　49.A　50.B　51.C　52.B　53.B　54.C
55.B　56.B　57.B　58.A　59.A　60.C　61.B　62.C　63.C
64.A　65.C　66.C　67.B　68.C　69.D　70.B　71.C　72.C
73.D　74.C　75.C　76.B　77.C　78.A　79.B　80.A　81.B
82.B　83.B　84.B　85.A　86.B　87.B　88.C　89.C　90.B
91.B　92.A　93.D　94.C　95.D　96.B　97.A　98.B　99.B
100.B　101.A　102.C　103.B　104.C　105.D　106.D　107.C　108.C
109.C　110.B　111.C　112.B　113.B　114.A　115.A　116.B　117.D
118.D　119.C　120.B　121.A　122.B　123.A　124.C　125.B　126.C
127.C　128.A　129.B　130.A　131.D　132.C　133.B　134.B　135.A
136.A　137.A　138.A　139.A　140.B　141.B　142.A　143.C　144.A
145.C　146.D　147.C　148.A　149.C　150.B　151.A　152.B　153.C
154.C　155.C　156.C　157.A　158.C　159.B　160.A　161.C　162.C
163.B　164.A　165.B　166.D　167.B　168.A　169.C　170.B　171.B
172.B　173.A　174.B

三、多项选择题

1. ABD 2. ABCD 3. AB 4. ABC 5. ABC 6. AB 7. BCD
8. ABC 9. BCD 10. BC 11. BD 12. ABC 13. ACD 14. BC
15. ABCD 16. ABCD 17. ABC 18. CD 19. AC 20. BC 21. AB
22. ACD 23. AB 24. ABD 25. BD 26. ABC 27. AC 28. ACD
29. ABC 30. ABCD 31. ABCD 32. ABC 33. ABCD 34. CD 35. ABCD
36. ABCD 37. ABCD 38. ABD 39. ABC 40. ABC 41. BCD 42. ABCD
43. ABCD 44. ABCD 45. ABC 46. BCD 47. ABCD 48. BCD 49. BC
50. AC 51. ABCD 52. AB 53. CD 54. ABC 55. AB 56. ABD
57. BC 58. AB 59. BC 60. AD 61. ABC 62. BC 63. AD
64. ABD 65. BD 66. BC 67. ABD 68. ABCD 69. ABCD 70. ABC
71. BC 72. AB 73. ABC 74. BCD 75. ACD 76. AC 77. BCD
78. AC 79. CD 80. ABC 81. ABCD 82. ABD 83. ABC 84. ABD
85. ABCD 86. BCD 87. ABCD 88. ABC 89. BC 90. ABCD 91. ABC
92. ABC 93. ABC 94. BCD 95. ABCD 96. BD 97. ABCD 98. AB
99. ABC 100. BCD 101. ABC 102. BCD 103. BC 104. BC 105. BC
106. BC 107. ABC 108. ABCD 109. ABCD 110. ABCD 111. ABC 112. ABCD
113. AD 114. ABCD 115. ABCD 116. ABC 117. ACD 118. ABCD 119. AD
120. BC 121. CD 122. AD 123. ABCD 124. AB 125. AC 126. CD
127. BD 128. ABCD 129. ABCD 130. ABD 131. ACD 132. ABC 133. ABCD
134. ABCD 135. ABCD 136. AB 137. ABCD 138. ABD 139. ABCD 140. ABCD
141. ABCD 142. BC 143. ABCD 144. BCD 145. AC 146. ACD 147. BCD
148. BCD 149. BCD 150. AD 151. ABC 152. AC 153. ABD 154. AD
155. ABC 156. BCD

四、判 断 题

1. √ 2. √ 3. √ 4. √ 5. √ 6. √ 7. √ 8. √ 9. ×
10. √ 11. √ 12. × 13. √ 14. √ 15. √ 16. √ 17. × 18. √
19. × 20. × 21. √ 22. × 23. √ 24. √ 25. × 26. × 27. √
28. × 29. × 30. × 31. √ 32. × 33. √ 34. × 35. √ 36. √
37. × 38. × 39. √ 40. √ 41. × 42. √ 43. × 44. √ 45. √
46. × 47. × 48. × 49. √ 50. √ 51. × 52. √ 53. × 54. ×
55. × 56. × 57. √ 58. √ 59. √ 60. × 61. √ 62. √ 63. √
64. × 65. √ 66. √ 67. √ 68. √ 69. √ 70. × 71. × 72. ×
73. × 74. √ 75. × 76. × 77. √ 78. √ 79. √ 80. × 81. √
82. √ 83. √ 84. × 85. √ 86. √ 87. × 88. × 89. √ 90. ×
91. × 92. √ 93. √ 94. √ 95. × 96. √ 97. √ 98. × 99. ×
100. √ 101. × 102. √ 103. × 104. × 105. √ 106. √ 107. √ 108. ×

109.√ 110.√ 111.× 112.√ 113.× 114.√ 115.× 116.√ 117.√
118.× 119.√ 120.√ 121.× 122.√ 123.× 124.√ 125.× 126.×
127.√ 128.√ 129.√ 130.× 131.× 132.√ 133.√ 134.× 135.×
136.× 137.× 138.√ 139.√ 140.√ 141.× 142.√ 143.× 144.√
145.× 146.√ 147.× 148.× 149.× 150.× 151.√ 152.√ 153.×
154.× 155.√ 156.√ 157.× 158.√ 159.√ 160.√ 161.√ 162.×
163.√ 164.× 165.√ 166.× 167.× 168.× 169.√ 170.× 171.×
172.× 173.√ 174.× 175.√

五、简 答 题

1. 答:4.16(5分)

2. 答:2.315(3分)$\times 10^{-2}$(2分)

3. 答:电桥线路的灵敏度是指电桥的未知(待测)桥臂电阻产生单位的相对变化时(1分),在测量对角线(即接检流计的对角线)(1分)上所产生的电流(1分)、电压(1分)或功率(1分)变化。

4. 答:检流计的灵敏度要和测量的准确度(1分)相适应;检流计要工作在合适的阻尼状态下(2分),即在微欠阻尼(2分)状态下工作。

5. 答:万用表是由磁电系测量机构(1分),配合转换开关(1分)和测量线路(1分)组成的,用来满足不同功能(1分)和不同量限(1分)的选择。

6. 答:表头灵敏度的倒数物理意义是:为在表头满偏转电路中产生1伏压降的电阻值(2分),其单位是:Ω/V(2分),如果表头灵敏度 $I_0=50$ mA,则其倒数为20 kΩ/V,即说明了在电路加1 V电压时,要想使表头满偏转需要内阻为20 kΩ(1分)。

7. 答:所谓瓦秒法,是在供电电源的功率较恒定的情况下,用标准功率表测量供电的功率(1分),同时用标准测时器(1分)测量电能表旋转一定转数时所需要的时间,这功率与时间的乘积即为实际电能值(1分),它与电能表所测得的电能值(1分)相比较,其相对差值即为被检定表的相对误差(1分)。

8. 答:所谓比较法是用标准电能表(2分)与被检电能表(2分)相比较的方法,来确定电能表的误差(1分)。

9. 答:所谓转数控制法,是由被检电能表经脉冲发生电路(1分)发送出与转数N(1分)成正比的低频脉冲(1分),由这低频脉冲来控制标准电能表的电能(1分)累计数值(1分)的方法。

10. 答:脉冲比较法是将被检电能表(1分)发出的高频脉冲(1分)与标准电能表(1分)发出的高频脉冲(1分)相比较的方法(1分)。

11. 答:仪表的直流补偿法检定是将被检表的示值(2分)与标准电位差计的示值(2分)进行比较,确定被检表示值在直流下的误差(1分)。

12. 答:单相电能表主要由下列部分组成:驱动元件(1分)、转动元件(1分)、制动元件(1分)、轴承(0.5分)、计数器(1分)、支架、端钮盒和外壳(0.5分)。

13. 答:电能表驱动元件的作用是当电流及电压(1分)部件的线圈接到交流电路(1分)时,产生多变磁通(1分),从而产生转动力矩(1分)使电能表的转盘转动(1分)。

14. 答:电能表的转动元件是由铝质圆盘固定在转轴(1 分)上组成,其转轴上固定有蜗杆(1 分),通过和蜗轮的咬合(1 分),使铝盘的转动带动计数器(1 分),指示出转盘的转数(1 分)。

15. 答:选好备用游丝及仪表指示零位时的游丝位置,确定新游丝的内外端头方位(1 分);焊前应先在游丝焊端预先挂锡(1 分),用酒精清洗去挂锡时涂的焊剂,然后再焊在可动部件上,电烙铁应在焊片内侧加热,焊接时间要短(1 分);焊好的游丝,螺旋平面应与转轴相互垂直(1 分),内外圈和轴心近似均匀距离(1 分)。

16. 答:用电烙铁间接加热游丝(1 分),焊接的时间要短(1 分),以防游丝过热,产生弹性疲劳;焊接时两手要稳(1 分),不能抖动,游丝的焊接应保持清洁光亮;焊好的游丝其螺旋平面应与转轴相垂直(1 分),内外圈和轴心近似同心圆(1 分)。

17. 答:被测量电势(1 分)与测量回路的电压降(1 分)极性对顶(1 分),测量回路(1 分)可以不从被测回路中分出电流(1 分),这种测量方法称为补偿测量法。

18. 答:补偿法的优点是不从被测电势吸取电流(1 分),不歪曲被测量的真实状态(1 分),引线电阻对测量误差影响极小(1 分),因此测量准确度高(1 分),缺点是对电源稳定性要求较高(1 分)。

19. 答:可采用三种方法:(1)电位差计工作电流≤5 mA,一般可采用一号干电池供电(1 分),如果要求工作电流稳定性更高的,则应限制在 1 mA 以下(1 分);(2)电位差计工作电流在 5 mA 以上者,可采用蓄电池供电(1 分),一般要求其容量为所取电流的 1 000 倍以上;(3)采用直流电子稳压电源供电(1 分),其稳定性应比电位差计准确度优于 10 倍以上(1 分)。

20. 答:用来测量小电流(1 分),测量小电压(1 分)和小电势(1 分),用来决定电路上任何一段内没有电流通过或决定测量电路上任何两点间电位相等(1 分),用来决定两个电流相等(1 分)。

21. 答:检流计灵敏度分为电流灵敏度(2 分)和电压灵敏度(1 分),检流计的电流灵敏度用单位电流所引起的偏转角表示(1 分),电压灵敏度用单位电压所引起的偏转角表示(1 分)。

22. 答:根据测量线路输出阻抗(2 分)的大小选择外临界电阻值和它相近的检流计(2 分),在满足此前提条件下,根据被测对象所要求的测量准确度选择电压(电流)灵敏度相应的检流计(1 分)。

23. 答:检流计屏蔽端钮应接地(1 分),它的作用是消除(1 分)寄生电动势(1 分)和漏电(1 分)对测量结果的影响(1 分)。

24. 答:在给定标尺(1 分),始末两条标尺标记之间(1 分)且通过全部最短标尺标记(1 分)各个中点的光滑连线的长度(2 分)。

25. 答:均匀刻度和不均匀刻度(1 分),单向刻度和双向刻度(零标在中央)(2 分),正向刻度(零标在左端)(1 分)和反向刻度(零标在右端)(1 分)。

26. 答:更换玻璃针尖时,在标度盘垫上一张白纸或薄铝片(1 分),用镊子夹住针杆,在针尖根部涂少量酒精,泡软粘胶(1 分),然后用电烙铁加热针杆端部(1 分),同时将镊子移到针尖的残余根部(1 分),夹住抽出,最后将新的针尖(细玻璃丝)插入针杆,并用胶水粘固(1 分)。

27. 答:调零器一般用来调整仪表的机械零点(1 分),它是一个带有螺丝刀口的偏心杆调节轴(1 分),螺丝刀口部分露在表壳外部(1 分),调节它可带动游丝使转轴在一定角度内转动(1 分),达到调整机械零点的作用(1 分)。

28. 答:止动器是为了避免(1 分)仪表在运输和移动过程中受机械振动造成损坏(2 分),可以使活动部分锁住不动的装置(2 分)。

29. 答:当检定仪表上限时(1 分),电流在标准电阻上产生的电压不高于所用直流电位差计的测量上限(1 分),并保证直流电位差计第一个十进盘有大于零的示值(1 分),同时在标准电阻上消耗的功率不应超过允许值(2 分)。

30. 答:应考虑被检表测量上限的电压值(1 分),使分压箱不超过允许的电压值(1 分),同时经分压后加到直流电位差计的电压不应超过直流电位差计的测量上限(2 分),并使直流电位差计的第一个十进盘有大于零的示值(1 分)。

31. 答:当一个被测电势输入测量线路时(1 分),测量线路就输出一个电流(1 分),该电流使检流计产生偏转(1 分),这时测量装置的灵敏度等于测量线路的灵敏度和检流计灵敏度的乘积(2 分)。

32. 答:外观检查(1 分),基本误差检定(1 分),升降变差的检定(对可动部分为轴承、轴尖支撑的标准表)(2 分)和偏离零位(1 分)。

33. 答:对公用一个标度尺的多量限仪表(1 分),可以只对其中某个量限(全检量限)的有效范围内带数字的分度线进行检定(2 分),而对其余量限(称非全给量限)只检测量上限(1 分)和可以判定为最大误差的带数字分度线(1 分)。

34. 答:对 150 V 和 300 V 量限,可任选一个做全检量限(1 分),对其有效范围内带数字的分度线进行检定(1 分),另一个量限只检测量上限和可以判定为最大误差的带数字分度线(2 分);45 mA 量限应对应有效范围内带数字的分度线进行检定(1 分)。

35. 答:在将仪表已经接在一起的所有线路与参考试验“地”之间测量绝缘电阻(1 分),试验时施加约 500 V 的直流电压(1 分),历时 1 min 读取绝缘电阻值(1 分),试验环境温度应为 15~35 ℃,相对湿度不超过 75%(1 分),其绝缘电阻值不应低于 5 MΩ(1 分)。

36. 答:调节被测量至测量范围上限通电 30 s 后(1 分),迅速减小被测量至零(1 分),断电 15 s 内读取指示器对零分度线的偏离值(3 分)。

37. 答:将被检绝缘电阻表“L、E、G”三端短路(1 分),用一已检定的绝缘电阻表测量被检绝缘电阻表“L、E、G”短路处与外壳金属部位之间的绝缘电阻值(4 分)。

38. 答:绝缘电阻表的所有线路与外壳之间的绝缘电阻在标准条件下(1 分),当额定电压小于或等于 1 kV 时(1 分),应高于 20 MΩ(1 分),当额定电压大于 1 kV 时(1 分),应高于 30 MΩ(1 分)。

39. 答:为使标准电能表或标准功率表始终工作在额定负载状态附近(1 分),从而保证装置对电能的测量误差符合规程的要求(1 分),所以必须配用多量程电流、电压互感器(1 分),此外为扩大电流、电压、功率等监视仪表的测量范围(2 分)。

40. 答:工频耐压试验(1 分),直观检查(1 分),核对常数(1 分),潜动试验(1 分),起动试验和测定基本误差(1 分)。

41. 答:温度的变化(1 分),电压、频率的波动(1 分),电压和电流波形的失真(1 分),电能表位置倾斜度(1 分),外界磁场及铁磁物质或邻近表(1 分)等都属于影响电能表误差的外界因素。

42. 答:直观检查(1 分),潜动试验(1 分),起动试验(1 分)和测定基本误差(2 分)。

43. 答:在额定电压(1分),额定频率(1分)及功率因数 $\cos\phi=1.0$(1分)条件下,能使电能表的转盘连续不停转动的最小电流(2分),称为起动电流。

44. 答:将动圈放在放大40~50倍的显微镜(1分)下,使轴承锥孔方向朝上(1分),观察轴承锥孔深部的光洁度是否有摩损,划痕及裂纹等(1分);也可以手持尖钢针,轻轻地在锥孔深部工作面上移动(1分),凭手的感觉可发现有阻碍针尖移动的地方(1分),即为摩损部位。

45. 答:是仪表可动部分零件(2分)改变了原来的相对位置(2分),例如:动圈变形偏离中心位置(1分)。

46. 答:永久磁钢磁性减弱(1分),电压线圈匝间短路(1分),电压铁芯与电流铁芯的间隙太小(2分),满载调整器失灵(1分)。

47. 答:电流线圈匝间短路(1分),电压铁芯与电流铁芯间的间隙太大(2分),永久磁钢磁性太强(1分),满载调整器失灵(1分)。

48. 答:电流线圈满载匝间短路(1分)轻载不短路(1分),电压铁芯右边间隙太大(1分),满载特快(1分),轻载调整器失灵(1分)。

49. 答:计度器齿轮咬合太紧(1分),磁铁间隙有铁屑或杂物摩擦轮盘(1分),上下轴承损坏或有灰尘(1分),铁芯里有剩磁(1分),电压铁芯右边间隙太小或轻载调整器失灵(1分)。

50. 答:上下轴承、计度器摩擦过大,摩擦补偿过度(2分),电压铁芯和电流铁芯左边间隙太小(2分),电压铁芯老化生锈,而使左边柱上磁通过多(1分)。

51. 答:电压铁芯和电流铁芯右边间隙太小(2分)或电压铁芯老化生锈(2分),而使右边柱上磁通过多(1分)。

52. 答:在10%负荷下轻载调整完毕后(1分),断开电流线圈的电流(1分),将电压升至额定值的110%(1分),若转盘还在缓慢转动不停(1分),可调整转轴上的防潜钩此时转盘的潜动以不超过一整转停止为合适(1分)。

53. 答:高压量程转换开关绝缘不好(2分),高压电阻板绝缘不良(1分),高压倍压电阻变质(1分),或表面不清洁(1分)。

54. 答:导流丝变形附加力矩变大(1分),电源电压不足(1分),电压回路电阻变质,数值增高(2分),电压线圈局部短路或断路(1分)。

55. 答:有无穷大平衡线圈的仪表可能该线圈短路或断路(3分),电压回路电阻变小(1分),导流丝变形(1分)。

56. 答:指针打弯或向上翘起(1分),平衡锤上螺丝松动,使位置改变(2分),轴承松动,轴间距离大,中心偏移(2分)。

57. 答:电测量指示仪表的基本误差是以引用误差表示的(1分),它只表示仪表本身的特性和仪表内部质量,缺陷等引起的误差(1分),它的准确度等级以测量上限的百分数表示,根据仪表允许基本误差的大小划分为不同的准确度等级(1分),例如:仪表量程为5 A,允许绝对误差为±0.2%(1分),即以引用误差表示,它的准确度等级为0.2级(1分)。

58. 答:电测量指示仪表的变差是在外界条件不变的情况下(1分),仪表测量同一量值时,被测量与实际值之间的差值(1分)。仪表变差产生的主要原因是由于仪表测量机构可动部分轴尖与轴承的摩擦(1分),磁滞误差(1分)以及游丝(张丝)的弹性变化(1分)引起的。

59. 答:变差的测定一般在检定仪表或测试仪表基本误差的过程中进行,测定变差时仪表内电流方向不变(1 分),对应仪表某一带有数字分度线的点,两次测量结果(上升与下降或下降与上升)的差值(1 分)与标度尺工作部分上限(1 分)的百分数为这点的变差(1 分),差值中最大的一个作为仪表的最大变差(1 分)。

60. 答:由于变差属随机误差(2 分),故不能同系统误差一样采用加修正值的方法加以消除(3 分)。

61. 答:见表 1。

表 1

负载电流	功率因数	基本误差限(%)
$0.05I_b$	$\cos\phi=1.0$(0.5 分)	±2.5(0.5 分)
$0.1I_b-I_{max}$	$\cos\phi=1.0$(0.5 分)	±2.0(0.5 分)
$0.1I_b$	$\cos\phi=0.5$(感性)(0.5 分)	±2.5(0.5 分)
$0.2I_b-I_{max}$	$\cos\phi=0.5$(容性)(0.5 分)	±2.0(0.5 分)
I_b—标定电流;I_{max}—额定最大电流(0.5 分)		

62. 答:见表 2。

表 2

负载电流	功率因数	基本误差限(%)
$0.2I_b-I_b$	$\cos\phi=1.0$(1 分)	±3.0(1 分)
I_b	$\cos\phi=0.5$(1 分)	±3.0(1 分)
I_b-I_{max}	$\cos\phi=1.0$(0.5 分)	±4.0(0.5 分)
I_b—标定电流 I_{max}—额定最大电流		

63. 答:见表 3。

表 3

负载电流	功率因数	基本误差限(%)
$0.2I_b-I_b$	$\sin\theta=1.0$(1 分)	±3.0(1.5 分)
I_b	$\sin\theta=0.5$(1 分)	±3.0(1.5 分)
I_b—标定电流		

64. 答:保留位右边的数字对保留位的数字 1 来说,若大于 0.5(1 分),保留位加 1(1 分),若小于 0.5(1 分),保留位不变(1 分),若等于 0.5,保留位是偶数时不变,是奇数时保留位加 1(1 分)。

65. 答:经检定合格的标准电流电压表,应发给检定证书(1 分),并注明仪表的最大基本误差(1 分),最大升降变差(1 分),检定点的修正值或实际值(1 分),检定周期(1 分)。

66. 答:$C_X=C_N R_3/R_2$(2.5 分)

$R_X=R_2 C_3/C_N$(2.5 分)

67. 答:$R_X=\frac{R_2}{R_1}R_S$(2.5 分)

$L_X=\frac{R_2}{R_1}L_S$(2.5 分)

68. 答:接地线一般都不采用铝线,尤其对于内部潮湿(1 分),腐蚀性气体较多(1 分)的地方,更不允许采用铝线,因为铝线有熔点低(1 分),易腐蚀(1 分)和机械强度差(1 分)的缺点。

69. 答:在数字电压表的输入电路中(1 分),不加分压器(2 分)和量程放大器(2 分)的量程称为基本量程。

70. 答:在每一负载功率下,应至少记录两次测定数据而后取平均值(计读数转数有明显错误或负载功率急剧波动时的测定数据除外)(2 分),如算得的相对误差等于 80%～120%基本误差限(1 分),应再进行两次测定(1 分),取这两次和前几次测定数据的平均值计算相对误差(1 分)。

六、综 合 题

1. 答:电能表的检定是为了检查电能表的计量性能是否合格(2 分),而调整是为了使电能表的准确度和性能达到规定要求(2 分),考虑到调整方便和经济效益以及尽可能把误差降低到较小情况(1 分),某些条件可以不像检定条件限定得那样严格(1 分),例如:在调试过程中可不盖表盖和减少预热时间,环境温度偏差要求放宽等(1 分)。为确保调试后的电能表能够按规程规定检定合格,考虑到调试装置误差(1 分),被检表变差和各种环境因素的影响等(1 分),要求把电能表误差尽量调在基本误差限$\frac{1}{2}$范围内这样才能使调试结果有足够的可靠性(1 分)。

2. 答:如图 1 所示。

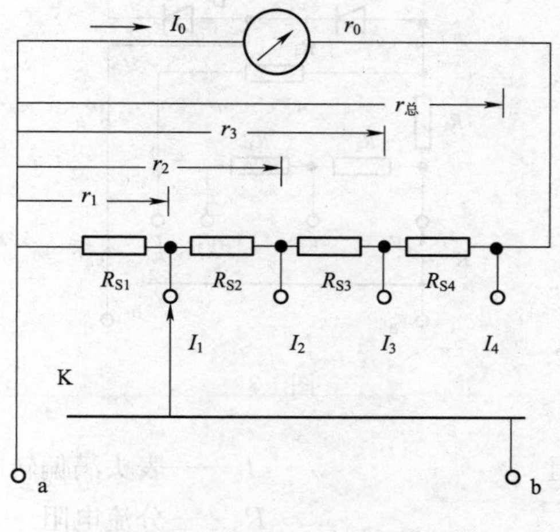

图 1

I_0——表头满偏转电流　　r_0——表头内阻

$I_1\sim I_4$——分流器各量限　　$r_1\sim r_{总}$——分流电阻

$R_{S1}\sim R_{S4}$——回路电阻　　K——转换开关

(评分标准:电阻 4 个,表头 1 个,开关 1 个,8 条线,符号标注 6 个,每项均 0.5 分)

3. 答:如图 2 所示。

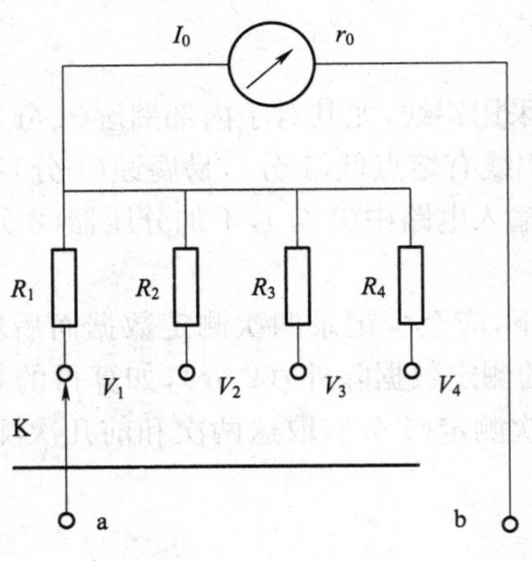

图　2

r_0——表头内阻　　　I_0——表头满偏转电流

$R_1 \sim R_4$——附加电阻　　　$V_1 \sim V_4$——电压各量限

K——转换开关

(评分标准:电阻 4 个,表头 1 个,开关 1 个,9 条线,符号标注 5 个,每项均 0.5 分)

4. 答:如图 3 所示。

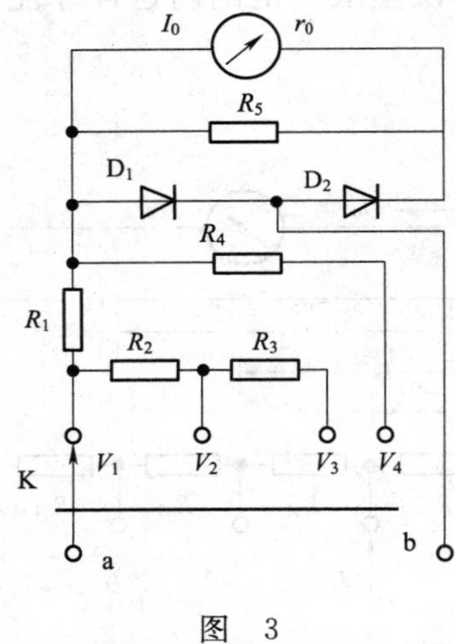

图　3

r_0——表头内阻　　　I_0——表头满偏转电流

D_1D_2——二级管　　　R_S——分流电阻

$R_1 \sim R_4$——附加电阻　　　$V_1 \sim V_4$——电压各量限

K——转换开关

(评分标准:电阻 5 个,表头 1 个,开关 1 个,二极管 2 个,符号标注 7 个,每项均 0.5 分,12 条线共 4 分,每缺 1 条扣 0.5 分)

5. 答:如图 4 所示若单相电能表的指示值为 W_A,则三相四线制电路的实际消耗电能$W=3W_A$(4 分)。

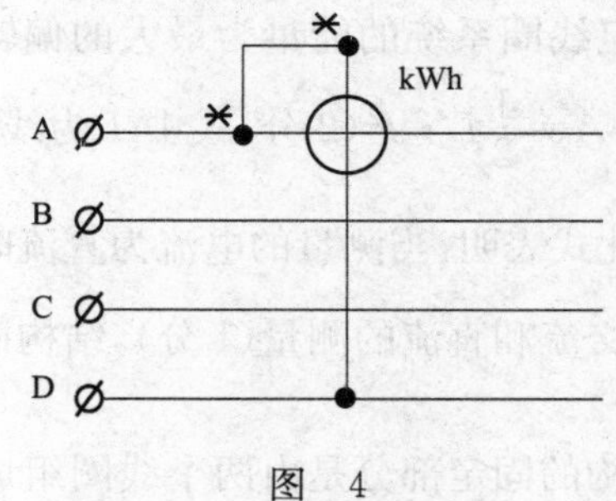

图 4

(评分标准:kWh1 个 1 分,ABCD4 个标识和 6 条线,每项各 0.5 分)

6. 答:如图 5,kWh——单相电能表;R_L——负载电阻

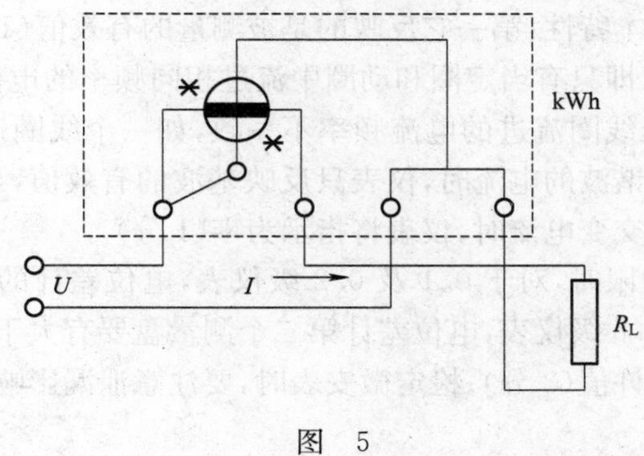

图 5

(评分标准:电阻 1 个,kWh1 个,符号标注 2 个,5 条线,虚线框 1 个,每项均 1 分)

7. 答:如图 6 所示,若有功电能表的指示值为 W_1,则三相无功电能的实际值 $W=\sqrt{3}W_1$(5 分)。

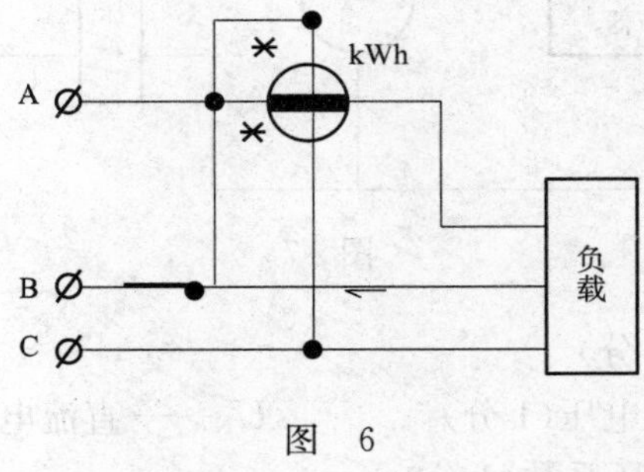

图 6

(评分标准:负载 1 个,kWh1 个,ABC 标注 3 个,5 条线,每项均 0.5 分)

8. 答:根据磁电系仪表的工作原理,它只适用于直流电路的测量(3 分),当测量直流电路中叠加有交流分量时,磁电系仪表反映的是被测量的平均值(2 分),交流分量只能使仪表线圈包括测量机构发热,而不会使仪表可动部分发生偏转(2 分)。当磁电系仪表测量交流整流电路中的电压或电流时,仪表指示值是基波和谐波的平均值之和(1 分),并与各谐波相对于基波的相位有关(1 分),如测量电动机励磁回路(线圈)的整流电流时,应选磁电系仪表(1 分)。

9. 答:电磁仪表其测量机构的工作原理是利用被测电流通过固定线圈产生磁场(1 分),并对可动铁芯偏转到使载流的固定线圈系统的能量为最大的偏转值(2 分)，电流通过固定线圈时，产生转动力矩的电磁能量为 $A=\frac{1}{2}L\cdot I^2$(2 分)式中 I 为线圈中电流，L 为线圈电感，转动力矩：$M=\frac{dA}{d\alpha}=\frac{1}{2}I^2\frac{dL}{d\alpha}$(2 分)此式表明：当测量的电流为直流时，转动力矩与电流的平方成正比(1 分)。其优缺点为：适用于交流和直流的测量(1 分)，结构简单，耐过载，价格低廉，但受外磁场影响较大，磁滞影响大(1 分)。

10. 答：电动系仪表测量机构的固定部分是由两个线圈组成(1 分)，这两个线圈可以串联(1 分)，也可以并联(1 分)，当定圈和动圈同时通入电流时，定圈产生磁场与动圈的电流相互作用(1 分)，使动圈产生偏转，在直流下，其偏转角与两线圈内的电流的积乘成正比(1 分)，在交流下，其偏转角与两线圈中的电流的乘积乘以电流间的相角差的余弦成正比(1 分)。

电动系仪表有两个基本特性：第一它反映的是被测量的有效值(1 分)，第二电动系仪表有"同频率响应"特性(1 分)，即只有当定圈和动圈中流过相同频率的电流时，仪表可以正确反映其有效值(1 分)，但当两个线圈流进的电流频率不一致，如一个线圈通以正弦波电流，而另一个线圈通以同频率但含有谐波的电流时，仪表只反映基波的有效值，当一个线圈通直流，另一个线圈通以无直流分量的交变电流时，仪表将指示为零(1 分)。

11. 答：检定电流表上限时，对于 0.1 及 0.2 级仪表，电位差计的第一个测量盘要有大于零的示值(3 分)，而对于 0.5 级仪表，电位差计第二个测量盘要有大于零的示值(3 分)；通过标准电阻的电流不能超过允许值(3 分)；检定微安表时，要注意泄漏影响(1 分)。

12. 答：如图 7 所示。

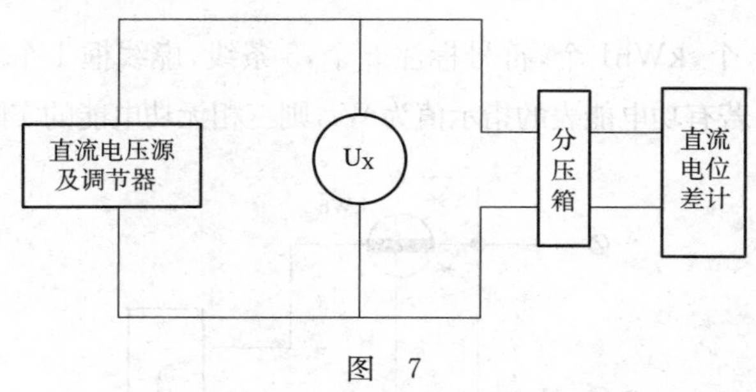

图 7

电压实际值 $U_X=KU_N$(2 分)

式中：U_X——被检电压表电压(1 分) U_N——直流电位差计读数(1 分)

K——分压箱的分压系数(1 分)

(线路图评分标准：直流电压源及调节器 1 个，被检电压表 1 个，分压箱 1 个，直流电位差计 1 个，6 条线，每项均 0.5 分)

13. 答：用直流补偿法检定 0.5 级功率表时，对与直流电位差计相配合的标准器具的要求是：标准电阻的年稳定度应≤0.01%(1 分)，标准电池的年稳定度应≤0.01%(1 分)，分压箱级别应≤0.03%(2 分)，直流电位差计的级别应≤0.05%(2 分)，装置的相对灵敏度≤2.5×10^{-4}(2 分)，直流电位差计工作电流变化≤2.5×10^{-4}(1 分)，检定被检表上限时，直流电位差计读数位数应为 5 位(1 分)。

14. 答：设采用定值导线时，通过毫伏表的电流为 I_0，则：

$I_0=\frac{U_X}{R_0+r_0}=\frac{U_X}{9.926+0.035}=\frac{U_X}{9.961}$(3 分)　式中：$U_X$——毫伏表指示值。

若采用非定值导线时，毫伏表的指示值仍为U_x时，则通过毫伏表的电流 I 则为：

$I=\frac{U_X}{R_0+r}=\frac{U_X}{9.926+0.2}=\frac{U_X}{10.126}$(3 分)

故引起的误差 $r=\frac{I-I_0}{I_0}=\frac{\frac{U_X}{10.126}-\frac{U_X}{9.961}}{\frac{U_X}{9.961}}=\frac{9.961}{10.126}-1\approx-1.6\%$(4 分)

采用 0.2 Ω 非定值导值线时，会引起近－1.6%的测量误差。

15. 答：(1)应对在标度尺测量有效范围内，每个带数字分度线进行检定(4 分)。

(2)检定时的基本条件是：①手柄转速应在额定转速 120^{+5}_{-2} r/min(或 125^{+5}_{-2} r/min)范围内(1 分)。②连接导线应有良好的绝缘，可采用硬导线悬空连接或高压聚四氟乙烯导线连接(1 分)。③使用设备包括标准高压高阻箱及恒定转速驱动装置(1 分)。④标准高压高阻箱允许误差限值，应不超过绝缘电阻表允许误差限值的$\frac{1}{4}$，标准高压高阻箱准确度应≤2%(1 分)。⑤标准高压高阻箱的调节细度，应小于被检绝缘电阻表分度线指示值与 a/2 000 的乘积(①为被检表准确度等级)(1 分)。⑥标准高压高阻箱应有单独的泄漏屏蔽端钮和接地端钮(1 分)。

16. 答：首先在被检绝缘电阻表测量端钮(L，E)开路情况下(1 分)，接通电源或摇动发电机摇柄，指针应指在"∞"分度线(1 分)，不得偏离标度线的中心位置±1 mm(1 分)。若有无穷大调节旋钮(1 分)，则应能调节到∞分度线，且有余量(1 分)；将绝缘电阻表线路端钮和接地端钮短接(1 分)，指针应指在零分度线上(1 分)，不得偏离标度线的中心位置±1 mm(1 分)。对于没有零分度线的绝缘电阻表(1 分)，应接以起点电阻进行检验(1 分)。

17. 答：(1)铭牌明显偏斜，标志不完整，字迹不清楚，字轮式计度器上的数字约有$\frac{1}{5}$高度被字窗遮盖(末位字轮和处在进位的字轮除外)(2 分)；(2)表壳损坏，颜色不够完好，玻璃窗模糊，固定不牢或破裂(2 分)；(3)端钮盒固定不牢或损坏，盒盖上没有接线图固定表盖的螺丝和端钮盒内的螺丝不完好或缺少，没有铅封的地方，表壳应接地的部分有漆层或锈蚀，固定电能表的孔眼损坏(2 分)；(4)没有指示转盘转动的标记，当电能表加额定电压和 10%标定电流及功率因数为 1.0 时转盘不转动或有明显跳动(电能表检定线路应正确)(2 分)；(5)没有供计读转数的色标或色标位置或长度(它应为转盘周长的 4%～6%)不适当(2 分)。

18. 答：各部紧固螺丝松动或缺少必要的垫圈(1 分)；转盘和制动磁铁磁极等处有铁粉或杂物(2 分)；导线固定或焊接不牢，导线上的绝缘老化(2 分)；目测检查满载，轻载和相位角调整装置及制动磁铁磁极端面，显著地与转盘平面不平行，且对转盘中心的距离有显著差别(2 分)；转盘大约不在制动磁铁和驱动元件的工作气隙中间(2 分)；表盖密封不良(1 分)。

19. 答：产生原因：部分量程的分流电阻短路或过载后使分流电阻绝缘碳化而短路(2 分)；焊接点脱焊或接触不良(虚焊)(2 分)。消除方法：首先应仔细检查各分流电阻(2 分)，观察外观有无损坏的迹象，若发现焊接不牢或线路焊端腐蚀，先将故障消除，再用电桥测其阻值，计算各段比例关系是否符合电流比的要求(2 分)，若出现部分较大的误差，应拆下这段电阻进行检查或更换(2 分)。

20. 答:单独用来改变测量电路灵敏度的公共电路中,交流电压专用的与表头串联的电阻断路(2 分),或与表头并联的分流电路短路(2 分);在公共电路中或在仪表正负端电路中的测量项目转换开关或其联线没接通(2 分);接通交流电压的凸轮开关接触其接线不通(2 分);最小电压量程倍压电阻断路(2 分)。

21. 答:电池老化(2 分);欧姆调零电阻可变头没有接触上或可变头电路不通(2 分),与调零电阻串联的电阻阻值过大或过小(2 分);与表头串联或并联的电阻阻值有大范围变化(2 分);扩展量程的分流电路不通或短路(2 分)。

22. 答:见表 4。

表 4

分度线(格)	标准器读数		化成被检表格数		平均值(格)	化整(格)	修正值(格)
	上升	下降	上升	下降			
5							0
10							−0.02
15							0
20							−0.02
25							−0.02
30							−0.02
35							−0.02
40							0
45							0
50							0
55							−0.10
60							−0.10
65							−0.10
70							−0.10
75							−0.12

最大基本误差=+0.19%　　最大变差=0.09%

结论:合格

(评分标准:修正值 15 个,每个 0.5 分,最大基本误差和最大变差各 1 分,结论 0.5 分)

23. 答:见表 5。

表 5

分度线(格)	标准器读数		化成被检表格数		平均值(格)	化整(格)	修正值(格)
	上升	下降	上升	下降			
10							+0.05
20							+0.05
30							+0.05
40							+0.10

续上表

分度线(格)	标准器读数(A)		化成被检表格数		平均值(格)	化整(格)	修正值(格)
	上升	下降	上升	下降			
50							+0.15
60							−0.05
70							−0.05
80							−0.05
90							−0.15
100							+0.05

最大基本误差：+0.18%　　最大变差：0.06%

结论：合格

(评分标准：修正值10个，每个0.5分，最大基本误差和最大变差各2分，结论1分)

24. 答：(1)设三相功率表读数为 P，两只单相功率表读数之和为 P_s，则：

$$P_s=\frac{80\times 10^6}{\frac{110\times 10^3}{100}\times\frac{400}{5}}=909.1(\text{W})(2\text{分})$$

单相功率表的分格额定功率值为120×5/150=4(W/分格)(2分)。

(2)80MW时，两只单相功率表之和应为909.1/4=227.3(分格)(2分)。

当 $\cos\phi=1$ 时，两只功率表的读数相等，即每块单相功率表的读数为227.3/2=113.6(分格)(2分)。

两块单相功率表功率之和的允许误差为：227.3×1.5%=±3.4(分格)(2分)。

25. 答：(1)电流互感器选5/5A变比

(2)功率表常数 $C_W=300\times\frac{5}{150}=10\left(\frac{\text{W}}{\text{格}}\right)$(2分)

当 $\cos\phi=1.0$ 时，功率表指示值为：

$$P=\frac{VI\cos\phi}{C_w\cdot K_I\cdot K_V}=\frac{220\times 5\times 1}{10\times\frac{5}{5}\times 1}=110(\text{格})(2\text{分})$$

算定时间

$$T=\frac{3\ 600\times 1\ 000\times N}{CP}=\frac{3\ 600\times 1\ 000\times 40}{2\ 400\times 220\times 5}=54.55(\text{s})(2\text{分})$$

$$t=\frac{(t_1+t_2)}{2}=\frac{(54.9+55.8)}{2}=55.35(\text{s})(1\text{分})$$

$$r=\frac{T-t}{t}\times 100=\frac{54.55-55.35}{55.35}\times 100\%=-1.45(\%)(1\text{分})$$

化整：$r=-1.4\%$(1分)

欲检100%Ib点，电流互感器变比应选3/5A(1分)。

26. 答：$N_1=10^{-a}\cdot b\cdot c=10^{-1}\times 1\times 3\ 000=300(\text{r})$(5分)

$N_5=5\times N_1=5\times 300=1\ 500(\text{r})$(5分)

计度器末位改变5个字时，电能表转盘转1 500 r。

27. 答：计度数末位改变一个数字、电能表转动的圈数为：$N_1=10^{-a}\cdot b\cdot c=10^{-1}\times1\times600=60$(r)(5 分)。

电能表末位改变了 2 个数字，此时电能表转盘转过转数为 $N=2\times N_1=2\times60=120$(r)(5 分)。

28. 答：(1)$n_0=\frac{C_0N}{C\cdot K_1}\cdot K_V$(2 分)

$C_0=\frac{1\ 000}{0.6}=1\ 666.67$(r/kWh)(2 分)

$n_0=\frac{1\ 666.67\times10}{3\ 000\times\frac{220}{100}\times\frac{10}{5}}\approx1.263$(r)(2 分)

(2)标准表发出的脉冲数：

$m_0=n_0\cdot s=1.263\times1\ 000=1\ 263$(个)(4 分)

29. 答：$T=\frac{3\ 600\times1\ 000\times N}{CP}=\frac{3\ 600\times1\ 000\times10}{900\times5\times100}=80.0$(s)(3 分)

$t=\frac{t_1+t_2}{2}=\frac{80.98+81.12}{2}=81.05$(s)(3 分)

$r=\frac{T-t}{t}\times100=\frac{80-81.05}{81.05}\times100\approx-1.3$(%)(3 分)

化整：$r=-1.4\%$(1 分)

30. 答：(1)选标准电流互感器变比为 5/5 A，电压互感器变比为 100/150 V，则功率表示值为：

$P_\partial=\frac{V\cdot I\cdot\cos\phi}{C_W\cdot K_I\cdot K_V}=\frac{100\times5\times0.5}{5\times\frac{5}{5}\times\frac{100}{150}}=75$(格)(3 分)

$P=C_W\cdot P_\partial\cdot K_I\cdot K_V=5\times75\times\frac{5}{5}\times\frac{100}{150}=250$(W)(3 分)

(2)取 $T=50$ s，算定转数为：

$n_0=\frac{CPT}{3\ 600\times1\ 000}=\frac{3\ 000\times250\times50}{3\ 600\times1\ 000}=10.42$(r)(4 分)

31. 答：如图 8 所示。

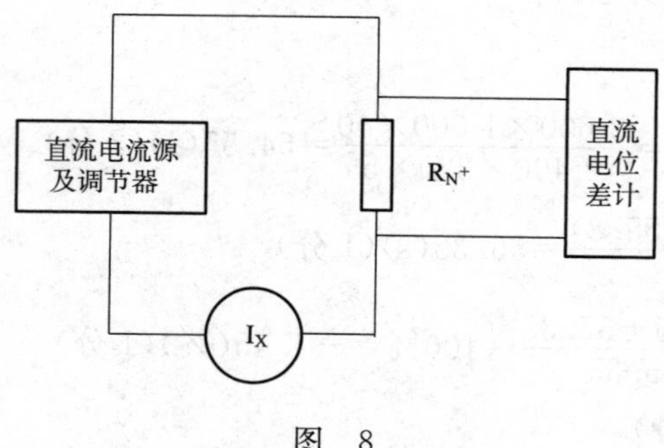

图 8

$I_X=I=\frac{V_N}{R_N}$(4 分)

式中：I_X——被检电流表(0.5 分)

V_N——直流电位差计读数值(V)(0.5 分)

R_N——标准电阻的值(Ω)(0.5 分)

(线路图评分标准:直流电压源及调节器 1 个,被检电流表 1 个,电阻 1 个,直流电位差计 1 个,5 条线,每项均 0.5 分)

32. 答:如图 9 所示,该接线方法功率表串联绕组的电流等于负载电流(1 分),功率表并联电路由于在电压线圈上所加的电压包括了电流线圈的压降和负载电阻的压降之和(2 分),因此所测得的功率将比实际功率大(1 分),当负载电阻比功率表电流线圈内阻大很多时(1 分),即 $R_L \geqslant r_I$ 时,电流线圈上的功耗可忽略(1 分)。

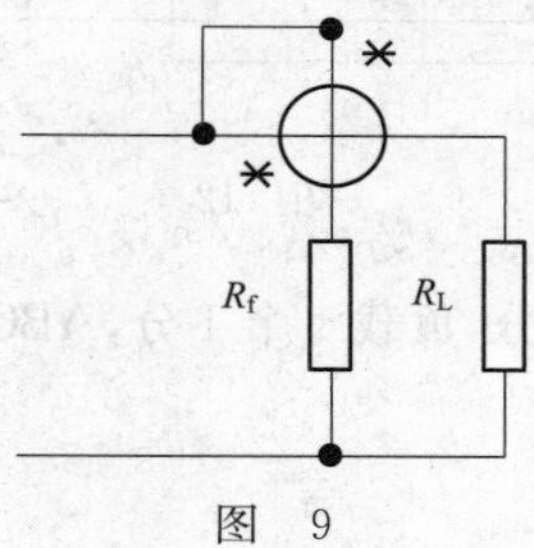

图 9

(线路图评分标准:功率表 1 个,电阻 2 个,5 条线,每项均 0.5 分)

33. 答:如图 10 所示,该接线方法功率表并联电路上的电压等于负载上的电压(1 分),而功率表串联电路电流线圈中流过的电流为功率表电压线圈的电流与负载电流之和(2 分),因此,功率表所测得的功率比实际功率大(1 分),这种方法适用于当电压线圈的内阻比负载电阻大很多时(1 分),即 $V_V \geqslant R_L$ 此项误差可忽略(1 分)。

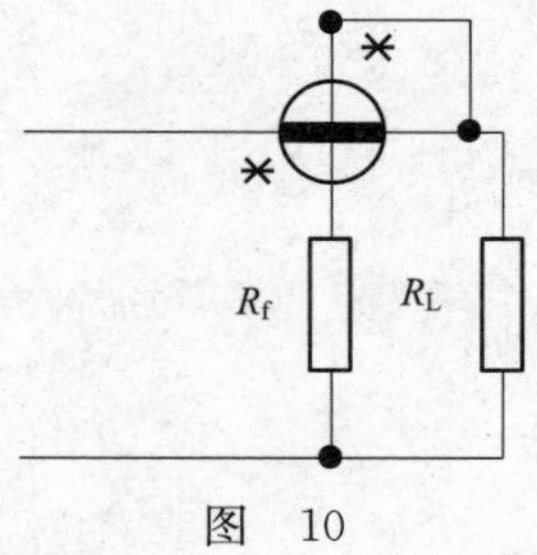

图 10

(线路图评分标准:功率表 1 个,电阻 2 个,5 条线,每项均 0.5 分)

34. 答:如图 11 所示。

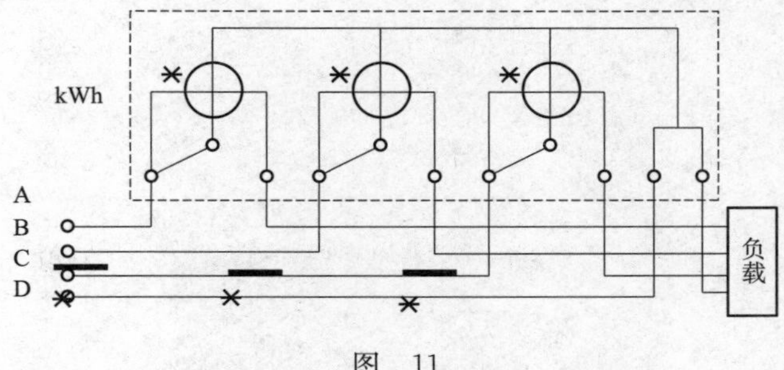

图 11

（评分标准：电能表 3 个元件，负载 1 个，ABCD 标识 1 组，虚线框 1 个，14 条线，每项均 0.5 分）

35. 答：如图 12 所示。

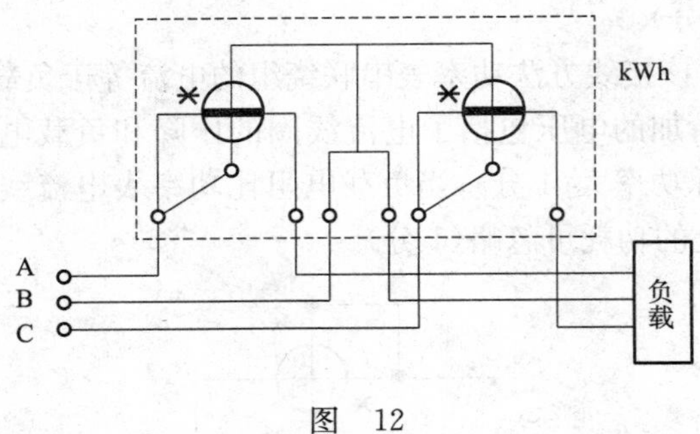

图 12

（评分标准：电能表 2 个元件 3 分，负载 1 个 1 分，ABC 标识 1 组 1 分，虚线框 1 个 1 分，8 条线，每条 0.5 分）

电器计量工(高级工)习题

一、填 空 题

1. 计量的基本特征是准确性，一致性，(　　)，法制性。

2. 重复性是指在相同测量条件下，对同一被测量进行(　　)测量所得结果之间的一致性。

3. 复现性是指在改变了的测量条件下，同一被测量的(　　)的一致性。

4. 合成标准不确定度是当测量结果由若干个其他量的值求得，按其他量的方差和(　　)算得的标准不确定度。

5. 扩展不确定度是确定测量结果区间的量，合理(　　)被测量之值分布的大部分可望含于此区间。

6. 包含因子是为求得扩展不确定度，与(　　)所乘之数字因子。

7. 由于测量结果的不确定往往由许多原因引起，对每个不确定度来源评定的标准偏差，称为标准不确定度分量，对这些标准不确定分量有两类评定方法即(　　)和B类评定。

8. 用对观测列进行(　　)的方法，来评定标准不确定度称为A类不确定度评定。

9. 一个测量结果具有溯源性，说明它的值具有与国家基准乃至国际基准联系的特性，是(　　)的，是可信的。

10. 校准不具法制性，是企业(　　)的行为。

11. 校准主要用以确定测量器具的(　　)。

12. 计量强制检定是由县级以上人民政府计量行政部门指定的(　　)或授权的计量检定机构对强制检定的计量器具实行的定点定期检定。

13.《计量法》是国家管理计量工作，实施计量法制监督的(　　)。

14. 我国《计量法实施细则》规定，企业、事业单位建立本单位各项最高计量标准，须向与其(　　)的人民政府计量行政部门申请考核。

15. 计量检定人员是指经考核合格，持有(　　)，从事计量检定工作的人员。

16. 计量检定印包括：錾印、喷印、钳印、漆封印、(　　)印。

17. 计量检定证包括：检定证书；(　　)；检定合格证。

18. 法定计量单位就是由国家以(　　)形式规定强制使用或允许使用的计量单位。

19. 国际单位制是在米制基础上发展起来的单位制。其国际简称为(　　)。

20. 国际上规定的表示倍数和分数单位的16个词头，称为(　　)。

21. 国际单位制的基本单位单位符号是：(　　)、kg、S、A、K、mol、cd。

22. 国际单位制的辅助单位名称是(　　)球面度。

23. 弧度(rad)是圆内两条半径之间的平面角，这两条半径在圆周上所截取的(　　)相等。

24. 误差按其来源可分为：设备误差、环境误差、人员误差、(　　)、测量对象。

25. 误差按其性质可分为：随机误差、(　　)、粗大误差。

26. 在重复性条件下，对同一被测量进行(　　)测量所得结果的平均值与被测量的真值之差称为系统误差。

27. 计量保证是用于保证计量可靠和适当的测量准确度的全部法规、技术手段及(　　)的各种动作。

28. 为实施计量保证所需的组织结构、(　　)、过程和资源，称为计量保证体系。

29. 计量控制通过计量器具控制、(　　)和计量评审予以实施。

30. 计量器具控制是计量控制的重要组成部分，它包括对计量器具的形式批准、(　　)和检验。

31. 计量监督是为核查计量器具是否依照法律、法规正确使用和诚实使用，而对计量器具制造、安装、修理或使用(　　)的程序。

32. 计量确认是指为确保测量设备处于满足预期使用要求的所需要的(　　)。

33. 校准能力是提供给用户的最高校准测量水平，它用包含因子(　　)的扩展不确定度表示。

34. 电气图一般按用途进行分类，常见的电气图有系统图，框图，(　　)，接线图和接线表等。

35. 系统图和框图是为了进一步编制详细的技术文件提供依据，供(　　)时参考用的一种电气图。

36. 电路图可以将同一电气元器件(　　)，画在不同的回路中，但必须以同一文字符号标注。

37. 在矢量图法分析正弦交流电时，应选择适当的比例，用矢量的(　　)表示正弦交流电的最大值或有效值。

38. 矢量按(　　)方向旋转，角速度等于正弦交流电的角频率。

39. 图形符号“ ”表示(　　)。

40. 具有交流分量的整流电流的图形符号是(　　)。

41. 图形符号“⏚”表示(　　)。

42. 硬磁材料一旦被磁化，就永久性存在对外的磁场，它的对外磁场(　　)难以改变。

43. 零电流对直流数字电压表所产生的相对误差不仅与信号源的(　　)有关，而且与被测电压的大小有关。

44. 静电系测量机构一般都是做成静电系电压表，因为它不必采用庞大的附加电阻而可直接测量(　　)。

45. 热电比较仪是采用(　　)作为交直流转换元件的。

46. 交流电桥的平衡条件是幅值平衡和(　　)。

47. 交流电桥是用来测量电容、电感和交流电阻的，其供电电源是采用(　　)。

48. 示波器的主要功能是显示电信号的(　　)，它可以直接观察其变化的全过程。

49. 三相二元件有功功率表对于三相对称电路，简单不对称电路及(　　)电路中的三相三线制电能测量都是适用的。

50. 相位表是用来测量交流电路中(　　)之间的相位角的一种仪表。

51. 电动系功率因数表是采用电功系(　　)结构,来测量交流电路中相位差角或功率因数的。

52. 三相交流电是三个频率相同,最大值相同、相位上依次互相差(　　)的交流电。

53. 在正弦交流电路中,电容器电流的大小是由(　　)来决定的。

54. 感抗是用来表示电感线圈对(　　)作用的一个物理量。

55. 在低频时,大多数铁芯不是使用整块铁芯,而且用表面带有绝缘层的矽钢片拼叠成铁芯,这们做的目的是为了(　　)。

56. 半导体三极管有三种工作状态,即放大状态、饱和状态和(　　)。

57. 在模拟电子电路中,基本放大电路的三种基本接法是共发射集电路,共集电极电路和(　　)。

58. 分析放大电路的基本方法有图解法、(　　)和微变等效电路法。

59. 基本逻辑门电路有"与"门,"或门"和(　　)。

60. 十进制数 31 转换为 2 进制数是(　　)。

61. 在稳压电路中引起输出电压不稳的原因产要是交流电源电压的波动和(　　)的变化。

62. 稳压管工作在(　　)的情况下,管子两端才能保持稳定的电压。

63. 稳压二极管的图形符号为(　　)。

64. 典型的数字计算机系统是由中央处理器,主存贮器,外围设备、电源和(　　)组成。

65. 电脑软件通常分为系统软件和(　　)两大类。

66. 全面质量的概念是产品质量和(　　)两部分的组合。

67. 产品的设计和制造质量,取决于人、原料、设备、(　　)和环境五大因素。

68. 因果图又称鱼刺图,是表示质量特性与(　　)的关系的一种质量分析图。

69. 三次平衡电桥线路,从理论上讲它完全能够消除连接导线电阻,电压引线电阻和(　　)的影响。

70. 电桥线路中的两对对角线是电源对角线和(　　)对角线。

71. 直流双臂电桥比例系数的转换一般是采用插头式或轻压力式(　　)开关。

72. 三相四线制交流电能表在结构上可分为三元件双盘式、三元件单盘式和(　　)。

73. 铁磁电动系三相功率表因采用了(　　)作导磁体,所以功率消耗较大,误差也较大。

74. 直流数字电压表的电路主要是由(　　)电路和数字电路两大部分组成。

75. 比较式数字电压表的控制部分是用于决定数字电压表的逻辑程序和(　　)。

76. 磁电系仪表的温度补偿线路可分为串联补偿线路和(　　)线路。

77. 在磁电系仪表中,分流器是用锰铜制做的,而仪表的动圈是用(　　)绕制成的。

78. 在电磁系仪表的测量机构中,由于存在动铁片,在直流电路工作时将产生(　　)误差。

79. 电动系多量限电压表在一部分附加电阻上并联一个电容 C,它的目的是为了(　　)。

80. 在采用补偿线圈的低功率因数功率表中,其补偿线圈是与电流线圈绕向(　　)的绕在电流线圈上的。

81. 低功率因数功率表是采用在电压回路的附加电阻上(　　)的方法进行角误差补

偿的。

82. 采用可动线圈式结构的磁电系检流计，其反作用力矩是靠张丝的(　　)产生的。

83. 静电系测量机构是利用带电体与(　　)组成的系统电场能量来驱动活动部分的偏转。

84. 整流系仪表不论是半波还是全波整流，只能是在测量(　　)电路才是准确的。

85. 整流系电压表，由于整流元件(　　)的存在，所以仪表受温度影响较大。

86. 直流是位差计检定装置中，电流回路内开关的接触电阻变差与回路(　　)之比不得大于$\frac{1}{20}a\%$(a 为被检电位差计准确度等级)。

87. 修理后仪表游丝的螺旋平面应与转轴相互(　　)，内外圈和轴心应近似同心圆。

88. 测量直流电位差计检定装置的绝缘电阻时，绝缘电阻表的直流电压应为(　　)。

89. 检定直流电位差计时，标准电位差计应具有与被检电位差计相应的量限，其测量盘的最小步进值应(　　)被检电位差计的最小步进值。

90. 直流电位差计检定装置中，直流电源应保证(　　)的相对变化引起的误差不超过被检电位差计允许基本误差的$\frac{1}{10}$。

91. 检定 0.05 级直流电位差计时，要求标准电池的准确度等级应小于或等于(　　)。

92. 检定 0.05 级直流电位差计时，要求检定的温度应为(　　)。

93. 直流电位差计的检定方法可分为(　　)和按元件检定两种。

94. 检定携带型直流电位差计，一般都采用(　　)法。

95. 检定直流电桥时，由标准器、辅助设备及环境条件所引起的测量扩展不确定度不应超过被检电桥(　　)的$\frac{1}{3}$。

96. 直流电桥的检定方法可分为(　　)检定，半整体检定和元件检定三种。

97. 半整体检定直流电桥的方法是整体测量(　　)，按元件测量测量盘电阻值，然后通过计算，确定被检电桥的误差。

98. 0.1 级直流电桥应在温度为(　　)，相对温度为(40～60)%条件下检定。

99. 直流电阻箱检定装置重复测量的标准偏差应不大于被检电阻箱等级指数的(　　)。

100. 检定直流电阻箱时，由标准器、检定装置及环境条件等因素所引起的扩展不确定度($k=3$)应小于被检电阻箱等级指数的(　　)。

101. 直流电阻箱示值基本误差的检定方法可分为直接测量法，同标称值替代法和(　　)三种。

102. 数字表法检定直流电阻箱示值基本误差的方法可分为直接测量法和(　　)。

103. 在检定直流数字电压表时，要求整个标准装置的综合误差应小于被检直流数字电压表允许误差的(　　)。

104. 直流数字电压表误差的检定方法可分为(　　)，直流标准电压发生器法和直流标准仪器法。

105. 检定直流数字电压表时，要求整个测量电路系统应有良好的屏蔽和接地措施，主要目的是为了避免(　　)和共模干扰。

106. 检定 2 级三相有功电能表时，每相电流对各相电流的(　　)值相差不应超过

±2.0%。

107. 采用轴尖支承的仪表，可动组件在宝石轴承中运转，轴尖磨损后，必然产生(　　)误差。

108. 用手工修磨仪表轴尖时，应左手拿稳油后，右手握住钟表拿子，使轴尖在油石上作(　　)摩擦转动。

109. 水平位置使用的电工仪表，下轴承承受的重量较大，易于磨损，所以一般采用硬度较高的(　　)轴承。

110. 在更换电工仪表轴承时，为了保护螺丝螺纹不被砸坏，应根据轴承组件的结构式样，采取(　　)方法，防止损坏变形。

111. 修理后张丝仪表的表头灵敏度和张丝张力的调整，是靠调节六角螺钉的位置，使(　　)来改变张力的。

112. 对于直流电位差计低阻值电阻的焊接，焊料应采用(　　)。

113. 为保证精密电桥，电阻箱的稳定性，在调修过程中应尽量不要轻易调修电阻元件，对有些误差大元件，可采用(　　)的方法，调整误差。

114. 电能表的下轴尖，大部分是用小钢珠嵌在柱形套筒上组装而成，更换新钢珠后，必须用专用铳子(　　)。

115. 电动系功率表在拆装过程中，可动线圈与固定线圈起始角的(　　)应保持不变。

116. 音频功率电源的振荡器部分通常采用文氏电桥振荡器作为主振荡器，主要是为了提高振荡输出的(　　)。

117. 稳压电源的作用是在电网电压波动和(　　)变化的情况下保持输出电压不变。

118. 稳压电源的稳压系数越小，其电源的稳定性(　　)。

119. 示波器是由(　　)，Y 轴偏转系统，X 轴偏转系统及电源四个基本部分组成。

120. 当一工作用功率表在修理中，改变了部分零部件的相对位置，在修后检定中、除应对仪表的周期检定项目进行检定外，还应做(　　)检定。

121. 大修后的直流电位差计的线路绝缘电压试验是将电位差计的各端钮用裸铜线连接后接到高压试验台的一端，而另一端应接到测试用的(　　)端上。

122. 二极管的单向导电能力，可以通过欧姆表测量二极管的(　　)来得到。

123. 绝缘电阻表“屏”(G)端的作用是防止被测物表面的(　　)流过仪表动圈而引起的测量误差。

124. 电动系仪表的测量机构因工作磁场很弱，所以必须置于完善的(　　)材料制成的磁屏蔽罩内，以减少对测量机构的干扰。

125. 直流电位差计内附检流计应具有机械调零装置。无机械锁定装置的检流计，应具有使检流计(　　)的装置。

126. 对于未知端输出电阻≥10 000 Ω/V 的直流电位差计，称为(　　)电位差计。

127. 对直流电位差计内部线路的检查，主要是对工作电源回路(　　)回路和测量回路进行定性的检查。

128. 对直流电桥的线路检查，是用(　　)检查电桥内部电阻元件，不应有断路或短路的现象。

129. 具有内附检流计的直流电位差计，其检流计在测量回路处，当测量盘电压变化 c%

时,引起检流计偏转不小于(　　)。

130. 直流电位差计的阻尼时间是指开关断开时,检流计从满度至离开零位小于(　　)时的时间。

131. 直流电桥内附指零仪阻尼时间的试验,应在被检电桥(　　)量程的电阻测量上、下限上进行。

132. 对具有内附电子放大式指零仪的电桥,还应对其指零仪进行漂移及(　　)试验。

133. 直流数字电压表在对其进行外观检查后,应(　　)进行功能检查。

134. 安装式电能表在做内部检查时,如发现各部紧固螺丝松动或缺少必要的垫圈时,该批电能表应(　　)。

135. 用"二表法"检定三相二元有功功率表时,被检表示值的实际值等于两个单相有功功率表的指示值的(　　)。

136. 三相无功率表的检定方法有两种,一种是"人工中性点"检定法,另一种是(　　)。

137. 为了使单相功率表的额定功率因数 $\cos\phi=1$,必须使加到仪表上的电压和电流等于其额定值,然后调节电压和电流之间的电位差角,使仪表的指示器的(　　)。

138. 用"二表法"检定三相二元件有功功率表时,其功率因数的调整是在额定电压、额定电流和(　　)的条件下进行的。

139. 用跨相对 90°二表法检定三相二元无功率表额定功率因数 $\sin\phi=1$ 的调整是在额定电压,额定电流和(　　)的条件下进行的。

140. 用人工中性点法检定具有人工中性点的三相无功功率表,当调整移相器使 $\sin\phi=1$ 时,两只标准单相有功功率表的指示值(　　),并且为正值。

141. 测定直流电位差计各测量盘示值的实际值是从测量盘中的(　　)盘开始,倒进上去,逐一用标准电位差计测定的。

142. 对多量限电位差计示值误差的检定,只需对全检量程作全部示值的测量,而对其他量程只需测定(　　)。

143. 在整体检定双桥时,如果标准电阻箱的调节细度不够,允许调节(　　)最后一、二个测量盘、使电桥平衡,此时,电桥测得读数与标准电阻箱之差就是被检电桥示值的误差。

144. 直流电桥其他量程的检定是通过检定求出该量程与全检量程的(　　)。

145. 检定直流数字电压表的非基本量程时,一般应选取(　　)检定点。

146. 检定 1 级三相有功电能表时,三相电压的不对称度不应超过(　　)。

147. 直流电位差计示值变差的测量,是在电位差计(　　)内各自任选一点,重复测量三次得到的。

148. 直流电位差计基本误差公式中,包括(　　)。

149. 直流电位差计在任何一个测量盘任意两个相邻度盘示值间的误差的差值,不应超过两个相邻度盘示值的允许基本误差(符号相同)(　　)的 1/2。

150. 直流电位差计的绝缘电阻测量是在直流(　　)的电压下进行的。

151. 开关式电阻箱的变差是由切换开关时(　　)的变化引起的。

152. 对安装式三相电能表进行潜动试验时,应在电流线路无负载电流,而电压线路加 80%～110%的(　　)的三相额定电压时,转盘转动不得超过 1 转。

153. 直流数字电压表分辨力的测试一般只在(　　)测被检表的最高分辨力。

154. 直流数字电压表显示能力测试一般只测(　　)量程。

155. 对磁电系张丝仪表,拉紧张丝,增大张力,会使表头灵敏度(　　)。

156. 当仪表轴尖磨损后,应更换新轴尖,并清洁(　　)。

157. 电动系仪表指针抖动的主要原因是可动机构的(　　)与所测量量的频率谐振。

158. 电动系仪表游丝焊片与可动机构的轴杆短路会造成仪表(　　)。

159. 电动系仪表通电后指针向反向偏转是由于可动线圈与固定线圈(　　)造成的。

160. 电磁系 T_{24} 型仪表负温度系数的补偿电路断路或虚焊会使仪表示值误差(　　)。

161. 电磁系 T_{24} 型仪表的固定线圈短路或断路会使仪表通电后(　　)。

162. 电磁系 T_{24} 型仪表补偿线圈断路或短路会造成仪表(　　)误差大。

163. 绝缘电阻表无穷大平衡线圈短路,会使仪表在额定电压下断开“E”、“L”端时,指针(　　)“∞”位置。

164. 兆欧表的轴尖,轴座偏斜,造成动圈在磁极间的相对位置改变时,会造成仪表可动部分(　　)。

165. 直流电位差计步进盘各档超差趋势普遍有比例的偏正或偏负时,主要是由于(　　)阻值变化引起的。

166. 直流电位差计滑线盘中某一测量点超差,是由于滑线本身单位长度电阻值不均匀或(　　)所致。

167. 如果直流电位差计某一盘第 1 个示值超差,而其余不超差,可以采取(　　)的方法,使正负误差得到相互抵消。

168. 检定与修理电阻仪表时,应对所有影响性能的开关触点,以及使用中经常处于旋转状态的刷形开关进行(　　)。

169. 直流电阻箱零位电阻大的主要原因是其活动部分(　　)造成的。

170. 交流电能表电压铁芯老化生锈,而使左边柱磁通过多,出现正潜动超过一周且很快时,可适当在电压铁芯左边柱上加(　　)。

171. 交流电能表因计度器齿轮咬合太紧,出现轻载时表慢故障,应调修计度齿轮,使其齿牙咬合在(　　)处。

172. 电能表防潜针与轴杆固定不牢时,会出现表有时正潜动有时(　　)。

173. 直流数字电压表产生跳字现象,一般需观测(　　)放大器和基准放大器输出波形。

174. 因一般数字仪表计数部分除首位外,各位线路基本相同,如出现某位置显示数字不正确时,可以通过(　　),进一步判断故障区域。

175. 直流电位差计的数据化整应以 1、2、5 原则,采用四舍五入及(　　)。

176. 某直流电位差计第Ⅲ盘第 3 点的修正值为 $-1.18\ \mu V$,第 4 点修正值为 $-3.24\ \mu V$,对其任何一个测量盘任意两个相邻度盘示值间的误差的差值的增量线性为(　　)。

177. 直流电位差计的量限系数是非全检量限相对于(　　)的比例系数。

178. 电位差计温度补偿盘各示值相对于参考值(　　)的误差,不应超过被检电位差计准确度的$\frac{1}{10}$。

179. 直流电位差计检定数据化整时,一般是化整到每个测量盘(　　)点的允许误差的$\frac{1}{10}$。

180. 直流电桥测量盘的综合误差是从(　　)测量盘中求得的。

181. 当直流电桥第Ⅰ个测量盘的最大相对误差≥第Ⅱ个测量盘的最大相对误差时，其第Ⅰ、Ⅱ个测量盘的综合相对误差则等于(　　)的最大相对误差。

182. 对十进盘电阻器检定数据化整时，第 2 至第 5 点应与第 1 点末位对齐，第 6 点以上(　　)。

183. 直流数字电压表进行数据化整时，由于化整带来的误差一般应不超过允许误差的(　　)。

184. 一台 DVM，其基本误差公式为 $\Delta=(0.01\%V_X+0.01\%V_m)$ 当 $V_m=1$ V；$V_X=0.2$ V 时，其允许相对误差为(　　)。

185. 一块准确度为 0.2 级，10 分格刻度，10 A 电流表，其在 8 分格处的实际值为 8.012 6 A，该点的修正值为(　　)。

186. 数据修约间隔为 0.02 的电工仪表，在数据化整后，其保留位数应为小数点后(　　)。

187. 某仪表数据修约间隔为 0.05，则化整后的数据小数点后保留二位，是(　　)。

188. 准确度等级为 0.2，标度尺刻度为 30 分格的电流表，其实际值数据修约间隔应为(　　)。

189. 1.0 级交流电能表检定结果处理时，相对误差的末位数，应化整为化整间距为 0.1 的(　　)。

190. 用"瓦秒法"检定 2.0 级电能表时，如检定装置在 $\cos\phi=1$ 时，测量误差为 0.4%，必须考虑标准功率表或检定装置的已定(　　)。

191. 检定结果的记录应足够详细，以表明所有测量均能(　　)，并使任何测量在接近原来条件下可重复，从而有助于分辨任何异常现象。

192. 检定原始记录不得随意涂改，必要的修改应(　　)。

193. 判断一台直流电位差计是否合格，除了需计算出各盘每点的允许基本误差与各盘每点的实际误差相比较外，还应进行(　　)计算。

194. 判断直流数字电压表是否超过允许误差时，应以(　　)后的数据为准。

195. 对(　　)项目都符合检定规程要求的电工仪表，才可判定为合格。

196. 扩展不确定度是用(　　)不确定度乘以覆盖因子所得到的。

197. 修磨后的电工仪表轴尖，在圆锥体表面自顶点算起(　　)的部分上，当放大 60 倍时，不允许有看得见的斑点，划痕及其他缺陷。

198. 修理后仪表游丝的螺旋平面应与转轴相互(　　)，内外圈和轴心应近似同心圆。

二、单项选择题

1. 计量工作的基本任务是保证量值的准确、一致和测量器具的正确使用，确保国家计量法规和(　　)的贯彻实施。

(A)计量单位统一　　(B)法定单位　　(C)计量检定规程　　(D)计量保证

2. 用对观测列进行统计分析的方法，来(　　)标准不确定度称为不确定度的 A 类评定。

(A)评定　　(B)确定　　(C)确认　　(D)选择

3. 属于强制检定工作计量器具的范围包括(　　)。

(A)用于重要场所方面的计量器具

(B)用于贸易结算、安全防护、医疗卫生、环境监测四方面的计量器具

(C)列入国家公布的强制检定目录的计量器具

(D)用于贸易结算、安全防护、医疗卫生、环境监测方面列入国家强制检定目录的工作计量器具

4. 强制检定的计量器具是指(　　)。

(A)强制检定的计量标准

(B)强制检定的计量标准和强制检定的工作计量器具

(C)强制检定的社会公用计量标准

(D)强制检定的工作计量器具

5. 我国《计量法实施细则》规定,(　　)计量行政部门依法设置的计量检定机构,为国家法定计量检定机构。

(A)国务院　(B)省级以上人民政府

(C)有关人民政府　(D)县级以上人民政府

6. 企业、事业单位建立本单位各项最高计量标准,须向(　　)申请考核。

(A)省级人民政府计量行政部门

(B)县级人民政府计量行政部门

(C)有关人民政府计量行政部门

(D)与其主管部门同级的人民政府计量行政部门

7. 非法定计量检定机构的计量检定人员,由(　　)考核发证。

(A)国务院计量行政部门　(B)省级以上人民政府计量行政部门

(C)县级以上人民政府计量行政部门　(D)其主管部门

8. 计量器具在检定周期内抽检不合格的,(　　)。

(A)由检定单位出具检定结果通知书　(B)由检定单位出具测试结果通知书

(C)由检定单位出具计量器具封存单　(D)应注销原检定证书或检定合格印、证

9. 伪造、盗用、倒卖强制检定印、证的,没收其非法检定印、证和全部非法所得,可并处(　　)以下的罚款;构成犯罪的,依法追究刑事责任。

(A)3 000 元　(B)2 000 元　(C)1 000 元　(D)500 元

10. 1984 年 2 月,国务院颁布《关于在我国统一实行(　　)》的命令。

(A)计量制度　(B)计量管理条例　(C)法定计量单位　(D)计量法

11. 法定计量单位中,国家选定的非国际单位制的质量单位名称是(　　)。

(A)公斤　(B)公吨　(C)米制吨　(D)吨

12. 在国家选定的非国际单位制单位中,能的计量单位是电子伏,它的计量单位符号是(　　)。

(A)EV　(B)V　(C)eV　(D)Ve

13. 国际单位制中,下列计量单位名称属于有专门名称的导出单位是(　　)。

(A)摩(尔)　(B)焦(耳)　(C)开(尔文)　(D)坎(德拉)

14. 按我国法定计量单位使用方法规定,3 cm^2 应读成(　　)。

(A)3 平方厘米　(B)3 厘米平方

(C)平方 3 厘米　　(D)3 个平方厘米

15. 按我国法定计量单位的使用规则,15 ℃应读成(　　)。

(A)15 度　　(B)15 度摄氏　　(C)摄氏 15 度　　(D)15 摄氏度

16. 国际单位制中,下列计量单位名称属于基本单位名称的是(　　)。

(A)欧(姆)　　(B)伏(特)　　(C)瓦(特)　　(D)坎(德拉)

17. 测量结果与被测量真值之间的差是(　　)。

(A)偏差　　(B)测量误差　　(C)系统误差　　(D)粗大误差

18. 在使用中,检测计通常给出的指标是(　　)。

(A)电压灵敏度　　(B)电流灵敏度　　(C)灵敏度倒数　　(D)阻尼时间

19. 计量保证体系的定义是:为实施计量保证所需的组织结构(　　)、过程和资源。

(A)文件　　(B)程序　　(C)方法　　(D)条件

20. 按照 ISO10012－1 标准的要求:(　　)。

(A)企业必须实行测量设备的统一编写管理办法

(B)必须分析计算所有测量的不确定度

(C)必须对所有的测量设备进行标识管理

(D)必须对所有的测量设备进行封缄管理

21. 计量检测体系要求对所有的测量设备都要进行(　　)。

(A)检定　　(B)校准　　(C)比对　　(D)确认

22. 用图形符号绘制,并按工作顺序排列,详细表示电路,设备或成套装置的全部基本组成部分和连接关系,而不考虑其实际位置的一种简图称为(　　)。

(A)系统图　　(B)框图　　(C)电路图　　(D)接线图

23. 可以将同一电气元器件分解成为几部分,画在不同的回路中,但必须以同一文字符号标注的图是(　　)。

(A)接线图　　(B)系统图　　(C)电路图　　(D)印刷板零件图

24. 用旋转矢量法中,图中任意时刻在纵轴上的投影是该时刻正弦交流量的(　　)。

(A)最大值　　(B)平均值　　(C)有效值　　(D)瞬时值

25. 图形符号"[符号]"表示(　　)。

(A)带滑动触点的电阻器　　(B)带滑动触点的电位器

(C)带固定抽头的电阻器　　(D)带分压端子的电阻器

26. 图形符号"[符号 b e c]"中的符号 C 代表的是(　　)。

(A)NPN 型三极管的发射极　　(B)NPN 型三极管的集电极

(C)PNP 型三极管的基极　　(D)PNP 型三极管的集电级

27. 检定绝缘电阻表基本误差时,连接导线应有良好的绝缘,应采用硬导线悬空连接或采用高压(　　)导线连接。

(A)聚氯乙烯绝缘双根平行　　(B)棉纱纺织橡皮绝缘双根绞合

(C)聚四氟乙烯　　(D)聚氯乙烯绝缘双绞合

28. 电工仪表的轴尖允许采用(　　)线材制造,担应采取防锈措施,并不应有剩磁存在。

(A)硅钢　　(B)铁氧体　　(C)高碳钢　　(D)玻莫合金

29. 电工仪表分流器附加电阻用料一般是采用(　　)制做的。
(A)高强度漆包锰铜线　　(B)无磁性漆包铜线
(C)高强度漆包圆铝线　　(D)高强度漆包圆铜线

30. 数字电压表前面板上的保护端G是接到DVM(　　)的引出端。
(A)外屏蔽　　(B)内屏蔽　　(C)模拟接地　　(D)保护接地

31. 逐次逼近式DVM是表征对被测电压的(　　)测量。
(A)平均值　　(B)有效值　　(C)最大值　　(D)瞬时值

32. 影响静电系电压表误差的最主要因素是(　　)的变化。
(A)外界温度　　(B)外磁场　　(C)被测电压频率　　(D)外电场

33. 热电比较仪是采用功率大,时间常数小的(　　)去扩展电压量限的。
(A)附加电阻　　(B)附加电容　　(C)附加电感　　(D)分流器

34. 交流电桥的指零仪不是采用(　　)来实现的。
(A)振动式检流计　　(B)光电放大式检流计
(C)电话、耳机　　(D)电子线路放大器式检流计

35. 两元件跨相元功电能表仅适用于(　　)系统的无功功率测量。
(A)简单不对称的三相三线制　　(B)简单的不对称三相四线制
(C)完全对称的三相　　(D)完全不对称的三相三线制

36. 电动系功率因数表,它的指示值取决于(　　)。
(A)线圈中通过的电流的绝对值　　(B)流过不同线圈的两组电流的比值
(C)流过动圈中电流的平均值　　(D)流过两动圈中电流的乘积

37. 已知电流与电压的瞬时值函数式为$U=311\sin(\omega t-150°)$,$I=6.7\sin(\omega t-35°)$电流超前电压的相位差为(　　)。
(A)185°　　(B)115°　　(C)−185°　　(D)−115°

38. 我国工频电源电压的(　　)为220V。
(A)最大值　　(B)有效值　　(C)平均值　　(D)瞬时值

39. 电容器的容抗是随频率的增加而(　　)。
(A)增加　　(B)不变　　(C)减小　　(D)增加一半

40. 在纯电容电路中,电路的无功功率因素,$\sin\phi$为(　　)。
(A)0　　(B)1　　(C)0.8　　(D)0.5

41. 半导体三极管的两大应用场合是放大电路和(　　)电路。
(A)触发　　(B)开关　　(C)可控整流　　(D)三相半控整流

42. 三极管集电极—基极反向截止电流I_{cb0}是(　　)时,基极和集电极间加规定反向电压时的集电极电流。
(A)$I_e=0$　　(B)$I_b=0$　　(C)$I_c=0$　　(D)$I_b=1$

43. 用万用表R×100 Ω档测量一只三极管各极间正、反向电阻时,如果都呈现很小的阻值时,则该三极管(　　)。
(A)两个PN结都被烧坏　　(B)两个PN结都被击穿
(C)发射极被击穿　　(D)集电极被击穿

44. 共发射极放大电路的功率放大倍数大,输入电阻较小,常用于(　　)。

(A)高频放大 (B)恒流源电路 (C)低频放大 (D)输入级电路

45."异或"门电路的逻辑功能表达式是( )。

(A)$P=\overline{A\cdot B\cdot C}$ (B)$P=\overline{A+B+C}$

(C)$P=\overline{A\cdot B+C\cdot D}$ (D)$P=\overline{A}\cdot B+\overline{B}\cdot A$

46. 二进制数 1011101 等于十进制数的( )。

(A)92 (B)93 (C)94 (D)95

47. 稳压二极管的反向特性曲线越陡,则其( )。

(A)稳压效果越差 (B)稳压效果越好

(C)稳定的电压值越高 (D)稳定的电流值越高

48. 一般在低压系统中,保护接地电阻应( )。

(A)≤2 Ω (B)≤4 Ω (C)≤5 Ω (D)≤10 Ω

49. 当电气设备起火时,因某种原因,必须带电灭火时,应选择( )进行灭火。

(A)四氯化碳灭火机 (B)泡沫灭火机 (C)黄沙 (D)水

50. 计算机键盘( )键是回车换行键,表示键入的命令或信息行的结束。

(A)Space (B)Shift (C)Enter (D)Tab

51. 操作系统是一台计算机中必不可少的软件,在 PC 机中常用的操作系统是( )系统。

(A)WPS (B)Word (C)Windows (D)Excel

52. 产品质量是指产品满足( ),所具备的特性。

(A)用户要求 (B)使用要求 (C)安全要求 (D)可靠要求

53. 在质量分析图中,用来表示两个变量之间变化关系的图是( )。

(A)控制图 (B)因果图 (C)散布图 (D)排列图

54. UJ36 型直流电位差计其测量盘是采用( )结构。

(A)并联分压线路 (B)电流叠加线路 (C)简单分压线路 (D)串联代换线路

55. 影响直流双臂电桥测量准确度的主要原因是( )。

(A)跨线电阻的影响 (B)电位端导线电阻的影响

(C)桥路灵敏度影响 (D)电源电压影响

56. 感应系交流电能表在工作时,其反作用力矩是由( )产生的。

(A)电流线圈 (B)电压线圈 (C)永久磁铁 (D)蜗杆

57. 电动系三相有功功率表中有( )测量元件系统,它们共同作用在一个公共的可动部分上。

(A)一个 (B)二个 (C)三个 (D)四个

58. 电动系三相二元件有功功率表的标度尺是按( )总功率分度的。

(A)单相 (B)三相三线系统

(C)三相四线系统 (D)三相四线不对称系统

59. 双积分式数字电压表,有良好的工作特性,但它有一个较突出的缺点是( )。

(A)准确度低 (B)抗干扰能力差 (C)采样速度较慢 (D)电路结构复杂

60. 比较式数字电压表的比较器部分的作用是比较和鉴别被测电压和标准反馈电压的差值和极性,它基本上决定了数字电压表的( )。

(A)测量速度　(B)灵敏度　(C)逻辑程序　(D)测量速度

61. 磁电系仪表一般是采用(　　)进行温度补偿的。

(A)热磁补偿　(B)双金属片调节张丝张力
(C)热补偿器　(D)线路补偿

62. 在电磁系仪表的测量机构中,由于存在动铁片,在交流电路工作时,将产生(　　)误差。

(A)磁滞　(B)阻尼　(C)涡流　(D)摩擦

63. 有补偿线圈的低功率数功率表宜采用(　　)的接线方法。

(A)电压线圈前接　(B)电压线圈后接　(C)电压线圈反接　(D)电流线圈反接

64. 振动式检流计是用(　　)改变反作用力矩,来改变活动部分的自由振荡周期的。

(A)铁芯　(B)线圈　(C)永久磁铁　(D)张丝

65. 绝缘电阻表是用(　　)取代游丝的。

(A)永久磁铁　(B)线圈　(C)张丝　(D)铁芯

66. 静电系测量机构的固定部分和可动部分一般是由(　　)构成的。

(A)线圈　(B)磁芯和线圈　(C)电极　(D)永久磁铁

67. 大量限整流系电压表,在整流器两端并联一个铜和锰铜的分流电阻,其作用是补偿(　　)。

(A)温度增加时整流系数的降低　(B)温度增加时整流系数的增高
(C)波形影响带来的误差　(D)频率变化带来的误差

68. 检定直流电位差计时,由标准器,辅助设备及环境条件等所引起的扩展不确定度不大于被检电位差度允许基本误差的(　　)。

(A)$\frac{1}{2}$　(B)$\frac{1}{3}$　(C)$\frac{1}{4}$　(D)$\frac{1}{5}$

69. 直流电位差计检定装置中,电流回路内开关的接触电阻的变差与回路总电阻之比不得大于(　　)。(c 为准确度等级)

(A)0.2c%　(B)0.1c%　(C)0.3c%　(D)0.05c%

70. 检定直流电位差计时,标准电位差计的年稳定度,应不大于被检电位差计基本误差的(　　)。

(A)$\frac{1}{3}$　(B)$\frac{1}{5}$　(C)$\frac{1}{7}$　(D)$\frac{1}{10}$

71. 直流电位差计检定装置中检流计灵敏度不够引起的误差,第一盘应不超过被检电位差计基本误差的(　　)。

(A)$\frac{1}{3}$　(B)$\frac{1}{4}$　(C)$\frac{1}{5}$　(D)$\frac{1}{10}$

72. 直流电位差计检定装置中,标准电池的准确度等级不低于被检电位差计准确度等级的(　　)。

(A)$\frac{1}{3}$　(B)$\frac{1}{4}$　(C)$\frac{1}{5}$　(D)$\frac{1}{10}$

73. 检定直流电桥时,由标准器、辅助设备及环境条件所引起的测量扩展不确定度应不超过被检电桥允许基本误差的(　　)。

(A)$\frac{1}{3}$　(B)$\frac{1}{4}$　(C)$\frac{1}{5}$　(D)$\frac{1}{10}$

74. 整体法检定0.1级直流电桥时,标准电阻箱的准确度等级不得低于(　　)。

(A)0.005　(B)0.01　(C)0.02　(D)0.05

75. 按元件检定直流电桥,采用替代法或置换法检定时,测量仪器所引起的误差不应超过被检电阻元件允许误差的(　　)。

(A)$\frac{1}{3}$　(B)$\frac{1}{4}$　(C)$\frac{1}{5}$　(D)$\frac{1}{10}$

76. 检定有内附指零仪的直流电桥时,当改变电桥测量盘(或被测电阻)的c%时(c为被检电桥的准确度等级),指零仪的偏转不小于(　　)。

(A)1分格　(B)0.2分格　(C)0.1分格　(D)2分格

77. 检定直流电桥时,指零仪灵敏度阈引起的误差应不超过允许误差的(　　)。

(A)$\frac{1}{3}$　(B)$\frac{1}{4}$　(C)$\frac{1}{5}$　(D)$\frac{1}{10}$

78. 在检定电桥的整个过程中,流过标准器的电流无明确规定时,最大不得大于(　　)。

(A)0.1 A　(B)0.2 A　(C)0.5 A　(D)1 A

79. 检定0.2级直流电桥时,要求其检定环境温度为(　　)。

(A)(20±2)℃　(B)(20±1)℃　(C)(20±5)℃　(D)(20±3)℃

80. 检定直流电阻箱时,由标准检定装置及环境条件等因素所引起的扩展不确度度应小于或等于被检电阻箱等级指数的(　　)。

(A)$\frac{1}{3}$　(B)$\frac{1}{4}$　(C)$\frac{1}{5}$　(D)$\frac{1}{10}$

81. 检定直流电阻箱时,要求检定装置的灵敏度不得大于被检等级指数的(　　)。

(A)$\frac{1}{3}$　(B)$\frac{1}{4}$　(C)$\frac{1}{5}$　(D)$\frac{1}{10}$

82. 检定直流数字电压表时,直流信号源电压的稳定度应小于被检数字表允许误差的(　　)。

(A)$\frac{1}{5}\sim\frac{1}{10}$　(B)$\frac{1}{3}\sim\frac{1}{5}$　(C)$\frac{1}{2}\sim\frac{1}{3}$　(D)$\frac{1}{3}\sim\frac{1}{7}$

83. 定级检定的直流数字电压表必须做(　　)的短时稳定误差和1年的长期稳定误差测量。

(A)6 h　(B)12 h　(C)24 h　(D)36 h

84. DC-DVM共模干扰抑制比的测试,选择不平衡电阻一般取(　　)。

(A)100 Ω　(B)1 000 Ω　(C)10 000 Ω　(D)300 Ω

85. 直流数字电压表应在恒温室内放置(　　)以上,再对其主要技术指标进行检定。

(A)8 h　(B)12 h　(C)24 h　(D)48 h

86. 检定2级三相有功电能表时,每一相(线)电压对三相(线)电压平均值相差不得超过(　　)。

(A)±0.5%　(B)±1.0%　(C)±1.5%　(D)±2.0%

87. 组合轴是在由非磁性材料制成的轴尖座中压入钢质轴尖组成,这种结构一般用于

(　　)仪表。

(A)电磁系　(B)电动系　(C)磁电系　(D)静电系

88. 仪表轴尖在更换时,若轴尖很牢固,拔出前先用钳子沿轴颈圆周部分轻夹几次,再滴入少量(　　),即可较易拔出。

(A)机油　(B)变压器油　(C)煤油　(D)酒精

89. 电工仪表游丝铜带的宽度与厚度之比应在(　　)范围内。

(A)2~3　(B)3~5　(C)5~8　(D)8~10

90. 外半径为4 mm的游丝,其允许扭紧扭松的工作角度为(　　)。

(A)90°　(B)180°　(C)270°　(D)360°

91. 电工仪表的上下两只游丝,安装时,其螺旋方向是相反的,其目的是为了在仪表运动时(　　)。

(A)保持力矩均衡　(B)减少摩擦力矩

(C)保持指针平衡　(D)保持可动部分平衡

92. C41型仪表的可动部分是由固定在减震弹片上的两根高强度的(　　)张丝组成的。

(A)铂银合金　(B)锡锌青铜　(C)铍青铜　(D)钴40

93. 焊接仪表张丝时,给张丝施加的张力不应超过张丝拉断力的(　　)。

(A)$\frac{1}{3}\sim\frac{1}{2}$　(B)$\frac{1}{5}\sim\frac{1}{3}$　(C)$\frac{1}{4}\sim\frac{1}{3}$　(D)$\frac{1}{10}\sim\frac{1}{5}$

94. 在绕制直流电位差计精密线绕锰铜电阻时,应选用(　　)。

(A)硬线　(B)软线　(C)纱包线　(D)丝包线

95. 在绕制阻值为1 Ω的直流电位差计线绕电阻时,应采用(　　)绕制方法。

(A)反向分段绕　(B)双线并绕　(C)单线顺绕　(D)双线并绕脱胎

96. 在直流电阻仪器清洗后,对于轻压力银铜复合材料制成的开关,可涂上一层薄薄的(　　)。

(A)中性凡士林油　(B)3号中性仪表润滑油

(C)12号机油　(D)30号机油

97. 绝缘电阻表发电机整流环与电刷之间应全面接触,在修理时,应使用(　　),清洁整流环。

(A)汽油　(B)酒精　(C)煤油　(D)机油

98. JWL-30型晶体管稳流源开机后,还未动粗调电位器,就有输出,此故障产生原因可能是(　　)造成的。

(A)辅助电源板±25 V电源输出低于25 V　(B)差放板上的调整管被击穿

(C)差放管配对不好　(D)粗调电位器的中间抽头接触不良

99. 示波器的微调旋钮是用来与其他旋钮配合使用时,使其(　　)。

(A)波形稳定　(B)波形左右移动

(C)波形上下移动　(D)荧光屏上迹点聚焦

100. 使用晶体管特性图示仪测量时,若发现输出特性曲线有漂移现象,应立即将(　　)开关扳至"关"位。

(A)阶梯作用　(B)扫描作用　(C)X轴作用　(D)Y轴作用

101. 做二极管正反电阻测量时，其重要因素是(　　)。

(A)正向电阻的大小　(B)反向电阻的大小

(C)正反向电阻之比　(D)正反向电阻之和

102. 电动系仪表的防磁罩一般均与动圈相连，并使两者之间的电位差为零，其作用是(　　)。

(A)消除附加静电误差　(B)消除附加磁场误差

(C)消除分布电容影响　(D)消除感生电流影响

103. 用万用表欧姆档对低阻直流电位差计三个基本回路进行内部线路检查时，应使用(　　)。

(A)×1 Ω档　(B)×10 Ω档　(C)×100 Ω档　(D)×1 000 Ω档

104. 用万用表欧姆档对高阻直流电位差计三个基本回路进行内部线路检查时，应使用(　　)。

(A)×1 Ω档　(B)×10 Ω档　(C)×100 Ω档　(D)×1 000 Ω档

105. 直流电桥内附指零仪灵敏度的试验，应在被检电桥总有效量程的测量电阻的(　　)进行。

(A)上限　(B)下限　(C)上、下限　(D)中值和上限

106. 直流电位差计中内附检流计的阻尼时间应不超过(　　)。

(A)1 s　(B)2 s　(C)3 s　(D)5 s

107. 当直流电位差计内附检流计为电子放大式检流计时，预热后应将检流计调至零位，检流计在(　　)后离开零线的偏转不得大于 1 mm。

(A)10 min　(B)5 min　(C)1 min　(D)3 min

108. 只有内附检流计采用(　　)的直流电位差计，才应做零位漂移和抖动检查。

(A)光点式　(B)光电放大式　(C)电子放大式　(D)振动式

109. 对准确度等级为 0.1 的具有内附电子放大式指零仪的直流电桥，其指零仪的预热时间应不超过(　　)。

(A)5 min　(B)10 min　(C)15 min　(D)20 min

110. DVM 的零电流测试是将检流计接在数字电压表的(　　)进行的。

(A)输出端　(B)输入端　(C)电源端　(D)接地端

111. 用一块标准有功功率表检定一块二元件三相功率表时，当被检表的示值为 100 分度线时，标准表的读数为 500.5 W，则被检功率表在 100 分度线的实际值为(　　)。

(A)500.5 W　(B)1 501.5 W　(C)1 001 W　(D)866.6 W

112. 用"二表法"测量三相三线电路功率时，当出现一块表的指示值为零时，说明负载的相位角为(　　)。

(A)$\phi=0$　(B) $\phi=\pm 90°$　(C) $\phi=\pm 60°$　(D)$|\phi|\geq 60°$

113. 当用两只单相有功功率表按人工中性点法接线，测量三相三线无功功率时，设两只功率表的读数分别为 W_1 和 W_2，则三相无功功率等于(　　)。

(A)W_1+W_2　(B)$0.866(W_1+W_2)$　(C)$\sqrt{3}(W_1+W_2)$　(D)$3(W_1+W_2)$

114. 用两表跨相对 90°法检定二元件无功功率表时，A 相上标准有功功率表的读数为 W_1，C 相上标准有功功率表的读数为 W_2，假设三相完全对称，则其三相元功功率为(　　)。

(A)W_1+W_2　(B)$\sqrt{3}(W_1+W_2)$　(C)$0.866(W_1+W_2)$　(D)$2\sqrt{3}(W_1+W_2)$

115. 在额定电压,额定电流和三相系统完全对称的条件下,用"二表法"检定三相二元件功率表时,当 $\cos\phi=1$ 时,两只标准单相有功功率表的指示值 P_1 和 P_2 之间的关系为(　　)。

(A)$P_1>P_2$　(B)$P_1<P_2$　(C)$P_1=P_2$　(D)$P_1=\frac{P_2}{2}$

116. 用跨相 90°二表法,检定三相二元无功功率表,其额定功率因数 $\sin\phi=1$ 的调整是在额定电压、额定电流和三相系统完全对称的条件下,向(　　)方向调节移相器的相位,使其达到最大值。

(A)滞后　(B)超前　(C)容性　(D)$\sin\phi=0.5$

117. 在额定电压、电流和三相系统完全对称的情况下,当用人工中性点法检定三相无功功率表时,若两只标准单相功率表的指示值相等、并且为正值时,则其系统的(　　)。

(A)$\cos\phi=1$　(B)$\cos\phi=0$　(C)$\sin\phi=1$　(D)$\sin\phi=0.5$

118. 对测量盘内有滑线盘的直流电位差计示值,应对滑线盘上所标有数字的(　　)进行测定。

(A)上限　(B)下限　(C)误差最大点　(D)各个点

119. 对直流电位差计基本误差小于 1 μV 的各示值,检定时分别在工作电流正向和反向下进行两次测量,取其平均值做为测量实际值的目的是为了消除(　　)影响。

(A)零电势　(B)热电势　(C)漏电流　(D)静电

120. 在整体检定直流双桥时,在制造厂无明确规定情况下,跨线电阻最大不得大于(　　)。

(A)0.001 Ω　(B)0.005 Ω　(C)0.01 Ω　(D)0.015 Ω

121. 直流电桥量程系数比中三个比值互相之差是用(　　)表示时,不应超过$\frac{1}{3}c\%$(c 为电桥准确度等级)。

(A)绝对误差　(B)引用误差　(C)相对误差　(D)平均值

122. DVM 检定点的选取原则,在基本量程一般取不小于(　　)检定点。

(A)3 个　(B)5 个　(C)10 个　(D)15 个

123. 确定交流电能表的三相不平衡负载基本误差时,应在电源的(　　)情况下进行。

(A)三相电压不对称,三相电流也不对称

(B)三相电压不对称,三相电流对称

(C)三相电压对称,任一相电流回路有电流,其他两回路无电流

(D)三相电压对称,三相电流不对称

124. 检定三相有功和无功电能表时,对检定装置输出电量的对称度有严格的要求,对称度要求是(　　)的对称应符合规程要求。

(A)三相电流、电压的幅值

(B)三相电流与电压间的相位差

(C)三相电流、电压的幅值及电流与电压间的相位差

(D)三相电流的幅值

125. 在直流电位差计示值变差测量中,每次测量前,将该盘从头到尾转动一次,要求转动

与测量之间应要隔若干分钟，目的是为了消除(　　)影响。

(A)可变热电势　(B)可变零电势　(C)泄漏电流　(D)静电

126. 直流电位差计示值变差应小于被检电位差计允许基本误差的(　　)。

(A)$\frac{1}{3}$　(B)$\frac{1}{4}$　(C)$\frac{1}{5}$　(D)$\frac{1}{10}$

127. 对直流电位差计同一被测量值所获得的任意两个测量盘示值之误差的差值不应超过允许基本误差的(　　)。

(A)$\frac{1}{5}$　(B)$\frac{1}{2}$　(C)$\frac{1}{3}$　(D)$\frac{1}{4}$

128. 当测量一个具有高达 10 kΩ 的源电阻或具有 10 kΩ 或更大的对地电阻的电压时，因电位差计的内部泄漏而引起的误差应不超过(　　)。(c 为电位差计准确度等级)。

(A)$\frac{1}{3}c\%$　(B)$\frac{1}{5}c\%$　(C)$\frac{1}{10}c\%$　(D)0.4c%

129. 一个准确度等级为 0.05 直流电位差计，在直流 500 V 的电压下，电位差计线路对线路无电气连接的任意点导电部件之间的绝缘电阻，不应低于(　　)。

(A)20 MΩ　(B)50 MΩ　(C)100 MΩ　(D)200 MΩ

130. 直流电桥线路对与线路无电气连接的任意点之间的绝缘电阻应≥(　　)。

(A)20 MΩ　(B)50 MΩ　(C)100 MΩ　(D)200 MΩ

131. 在电桥总有效量程内，当电桥平衡时，电桥上的任意一个端钮与外壳连接时，引起检流计偏转而产生的误差应不大于电桥允许基本误差的(　　)。

(A)$\frac{1}{3}$　(B)$\frac{1}{4}$　(C)$\frac{1}{5}$　(D)$\frac{1}{10}$

132. 直流电阻箱接触电阻变差的测量应用分辨率不大于(　　)的毫欧计或双挢测量。

(A)0.05 mΩ　(B)0.1 mΩ　(C)0.15 mΩ　(D)0.2 mΩ

133. 交流电能表在允许使用温度范围内，相对湿度 85%以下其电流线路与电压线路间，不同相别电流线路间，应能承受 50 Hz 或 60 Hz 的(　　)有效值，实际正弦交流电压历时 1 min 的工频耐压试验。

(A)220 V　(B)380 V　(C)600 V　(D)1 000 V

134. 电能表做工频耐压试验时，其试验装置，高压侧的容量应不少于(　　)。

(A)100 VA　(B)200 VA　(C)300 VA　(D)500 VA

135. 在额定电压、额定频率和功率因数为 1.0 的条件下，1.0 级有止逆器的电能表的起动电流值不应超过(　　)。(I_b标定电流)

(A)$0.005I_b$　(B)$0.002I_b$　(C)$0.008I_b$　(D)$0.009I_b$

136. 对三相三线电能表，其起动功率应为(　　)，其中U_x为线电压，U_{xg}为相电压，I_Q为允许起动电流。

(A)$U_{xg}I_Q$　(B)$3U_{xg}I_Q$　(C)$\sqrt{3}U_{xg}I_Q$　(D)$\frac{\sqrt{3}}{2}U_{xg}I_Q$

137. 在对额定电压大于(100～660)V 的直流数字电压表做绝缘电阻测试时，兆欧表所加试验电压应大于(　　)。

(A)100 V　(B)200 V　(C)500 V　(D)1 000 V

138. 在磁电式张丝仪表的调修中,张丝松驰会使仪表灵敏度(　　)。

(A)降低　(B)提高　(C)不变　(D)不一定

139. 电动系轴尖支承仪表零位变位故障原因是由(　　)引起的。

(A)游丝弹性失效　(B)屏蔽罩有剩磁

(C)轴承松动　(D)游丝焊点焊锡过多

140. 当电动系仪表出现指针抖动故障时,应增减可动部分的重量或(　　)。

(A)更换游丝　(B)清洗轴尖　(C)清洗轴承　(D)更换轴尖

141. 电动系仪表倾斜误差大的原因可能是由于(　　)造成的。

(A)轴尖曲率半径过大　(B)轴承曲率半径过小

(C)轴尖曲率半径过小　(D)轴尖与轴承间隙过紧

142. 电动系仪表游丝焊片与动圈引出头之间脱焊,会使仪表产生(　　)故障。

(A)通以额定电流后,偏转角很小　(B)通电后不偏转

(C)通电后指针向反向偏转　(D)指示值不稳定

143. 电动系仪表固定线圈或可动线圈有部分短路,会造成仪表(　　)。

(A)通电后不偏转　(B)通电后指针向反方向偏转

(C)指示值不稳定　(D)通以额定电流后,偏转角很小

144. 电磁式 T_{24} 型仪表的张丝张力或弹片弹性变化,会使仪表(　　)。

(A)不平衡误差大　(B)示值误差大

(C)直流变差大　(D)交流误差大

145. 电磁系 T_{24} 型仪表的铁片脱胶松动位移时,会造成仪表(　　)。

(A)不平衡误差大　(B)示值误差大

(C)通电后示值不稳定或无指示　(D)交流误差大

146. 电磁系 T_{24} 型仪表的电容击穿会使仪表产生(　　)故障。

(A)不平衡误差增大　(B)示值误差增大

(C)交流误差增大　(D)直流变差增大

147. 在对绝缘电阻表进行通电平衡调整时,应当在其电流及电压线圈回路内通入一定电流,使其指针指在(　　)处,进行平衡调整。

(A)0 刻度　(B)∞刻度　(C)中间刻度　(D)Ⅲ区段任意示值

148. 若绝缘电阻表电压线圈接入 1 mA 左右电流后,指针指不到"∞"位置,只能指到中间刻度,其原因是(　　)。

(A)两线圈夹角改变　(B)指针与线圈间夹角改变

(C)电压线圈断路　(D)电流回路电阻变小

149. 兆欧表两线圈的夹角改变时,会使仪表(　　)。

(A)指针超出"∞"位置　(B)指针指不到"0"位置

(C)可动部分平衡不好　(D)指针转动时有卡针现象

150. 当直流电位差计桥形滑线盘的桥形顶点有虚焊、氧化或桥臂阻值变动时,会使直流电位差计的(　　)。

(A)零电势变大　(B)步进盘无输出

(C)工作电流不可调　(D)检流计出现跳跃

151. 一台 UJ_{23} 型直流电位差计，在检定时，滑线盘及零电势均合格，而步进盘大部分示值误差趋势偏正，应将(　　)。

(A)调定电阻增大　　(B)调定电阻减小

(C)减小最大超差点的电阻　　(D)滑线盘电刷触点稍微移动

152. 直流双臂电桥在检定中，如比较臂电阻在任何范围时，滑线盘示值都有比例地普遍增大，误差大小趋势大致相同，则说明(　　)是好的。

(A)比例臂电阻　　(B)比较臂电阻

(C)比例臂滑线电阻　　(D)比例臂固定电阻

153. Pz_8 型直流数字电压表出现显示不稳定，有数十字跳字现象，其故障一般是出现在(　　)部分。

(A)鉴别放大器　　(B)电源　　(C)仪器零线　　(D)起动电路

154. 直流电位差计对检定数据的化整原则是要求化整位数为(　　)允许基本误差。

(A)$\frac{1}{3}$　　(B)$\frac{1}{4}$　　(C)$\frac{1}{10}$　　(D)$\frac{1}{20}$

155. 某直流电位差计第Ⅰ盘第 1 点示值的修正值为＋3.5 μV，第 2 点的修正值为＋5.5 μV，第Ⅱ盘第 10 点的修正值为＋1.7 mV，对同一被测量值所获得的任意两个测量盘示值之误差的差值的增量线性为(　　)。

(A)2 μV　　(B)3.8 μV　　(C)0.3 μV　　(D)1.8 μV

156. 直流电位差计测量盘增量线性误差的计算应按测量盘每点的(　　)来计算。

(A)测量值　　(B)绝对误差值　　(C)修正值　　(D)平均值

157. 直流电位差计做量程系数比检定时，当全检量程的基准值乘以量程系数比得到的值小于标准电位差计测量盘的上限时，必须选取被检电位差计(　　)示值，测量其在其他量限上的实际值。

(A)任意值附近有一定间隔的三个　　(B)中间值附近三个

(C)最大值附近三个　　(D)基准值邻近相互有一定间隔的任意三个

158. 测量直流电位差计量程系数比时，如标准电位差计的误差小于被检电位差计允许基本误差的(　　)。

(A)$\frac{1}{3}$　　(B)$\frac{1}{4}$　　(C)$\frac{1}{5}$　　(D)$\frac{1}{10}$

159. 电位差计温度补偿盘中某一示值(　　)的误差，不应超过被检电位差计的$\frac{1}{10}c\%$(c 为电位差计准确度等级)。

(A)绝对值　　(B)相对值

(C)相对于 1.018 60 V　　(D)相对于测量盘示值

160. 如果被检电位差计没有零位示值，则对各示值检定时，其检定结果(　　)。

(A)不包括零位值　　(B)包括零位值　　(C)不包括初始值　　(D)包括初始值

161. 直流电桥检定数据化整时，一般应化整到允许误差的(　　)。

(A)$\frac{1}{3}$　　(B)$\frac{1}{4}$　　(C)$\frac{1}{5}$　　(D)$\frac{1}{10}$

162. 对于十进电阻器和第一点，给出数据的末位应于允许基本误差的(　　)。

(A)$\frac{1}{3}$　　(B)$\frac{1}{4}$　　(C)$\frac{1}{10}$　　(D)$\frac{1}{20}$

163. 一台 DVM,零电流 $I_0=1\times10^{-9}$ A,被测信号源内阻 $R_x=5\,000\ \Omega$,测量电压为 0.2 V,则 I_0 对 DVM 所引起的相对误差为(　　)。

(A)0.005%　　(B)0.002 5%　　(C)0.025%　　(D)0.05%

164. 一块准确度等级为 0.1 级标度尺为 30 分格刻度,60 V 电压表,其在 20 分格处的实际值为 39.997 5 V,该点的修正值为(　　)。

(A)+0.002 5 格　　(B)−0.002 5 格　　(C)0 格　　(D)−0.002 5 格

165. 数据修约间隔为 0.02 的仪表,化整后的数据末位不会出现(　　)。

(A)2　　(B)4　　(C)0　　(D)1

166. 数据修约间隔为 0.05 的仪表,化整后的数据末位只会出现(　　)。

(A)0 和 2　　(B)1 和 5　　(C)0 和 5　　(D)2 和 4

167. 准确度等级为 0.1,标尺刻度为 50 分格的电压表,其数据修约的间隔应为(　　)。

(A)0.02　　(B)0.002　　(C)0.005　　(D)0.01

168. 一块三相有功功率表的测量上限为 80 MW,仪表上注明 $\frac{V_1}{V_2}=\frac{110\text{ kV}}{100\text{ V}}$,$\frac{I_1}{I_2}=\frac{400\text{ A}}{5\text{ A}}$,当采用两只量程为 120 V,5 A,标度尺刻度为 150 分格的 0.2 级单相功率表检定时,在 $\cos\phi=1$,检定 80 MW 刻度时,两只单相功率表的读数之和的示值为(　　)。

(A)113.6 分格　　(B)242.3 分格　　(C)227.3 分格　　(D)133.3 分格

169. 一块 1.5 级二元件三相无功功率表,表上注明 $\frac{V_1}{V_2}=\frac{60\text{ kV}}{100\text{ V}}$,$\frac{I_1}{I_2}=\frac{100\text{ A}}{5\text{ A}}$,测量上限为 8 MVar,现用两块 150 V,5 A 满刻度为 150 分格的单相有功功率表做标准按“人工中性点法”检定,当三相无功功率表示值为 8 MVar 时,两只单相有功功率表的读数之和为(　　)。

(A)153.96 格　　(B)76.98 格　　(C)150 格　　(D)75 格

170. 0.5 级交流电能表检定结果的相对误差的末位数,应化整为化整间距为(　　)的整数倍。

(A)0.01　　(B)0.02　　(C)0.05　　(D)0.005

171. 对一绝缘电阻电阻表检定装置 500 MΩ 示值点进行等精度测量 10 次后,通过计算,得到其单次测量值的标准差为 0.48 MΩ,则其平均值的标准差为(　　)。

(A)0.48 MΩ　　(B)0.152 MΩ　　(C)0.24 MΩ　　(D)0.048 MΩ

172. 一标准数字电压有测量 150V 时的最大允许误差为 2.55×10^{-2} V,覆盖因子 $K=\sqrt{3}$,则其标准不确定度为(　　)。

(A)1.7×10^{-4} V　　(B)9.8×10^{-5} V　　(C)1.47×10^{-2} V　　(D)2.55×10^{-2} V

173. 在 B 类标准不确定度计算中,正态分布的覆盖因子 K 为(　　)。

(A)3　　(B)$\sqrt{3}$　　(C)$\sqrt{6}$　　(D)$\sqrt{2}$

174. 一标准装置的不确定度分量互不相关,分别为 $V_1=0.002\%$,$V_2=0.003\%$,$V_4=0.004$,$V_A=0.001\%$,则其合成标准不确定度为(　　)。

(A)0.002 5%　　(B)0.003 4%　　(C)0.005 5%　　(D)0.004 1%

175. 当标准装置各输入量彼此独立不相关情况下,其合成标准不确定度可用(　　)

计算。

(A)相对误差 (B)残差 (C)均方根误差 (D)标准偏差

176. 某被测量的合成不确定度为0.25 V，属于正态分布，置信水平为99%，$k=3$，则其扩展不确定度为(　　)。

(A)0.75 V (B)0.24 V (C)0.083 V (D)0.5 V

177. 测量结果的表达式为$Y=3.00-0.17\pm0.03$(V)，($K=3$)时，实际值若按2.83 V使用，则其扩展不确定度为(　　)。

(A)0.17 V (B)0.20 V (C)0.03 V (D)0.14 V

178. 电工仪表轴尖圆柱体部分的不直度，在5 mm的长度内不应大于(　　)。

(A)0.01 mm (B)0.02 mm (C)0.03 mm (D)0.05 mm

179. 电能表的元件拆修安装后，如果位置与原来有差异，磁路各部分气隙的大小有变更，就会出现(　　)调整困难。

(A)制动力矩 (B)相位角 (C)补偿力矩 (D)各元件平衡

180. 直流电阻仪器在大修后做绝缘电压试验时，应将试验电压平稳上升到规定的电压值，历时(　　)，若无击穿和飞弧现象为合格。

(A)0.5 min (B)1 min (C)1.5 min (D)2 min

181. 出具数据的直流电桥，基本误差合格，其年稳定性大于允许基本误差的$\frac{1}{2}$，但小于允许基本误差时，应出具(　　)。

(A)检定证书并定级 (B)检定证书、不定级

(C)检定结果通知书 (D)检定证书并定级，检定周期为半年

182. 修理后经检定结果合格的直流电桥应出具(　　)。

(A)检定证书并定级 (B)检定证书、不定级

(C)检定合格证 (D)检定结果通知书

183. 对安装式电能表，周期检定合格的，应(　　)。

(A)发给检定证书 (B)以给检定合格证

(C)发给检定结果通知书 (D)在铭牌上加注检定标记

184. 变电所中月平均积算电量为50 000 kWh以上的电能表其检定周期最长不得超过(　　)。

(A)1年 (B)2年 (C)3年 (D)4年

185. 检流计最合适的工作状态是(　　)。

(A)欠阻尼状态 (B)微欠阻尼状态 (C)临界阻尼状态 (D)过阻尼状态

186. 功率因数$\cos\phi$是(　　)之比。

(A)视在功率与有功功率 (B)无功功率与视在功率

(C)有功功率与视在功率 (D)视在功率与无功功率

187. 属于基本安全用具的是(　　)。

(A)绝缘手套 (B)绝缘棒 (C)绝缘靴 (D)绝缘垫

188. 电开关安装接线时必须控制(　　)。

(A)地线 (B)火线 (C)零线 (D)中性线

189. 交流电桥可以直接测量(　　)。

(A)交流电阻　(B)交流电流　(C)交流电压　(D)交流功率

190. 数字电压表的灵敏度很高,一般可达到(　　)。

(A)1 mV　(B)1 μV　(C)2 mV　(D)2 μV

191. 伪造、盗用、倒卖强制检定印、证的,没收其非法检定印、证和全部非法所得,可并处(　　)以下的罚款;构成犯罪的,依法追究刑事责任。

(A)3 000 元　(B)2 000 元　(C)1 000 元　(D)500 元

192. 进口计量器具必须经(　　)检定合格后,方可销售。

(A)省级以上人民政府计量行政部门　(B)县级以上人民政府计量行政部门

(C)国务院计量行政部门　(D)当地国家税务部门

193. 单相电能表的测量机构是由一组测量元件组成的,若用(　　)组成共轴的测量机构,即可用于三相三线电能的测量。

(A)一组测量元件　(B)二组测量元件

(C)三组测量元件　(D)四组测量元件

194. 绝缘电阻表测量机构采用流比计,主要是为了消除(　　)对测量产生的误差。

(A)线路电阻　(B)电压变化　(C)电流变化　(D)反作用力矩

195. 硅钢和铸铁属于(　　)材料。

(A)导电　(B)绝缘　(C)磁性　(D)电碳

196. 电机的电刷是由(　　)材料制成的。

(A)磁性　(B)电碳　(C)绝缘　(D)导电

197. 直流单臂电桥不适用于测量小电阻的原因是(　　)。

(A)桥臂电阻过大　(B)桥路灵敏度低

(C)导线电阻影响大　(D)开关电阻影响大

198. 在三相三线制中所消耗的电能可以用两块单相电能表来测量,测量结果等于(　　)。

(A)两块单相电能表读数之差　(B)两块单相电能表读数之和

(C)两块单相电能表读数的平均值　(D)$\sqrt{3}$(两块单相电能表之和)

三、多项选择题

1. 检定直流电阻箱时,由(　　)等因素所引起的扩展不确定度($k=3$)应小于被检电阻箱等级指数的1/3。

(A)标准器　(B)检定装置　(C)环境条件　(D)经费

2. 直流电位差计的检定方法可分为(　　)两种。

(A)对检法　(B)按元件检定　(C)整体检定　(D)半整体检定

3. 计量保证体系是为实施计量保证所需的(　　)和资源。

(A)过程　(B)程序　(C)组织结构　(D)条件

4. 直流电阻箱示值基本误差的检定方法可分为(　　)和数字表法三种。

(A)电流表法　(B)直接测量法　(C)同标称值替代法　(D)功率表法

5. 直流电桥的检定方法可分为(　　)三种。

(A)整体检定 (B)半整体检定 (C)元件检定 (D)数字表法

6. 当直流电位差计桥形滑线盘的桥形顶点有( )或桥臂阻值变动时,会使直流电位差计的零电势变大。

(A)虚焊 (B)步进盘无输出 (C)氧化 (D)检流计有跳跃

7. 直流数字电压表误差的检定方法有( )三种。

(A)补偿法 (B)直接比较法

(C)直流标准电压发生器法 (D)直流标准仪器法

8. 0.1级直流电桥的检定条件是( )。

(A)温度(20±2)℃ (B)温度(20±3)℃

(C)相对温度(40~75)% (D)相对温度(40~60)%

9. 半导体三极管的两大应用场合是( )。

(A)触发电路 (B)开关电路 (C)放大电路 (D)整流电路

10. 因共发射极放大电路的( )等优点,常用于低频放大。

(A)输入电阻较大 (B)功率放大倍数小

(C)功率放大倍数大 (D)输入电阻较小

11. 数据修约间隔为0.02的仪表,化整后的数据末位会出现的数字是( )。

(A)2 (B)4 (C)0 (D)1

12. 数据修约间隔为0.05的仪表,化整后的数据末位会出现的数字是( )。

(A)0 (B)1 (C)5 (D)2

13. 用"二表法"检定三相二元件有功功率表时,其功率因数的调整是在( )的条件下进行的。

(A)额定电压 (B)额定电流

(C)额定负载 (D)三相系统完全对称

14. 静电系测量机构的( )部分一般是由电极构成的。

(A)线圈 (B)磁芯 (C)固定 (D)可动

15. 用跨相对90°二表法检定三相二元无功功率表额定功率因数 $\sin\phi=1$ 的调整是在( )的条件下进行的。

(A)额定电压 (B)额定电流

(C)额定负载 (D)三相系统完全对称

16. 用图形符号绘制,并按工作顺序排列,详细表示( )的全部基本组成部分和连接关系,而不考虑其实际位置的一种简图称为电路图。

(A)系统图 (B)成套装置 (C)电路 (D)设备

17. 数字表法检定直流电阻箱示值基本误差的方法可分为( )两种。

(A)数字电压表法 (B)数字电流表法 (C)数字电阻表法 (D)直接测量法

18. 检定直流数字电压表时,要求整个测量电路系统应有良好的( )措施,主要目的是为了避免串模干扰和共模干扰。

(A)兼容性 (B)屏蔽 (C)导电性 (D)接地

19. 磁电系仪表的温度补偿线路可分为( )补偿线路。

(A)串联 (B)并联 (C)串并联 (D)接地

20. 检定直流电位差计时,由(　　)等所引起的扩展不确定度不大于被检电位差度允许基本误差的$\frac{1}{3}$。

(A)标准器　(B)辅助设备　(C)环境条件　(D)检定员

21. 直流数字电压表的电路主要是由(　　)两大部分组成。

(A)电磁电流　(B)电动电路　(C)模拟电路　(D)数字电路

22. 三相四线制交流电能表在结构上可分为(　　)。

(A)三元件双盘式　(B)三元件单盘式　(C)三元件三盘式　(D)三元件四盘式

23. 产品的设计和制造质量,取决于(　　)和环境五大因素。

(A)人　(B)原料　(C)设备　(D)方法

24. 三次平衡电桥线路,从理论上讲它完全能够消除(　　)和端钮接触电阻的影响。

(A)人员因素　(B)连接导线电阻　(C)电压引线电阻　(D)环境因素

25. 电桥线路中的两对对角线是(　　)。

(A)电压对角线　(B)电流对角线　(C)电源对角线　(D)指零仪对角线

26. 典型的数字计算机系统是由(　　)和系统软件组成。

(A)中央处理器　(B)存贮器　(C)外围设备　(D)电源

27. 电脑软件通常分为(　　)两大类。

(A)办公软件　(B)应用软件　(C)系统软件　(D)电源软件

28. 全面质量的概念是(　　)两部分的组合。

(A)产品质量　(B)服务质量　(C)工作质量　(D)电源质量

29. 半导体三极管有三种工作状态,即(　　)。

(A)开关状态　(B)截止状态　(C)放大状态　(D)饱和状态

30. 在模拟电子电路中,基本放大电路的三种基本接法是(　　)。

(A)共发射集电路　(B)共集电极电路　(C)共基极电路　(D)共栅极电路

31. 分析放大电路的基本方法有(　　)。

(A)图解法　(B)估算法　(C)微变等效电路法　(D)举例法

32. 基本逻辑门电路有"与"门,"或门"和(　　)。

(A)"与非"门　(B)"与"门　(C)"或门"　(D)"非门"

33. 在稳压电路中引起输出电压不稳的原因主要是(　　)。

(A)交流电源电压的波动　(B)负载电流的变化

(C)温度变化　(D)湿度变化

34. 三相二元件有功功率表对于(　　)中的三相三线制电能测量都是适用的。

(A)三相对称电路　(B)简单不对称电路

(C)答案都不对　(D)完全不对称电路

35. 三相交流电是三个(　　)、相位上依次互相差 120°的交流电。

(A)频率相同　(B)最大值相同　(C)最大值不同　(D)频率不同

36. 零电流对直流数字电压表所产生的相对误差与(　　)。

(A)信号源的内阻有关　(B)被测电压的大小有关

(C)环境温度有关　(D)环境湿度有关

37. 电气图一般按用途进行分类，常见的电气图有(　　)和接线表等。

(A)系统图　　(B)框图　　(C)电路图　　(D)接线图

38. 系统图和框图是为了进一步编制详细的技术文件提供依据，供(　　)时参考用的一种电气图。

(A)操作　　(B)维修　　(C)安装　　(D)检定

39. 造成磁电系仪表指示不稳定的主要原因是(　　)等问题。

(A)有虚焊　　(B)线路焊接处焊接不好，接触不良

(C)线路中有击穿　　(D)线路中有短路

40. 计量控制通过(　　)予以实施。

(A)检定　　(B)计量器具控制　　(C)计量监督　　(D)计量评审

41. 计量器具控制是计量控制的重要组成部分，它包括对计量器具的(　　)。

(A)检定　　(B)形式批准　　(C)检验　　(D)校准

42. 计量监督是为核查计量器具是否依照法律、法规正确使用和诚实使用，而对计量器具(　　)或使用进行控制的程序。

(A)制造　　(B)安装　　(C)修理　　(D)校准

43. 误差按其来源可分为(　　)和测量对象。

(A)设备误差　　(B)环境误差　　(C)人员误差　　(D)方法误差

44. 误差按其性质可分为(　　)和粗大误差。

(A)环境误差　　(B)系统误差　　(C)随机误差　　(D)设备误差

45. 国际上规定的表示(　　)单位的16个词头称为SI词头。

(A)倍数　　(B)偶数　　(C)分数　　(D)奇数

46. 国际单位制的基本单位单位符号是:(　　)。

(A)m　　(B)kg　　(C)g　　(D)S

47. 计量强制检定是由县级以上人民政府计量行政部门指定的法定计量检定机构或授权的计量检定机构对强制检定的计量器具实行的(　　)检定。

(A)定点　　(B)定期　　(C)定值　　(D)定员

48. 检定按管理环节可分为(　　)，进口检定，仲裁检定。

(A)首次检定　　(B)后续检定　　(C)周期检定　　(D)修理后检定

49. 计量检定人员是指(　　)的人员。

(A)持有计量检定证件　　(B)经考核合格

(C)领导指定　　(D)从事计量检定工作

50. 计量检定印包括(　　)、漆封印、注销印。

(A)錾印　　(B)喷印　　(C)钳印　　(D)法人印

51. 计量检定证包括(　　)。

(A)校准证书　　(B)检定证书　　(C)检定合格证　　(D)检定结果通知书

52. 计量的基本特征是(　　)。

(A)准确性　　(B)一致性　　(C)溯源性　　(D)法制性

53. 由于测量结果的不确定度往往由许多原因引起，对每个不确定度来源评定的标准偏差，称为标准不确定度分量，对这些标准不确定分量有两类评定方法即(　　)。

(A)A类评定　(B)B类评定　(C)C类评定　(D)D类评定

54. 一个测量结果具有溯源性,说明它的值具有与国家基准乃至国际基准联系的特性,是(　　)。

(A)可检定的　(B)准确可靠的　(C)可信的　(D)可校准的

55. 电动系功率表在拆装过程中,(　　)起始角的相对位置应保持不变。

(A)可动线圈　(B)固定线圈　(C)磁性线圈　(D)强磁性线圈

56. 示波器是由(　　)及电源四个基本部分组成。

(A)可动部分　(B)显示器　(C)X轴偏转系统　(D)Y轴偏转系统

57. 使用晶体管特性图示仪时"峰值电压范围"应根据被测对象(　　)正确选择。

(A)最大允许电流　(B)最大电阻

(C)最高反向工作电压　(D)额定功率

58. 对直流电位差计内部线路的检查,主要是对(　　)和测量回路进行定性的检查。

(A)电流回路　(B)电压回路　(C)标准回路　(D)工作电源回路

59. 用万用表检查电桥内部电阻元件,不应有(　　)的现象。

(A)虚焊　(B)短路　(C)断路　(D)接触不良

60. 对具有内附电子放大式指零仪的电桥,应在(　　)的情况下,对其指零仪进行漂移及抖动试验。

(A)预热　(B)接触不良　(C)断路　(D)电气调零

61. 三相无功率表的检定方法有两种,它们是(　　)。

(A)节点法　(B)矢量图法

(C)"人工中性点"检定法　(D)"跨相90°二表法"

62. 对磁电系张丝仪表,(　　),会使表头灵敏度降低。

(A)拉紧张丝　(B)松开张丝　(C)增大张力　(D)减小张力

63. 直流电位差计的数据化整应以(　　)原则,采用四舍五入及偶数法则。

(A)1　(B)2　(C)3　(D)5

64. 合格标记必须标明(　　)或下次检定时间。

(A)检定人员　(B)单位领导　(C)检定日期　(D)标准器名称

65. 检定结果的记录应足够详细,从而达到的目的是(　　)。

(A)单位分发奖金　(B)表明所有测量均能溯源

(C)任何测量在接近原来条件下可重复　(D)有助于分辨任何异常现象

66. 修理后仪表游丝需达到的要求是(　　)。

(A)螺旋平面应与转轴相互垂直　(B)螺旋平面应与转轴相互平行

(C)内外圈和轴心应近似同心圆　(D)无技术要求

67. 属于强制检定工作计量器具的范围包括用于(　　)方面列入国家强制检定目录的工作计量器具。

(A)贸易结算　(B)安全防护　(C)医疗卫生　(D)环境监测

68. 检定直流电桥时,由(　　)所引起的测量扩展不确定度应不超过被检电桥允许基本误差的$\frac{1}{3}$。

(A)标准器　(B)辅助设备　(C)环境条件　(D)领导要求

69. 整体检定直流单臂电桥时应注意的问题是(　　)。

(A)应注意开关接触电阻的残余电阻

(B)标准电阻箱有足够的调节细度,可采用完全平衡法

(C)标准电阻箱的调节细度不够,应采用不完全平衡法

(D)应注意连接导线电阻及标准电阻箱的残余电阻

70. 直流数字电压表检定点的选取原则是(　　)。

(A)应均匀地选择基本量程的检定点

(B)要考虑到量程的复盖,即保证各量程测量误差的连续性,各量程中间不应有间断点

(C)非基本量程要考虑上、下限及对应于基本量程最大误差点

(D)基本量程一般不少于 10 个检定点,其他量程取 3～5 个点

71. 多量限直流电位差计示值基本误差的测定方法为(　　)。

(A)将电位差计各转盘从头至尾转动几次

(B)按选取的检定方法,接线

(C)其他量程只需测定量程系数比

(D)多量程电位差计对全检量程作全部示值检定

72. 直流电位差计零电势的检定过程是(　　)。

(A)将被检电位差计的未知端短路,各测量盘均放零,"标准一未知"开关倒向未知

(B)接通电源,改变最后一个测量盘,求出检流计的电压常数

(C)在电源正反向下读得检流计两次偏转格数,取两次平均值做为电位差计的零电势

(D)检流计的实际偏转方向与改变最后一个测量盘时方向相同者为正,反之为负

73. 对测量机构进行修理后的工作用功率表,应做(　　)项目的检定。

(A)绝缘电阻　(B)外观检查　(C)基本误差检定　(D)偏离零位检定

74. 在实施计量过程中应遵守的原则是(　　)。

(A)计量器具都必须经检定合格　(B)计量器具必须放置得当

(C)计量器具应处于良好的工作状态　(D)熟悉使用说明书,及时排除故障

75. 通过一条具有规定不确定度的不间断的比较链,使测量结果或测量标准的值能够与规定的参考标准,通常是与(　　)联系起来的特性。

(A)国家测量标准　(B)国际测量标准　(C)省级最高标准　(D)地方最高标准

76. 电工仪表游丝更换后的质量检查要求是(　　)。

(A)游丝螺旋平面应平,并与转轴相垂直

(B)游丝内外圈距相等,和轴心近似同心圆

(C)游丝表面应清洁光亮

(D)游丝不应有因过热而产生的弹性疲劳

77. 修理后电工仪表轴尖的质量检查方法为(　　)。

(A)用 40～60 倍的双目显微镜检查圆锥面光洁度

(B)用投影放大仪放大 100 倍检查圆锥角和顶端的曲率半径

(C)用 60～80 倍的双目显微镜检查圆锥面光洁度

(D)用 80～100 倍的双目显微镜检查圆锥面光洁度

78. 直流数字电压表数据化整原则为(　　)。

(A)直流数字电压表的化整原则和有效数字保留的位数取决于被检表的误差和标准装置的误差

(B)一般应使末位数与被检表的分辨力相一致

(C)由于化整带来的误差一般不超过允许误差的1/5~1/3,最后一个"0"因与测量结果有关,不能随意省去

(D)化整后的末位数应是1的或2的或5的整数倍。

79. 在(　　)和三相系统完全对称的条件下,向感性方向(滞后方向)调节移相器的相位,使两只标准单相有功功率表的指示值相等,并且是正值,则这时三相系统的功率因数 $\cos\phi=1$。

(A)额定电压　(B)额定电流　(C)最大电流　(D)最小电流

80. 直流电位差计内附检流计在测量回路的灵敏度测量条件是(　　)和被测端钮的外接电阻等于电位差计测量回路的输出电阻。

(A)标准电压　(B)测量盘的示值处于上限

(C)额定工作电压　(D)测量盘的示值处于下限

81. 对直流数字电压表面板应有(　　)等明确标记。

(A)指示、读数机构　(B)制造厂　(C)仪表编号　(D)型号

82. 直流电位差计的名牌或外壳上应有(　　)等等标志和符号。

(A)制造厂名称或商标　(B)产品型号和出厂编号

(C)准确度等级　(D)有效量程

83. 直流电阻箱面板或机壳上应有的主要标志和符号是(　　)。

(A)名称　(B)型号

(C)编号　(D)测量范围和准确度等级

84. 校准和检定的主要区别有(　　)。

(A)校准不具法制性,检定具有法制性

(B)校准结果发校准证书或校准报告,检定结果发检定证书

(C)校准的依据是校准规范、校准方法,检定的依据则是检定规程

(D)校准不判断测量器具的合格与否,检定要对所检测量器具作出合格与否的结论

85. 我国计量立法的宗旨是(　　),适应社会主义现代化建设的需要,维护国家、人民的利益。

(A)加强计量监督管理

(B)保障国家计量单位制的统一和量值的准确可靠

(C)有利于生产、贸易和科学技术的发展

(D)企业的自愿行为

86. 我国计量工作的基本方针是(　　)。

(A)国家有计划地发展计量事业

(B)用现代计量技术、装备各级计量检定机构

(C)为社会主义现代化建设服务

(D)为工农业生产、国防建设、科学实验、国内外贸易以及人民健康、安全提供计量保证

87. 计量检定人员的职责是(　　)。

(A)正确使用计量基准或计量标准并负责维护、保养,使其保持良好的技术状况

(B)执行计量技术法规,进行计量检定工作

(C)保证计量检定的原始数据和有关技术资料的完整

(D)承办政府计量部门委托的有关任务

88. 作为统一( ),单位量值的依据和对社会实施计量监督的计量标准器具,属于强制检定范围。

(A)全国 (B)本地区 (C)本部门 (D)本单位

89. 计量检定人员有( )行为之一的,给予行政处分。

(A)伪造检定数据的

(B)出具错误数据造成损失的

(C)违反计量检定规程进行计量检定的

(D)使用未经考核合格的计量标准的开展检定的

90. 接线图主要作用是用于( )和故障处理,实际应用中,接线图通常应和电路图、位置图对照使用。

(A)安装接线 (B)线路检查 (C)线路维修 (D)申请专利

91. 绘制电路图应遵循的原则有( )。

(A)应以图标图形符号表示电气元器件

(B)主电路用粗实线画在辅助电路的左边或上部

(C)细实线将辅助电路画在主电路的右边或下部

(D)同一电气元件可以分解为几部分,画在不同的回路中,但必须以同一文字符号标注

92. 数字电压表的显示位数是以完整的显示数字,即能够显示 0～9 的十位数码的显示能力的多少来确定,能够显示"9"的数字位称为满位,否则称作( )。

(A)3/4 位 (B)1/2 位 (C)2/3 位 (D)半位

93. 直流电桥的铭牌或外壳上应有( )等等主要标志和符号。

(A)产品名称、型号、出厂编号 (B)制造厂名称或商标

(C)有效量程及总有效量程 (D)端钮应有明显的使用标志

94. 音频功率电源主要由( )和功率放大器组成。

(A)直流电源 (B)振荡器 (C)移相电路 (D)反馈闭环电路

95. 示波器正确保养方法是( )。

(A)使用中应保持干燥清洁 (B)使用一段时间要机箱内除尘

(C)长时间不用需放在高温环境下除潮 (D)长期不用时应定期通电除潮

96. 直流数字电压表的主要组成有( )和信息输出部分组成。

(A)指示机构 (B)模拟部分 (C)控制部分 (D)测量机构

97. 维修绝缘电阻表的线圈时,在未拆卸大小铝框前,应注意记下( )等,在线圈修好后应按照原来位置组装拆卸线圈。

(A)线框的相对位置与指针夹角 (B)各线圈线头的连接点

(C)线圈的线径 (D)线圈的绕制方向

98. 法定计量检定机构的基本职能是( )。

(A)研究建立计量基准、社会公用计量标准或者本专业项目的计量标准

(B)开展校准工作

(C)研究起草计量检定规程、计量技术规范

(D)承办有关计量监督中的常务工作

99. 国家计量基准是指经国家质检总局批准,在中华人民共和国境内为(　　)、复现量的单位或者一个或多个量值,用作有关量的测量标准定值依据的实物量具、测量仪器、标准物质或者测量系统。

(A)标定　(B)定义　(C)实现　(D)保存

100. 对计量器具的计量性能、(　　)及检定数据的处理等,都必须执行计量检定规程。

(A)检定项目　(B)检定条件　(C)检定方法　(D)检定周期

101. 没有国家计量检定规程的,由国务院有关主管部门或(　　)人民政府计量行政部门分别制定部门计量检定规程和地方计量检定规程,并向国务院计量行政部门备案。

(A)省　(B)地方　(C)自治区　(D)直辖市

102. 实施和管理强制检定的主要特点是(　　)。

(A)县级以上人民政府计量行政部门对本行政区域内的强制检定工作统一实施监督管理

(B)固定关系,定点送检

(C)使用强制检定计量器具的单位,向指定的计量检定机构进行送检

(D)承担强制检定的计量检定机构,要安排好周期检定计划,实施强制检定

103. 非强制检定计量器具的检定周期由企业根据计量器具的实际使用情况,本着(　　)和量值准确的原则自行确定。

(A)技术　(B)地方　(C)科学　(D)经济

104. 计量检定人员有哪些权利,它们是(　　)。

(A)在职责范围内依法从事计量检定活动

(B)可以提出加薪的要求

(C)依法使用计量检定设施,并获得相关文件

(D)参加本专业继续教育

105. 计量检定人员应当履行的义务是(　　)。

(A)依法开展计量检定活动,职业道德

(B)保证计量检定数据和有关技术资料的真实完整

(C)承担质量技术监督部门委托的与计量检定有关的任务

(D)保守在计量检定活动中所知悉的商业和技术秘密

106.《计量器具新产品管理办法》中,计量器具是指(　　)。

(A)在中华人民共和国境内,任何单位或个体工商户制造的不以销售我目的的计量器具新产品

(B)对原有产品在外观上做了改动的计量器具

(C)制造计量器具的企业、事业单位从未生产过的计量器具

(D)对原有产品在结构、材质等方面做了重大改进导致性能、技术特征发生变更的计量器具

107. 在处理纠纷时,以(　　)进行仲裁检定后的数据才能作为依据,并具有法律效力。

(A)计量基准　(B)社会公用计量标准

(C)部门最高计量标准　(D)工作计量标准

108. 计量检定规程可以由(　　)制定。

(A)国务院计量行政部门　(B)省、自治区、直辖市政府计量行政部门

(C)国务院有关部门　(D)法定计量检定机构

109. 需要强制检定的计量标准包括(　　)。

(A)社会公用计量标准　(B)部门最高计量标准

(C)企事业单位最高计量标准　(D)法定计量检定机构

110. 计量技术法规包括(　　)。

(A)计量检定规程　(B)国家计量检定系统表

(C)计量技术规范　(D)国家测试标准

111. 国家计量检定规程可用于(　　)。

(A)产品的检验　(B)计量器具的周期检定

(C)计量器具修理后的检定　(D)计量器具的仲裁检定

112. 国家计量检定系统表是(　　)。

(A)国务院计量行政部门管理计量器具,实施计量检定用的一种图表

(B)将国家基准的量值逐级传递到工作计量器具,或从工作计量器具的量值逐级溯源到国家计量基准的一个比较链,以确保全国量值的统一准确和可靠

(C)由国家计量行政部门组织指定、修订,批准颁布,由建立计量基准的单位负责起草的,在进行量值溯源或量值传递时作为法定依据的文件

(D)计量检定人员判断计量器具是否合格所依据的技术文件

113. 力矩单位"牛顿米",用国际符号表示时,下列符号中(　　)是正确的。

(A)NM　(B)Nm　(C)mN　(D)N·m

114. 下列量中属于国际单位制导出量的有(　　)。

(A)电压　(B)电阻　(C)电荷量　(D)电流

115. 有一块接线板,其标注额定电压和电流容量时,下列表示中(　　)是正确的。

(A)180～240V,5～10A　(B)180V～240V,5V～10A

(C)(180～240)V,(5～10)A　(D)(180～240)伏[特],(5～10)安[培]

116. 下列单位中,(　　)属于国际单位制的单位。

(A)毫米　(B)吨　(C)吉赫　(D)千赫

117. 长度为0.05毫米的正确表示可以是(　　)。

(A)0.05 mm　(B)5×10^{-5} m　(C)50 μm　(D)5 000 nm

118. 计量在国民经济中的作用包括(　　)。

(A)发展科学技术的重要基础和手段　(B)保证产品质量的重要手段

(C)维护社会经济秩序的重要手段　(D)确保国防建设的重要手段

119. 温度变化引起磁电系仪表产生附加误差的原因有很多,主要原因是(　　)。

(A)标尺存在热胀冷缩问题　(B)测量线路电阻的变化

(C)游丝或张丝反作用力矩系数的变化　(D)永久磁铁磁性的变化

120. 以下方法中(　　)获得的是测量复现性。

(A)在改变了的测量条件下,计算对同一被测量的测量结果之间的一致性,用实验标准差

表示

(B)在相同条件下,对同一被测量进行多次测量,计算所得测量结果之间的一致性

(C)在相同条件下,对不同被测量进行测量,计算所得测量结果之间的一致性

(D)在相同条件下,由不同人员对同一被测量进行测量,计算所得测量结果之间的一致性,用实验标准差表示

121. 测量不确定度小,表明(　　)。

(A)测量结果接近真值　(B)测量结果准确度高

(C)测量结果的分散性小　(D)测量结果可能值所在的区间小

122. 测量不确定度评定方法中,根据一系列测量数据估算实验标准偏差的评定方法称为(　　)。

(A)测量不确定度的统计评定方法　(B)测量不确定度的经验估计方法

(C)测量不确定度的B类评定方法　(D)测量不确定度的A类评定方法

123. 以下表示的测量结果的不确定度中(　　)是不正确的。

(A)$U(k=2)$　(B)$u_c(k=2)$

(C)U$(k=2)$　(D)$U_p(p=0.95, r=9)$

124. 定义的不确定度是(　　)。

(A)由于被测量定义中细节量有限所引起的测量不确定度分量

(B)难以判断被测量是否小于无法检出所导致的不确定度分量

(C)在任何给定被测量的测量中实际可达到的最小测量不确定度

(D)定义的改变会导致新的定义的不确定度

125. 单独地或连同辅助设备一起用以进行测量的装置在计量学术语中称为(　　)。

(A)测量仪器　(B)测量链　(C)计量器具　(D)测量传感器

126. 下列计量器具中(　　)属于实物量具。

(A)流量计　(B)标准信号发生器　(C)砝码　(D)秤

127. 测量设备是指(　　)以及进行测量所必须的资料的总称。

(A)测量仪器　(B)测量标准(包括标准物质)

(C)被测件　(D)辅助设备

128. 测量仪器的准确度是一个定性的概念,在实际应用中应该用测量仪器的(　　)表示其准确程度。

(A)最大允许误差　(B)准确度等级　(C)测量不确定度　(D)测量误差

129. 测量仪器的使用条件包括(　　)。

(A)参考条件　(B)标准测量条件

(C)额定操作条件　(D)极限条件

130. 下列关于测量标准描述正确的是(　　)。

(A)测量标准是指具有确定的量值和相关联的测量不确定度,实现给定量的定义的参考对象

(B)在我国,测量标准按其用途分为计量基准和计量标准

(C)测量标准是指具有确定的量值和相关联的测量误差,实现给定量的定义的参考对象

(D)测量标准经常作为参照对象用于为其他同类量确定量值及其测量不确定度

131. 下列关于计量标准描述正确的是(　　)。

(A)计量标准是指准确度低于计量基准,用于检定或校准其他下一级计量标准或工作计量器具的计量器具

(B)计量标准的准确度应比被检定或被校准的计量器具的准确度高

(C)计量标准在我国量值传递(溯源)中处于中间环节,起着承上启下的作用

(D)只有社会公用计量标准及部门和企事业最高计量标准才有资格开展量值传递

132. 社会公用计量标准必须经过计量行政部门主持考核合格,取得(　　),方能向社会开展量值传递。

(A)《标准考核合格证书》　　(B)《计量标准考核证书》

(C)《计量检定员证》　　(D)《社会公用计量标准证书》

133. 下列关于标准物质描述正确的是(　　)。

(A)标准物质是具有一种或多种足够均匀和很好地确定了的特性,用以校准测量装置、评价测量方法或给材料赋值的一种材料或物质

(B)按照《计量法实施细则》的规定,用于统一量值的标准物质不属于计量器具的范畴

(C)有证标准物质是指附有证书的标准物质,其一种或多种特性值用建立了溯源性的程序确定,使之可溯源到准确复现的表示该特性值的测量单位,每一种出证得特性值都附有给定置信水平的不确定度

(D)标准物质有两个明显的特点:具有量值准确性和用于计量的目的

134. 二级标准物质可以用来(　　)。

(A)校准测量装置　　(B)评价测量方法

(C)评价计量方法　　(D)给材料赋值

135. 管理体系文件是计量技术机构所建立的管理体系的文件化的载体。制定管理体系文件应满足以下要求:(　　)。

(A)计量技术机构应将其政策、制度、计划、程序和作业指导书制定成文件

(B)应确保机构对检定、校准和检测工作的质量管理达到保证测量结果质量的程度

(C)所有体系文件均应经最高领导批准、发表后正式运行

(D)体系文件应传达至有关人员,并被其理解、获取和执行

136. 质量管理体系文件通常包括(　　)。

(A)质量方针和质量目标　　(B)质量手册、程序文件

(C)技术规范和作业指导书　　(D)人事制度

137. 决定计量技术机构检定、校准和检测的正确性和可靠性的资源包括(　　)。

(A)人员和测量设备　　(B)设施和环境条件

(C)检定、校准和检测方法　　(D)与顾客的良好关系

138. 对出具的计量检定证书和校准证书,(　　)要求是必须满足的。

(A)应准确、清晰和客观地报告每一项检定、校准和检测的结果

(B)应给出检定或校准的日期及有效期

(C)出具的检定、校准证书上应有责任人签字并加盖单位专用章

(D)证书的格式和内容应符合相应技术规范的规定

139. 每份检定、校准或检测记录应包含足够的信息,以便必要时(　　)。

(A)追溯环境因素对测量结果的结果　　(B)追溯测量设备对测量结果的影响
(C)追溯测量误差的大小　　(D)在接近原有条件下复现测量结果

140. 工作场所防止人身触电的有效保护措施包括(　　)。
(A)触电保护器
(B)采取标识和围挡措施,避免人员过分靠近危险区域
(C)为相关人员配备必要的防护用品
(D)加防静电地板及采取其他防静电措施

141. 为保证安全,在开展现场检定、校准、检测时,必须注意(　　)。
(A)了解和遵守现场的安全规定
(B)观察相关区域中容易发生危险的可能性
(C)依据检定、校准、检测的技术规范进行操作
(D)携带必要的防护用品

142. 检验以下重复观测列:1.79,1.80,1.91,1.79,1.76。下列答案中(　　)是正确的。
(A)观测值中存在异常值　　(B)观测值中不存在异常值
(C)观测值中有一个值存在粗大误差　　(D)观测值中不存在有粗大误差的值

143. 对测量结果或测量仪器示值的修正可以采取(　　)。
(A)加修正值　　(B)乘修正因子
(C)给出中位值　　(D)给出修正曲线或修正值表

144. 可以用以下几种形式中的(　　)定量表示测量结果的测量不确定度。
(A)标准不确定度分量 u_i　　(B)A 类标准不确定度 u_A
(C)合成标准不确定度 u_c　　(D)扩展不确定度 U

145. 某个计量标准中采用了标称值为 1 Ω 的标准电阻,校准证书上说明该标准电阻在 23 ℃时的校准值为 1.000 074 Ω,扩展不确定度为 90 μΩ($k=2$),在该计量标准中标准电阻引入的标准不确定度分量为(　　)。
(A)90 μΩ　　(B)45 μΩ　　(C)4.5×10^{-6} Ω　　(D)4.5×10^{-5} Ω

146. 直流数字电压表的分辨力为 1 μV,可假设在区间内的概率分布为均匀分布,则由分辨力引起的标准不确定度分量为(　　)。
(A)$1/\sqrt{3}$ μV　　(B)$2/\sqrt{3}$ μV　　(C)$1/2\sqrt{3}$ μV　　(D)0.29 μV

147. 按照国家计量技术规范 JJF1059 的规定,评定被测量估计值的测量不确定度的方法包括(　　)。
(A)误差合成的方法　　(B)概率分布传播的方法
(C)按不确定度传播率计算的方法　　(D)用对测得值统计分析的方法

148. 以下数字中(　　)为三位有效数字。
(A)0.070 0　　(B)5×10^{-3}　　(C)30.4　　(D)0.005

149. 强制检定的对象包括(　　)。
(A)社会公用计量标准器具
(B)标准物质
(C)列入《中华人民共和国强制检定的工作计量器具目录》的工作计量器具
(D)部门和企事业单位使用的最高计量标准器具

150. 测量仪器检定或校准后的状态标识可包括(　　)。

(A)检定合格证　(B)产品合格证　(C)准用证　(D)检定证

151. 对检定、校准证书的审核是保证工作质量的一个重要环节,核验人员对证书的审核内容包括(　　)。

(A)对照原始记录检查证书中上的信息是否与原始记录一致

(B)对数据的计算或换算进行验算并检查结论是否正确

(C)检查数据的有效数字和计量单位是否正确

(D)检查被测件的功能是否正常

152. 检定、校准和检测所依据的计量检定规程、计量校准规范、型式评价大纲和经确认的非包装方法文件,都必须是(　　)。

(A)经审核批准的文本　(B)现行有效版本

(C)经有关部门注册的版本　(D)正式出版的文件

153. 计量检定印、证得种类包括(　　)。

(A)检定证书、检定结果通知书　(B)检验合格证

(C)检定合格印、注销印　(D)校准印

154. 检定证书的封面内容中至少包括(　　)。

(A)发出证书的单位名称;证书编号、页号和总页数

(B)委托单位名称;被检定计量器具名称、出厂编号

(C)检定结论;检定日期;检定、核验、主管人员签名

(D)测量不确定度及下次送检的要求

155. 校准证书上关于是否给出校准间隔的原则是(　　)。

(A)一般校准证书上应给出校准间隔的建议

(B)如果是计量标准器具的溯源性校准,应按照计量校准规范的规定给出校准间隔

(C)一般校准证书上不给出校准间隔

(D)当顾客有要求时,可在校准证书上给出校准间隔

156. 企事业单位最高计量标准的量值应当经(　　)检定或校准来证明其溯源性。

(A)法定计量检定机构

(B)质量技术监督部门授权的计量技术机构

(C)具有计量标准的计量机构

(D)知名的检测机构

157. 下列条件中(　　)是计量标准必须具备的条件。

(A)计量标准器及配套设备能满足开展计量检定或校准工作的需要

(B)具有正常工作所需要的环境条件及设施

(C)具有一定数量高级职称的计量技术人员

(D)具有完善的管理制度

158. 企事业单位最高计量标准的主要配套设备中的计量器具可以向(　　)溯源。

(A)具有相应测量能力的计量技术机构

(B)法定计量检定机构

(C)质量技术监督部门授权的计量技术机构

(D)具有测量能力的高等院校

159. 每项计量标准应当配备至少两名持有(　　)的检定或校准人员。

(A)与开展检定或校准项目相一致的《计量检定员证》

(B)《注册计量师资格证书》和相应项目的注册证

(C)相应专业的学历证书

(D)相应技术职称证书

160. 下列关于计量标准的稳定性描述中,(　　)是正确的。

(A)若计量标准在使用中采用标称值或示值,则稳定性应当小于计量标准的最大允许误差的绝对值

(B)若计量标准需要加修正值使用,则稳定性应当小于计量标准修正值的合成标准不确定度

(C)经常在用的计量标准,可不比进行稳定性考核

(D)新建计量标准一般应当经过半年以上的稳定性考核,证明其所复现的量值稳定可靠后,方能申请计量标准考核

161. 计量标准考核的后续监管包括计量标准器或主要配套设备的(　　)。

(A)更换　(B)撤销　(C)暂停使用　(D)恢复使用

162. 根据计量法规定,计量检定规程分三类,即(　　)。

(A)电学检定规程　(B)国家计量检定规程

(C)部门计量检定规程　(D)地方检定规程

163. 0.01 级直流电阻箱的检定条件是(　　)。

(A)温度(20±1)℃　(B)温度(20±0.5)℃

(C)相对温度(40～75)％　(D)相对温度(40～70)％

164. 直流电阻箱检定规程规定,检定时由(　　)、静电感应、电磁干扰等诸多因素引起的不确定度一般不大于被检等级指数的 1/20。

(A)连接电阻　(B)寄生电势　(C)相对湿度　(D)环境温度

165. 直流电阻箱检定规程规定,使用中检验需检定的项目是(　　)。

(A)示值误差　(B)绝缘电阻　(C)工频耐压试验　(D)残余电阻

166. 计量按社会功能分类,可分为(　　)。

(A)科学计量　(B)法制计量　(C)工业计量　(D)农业计量

167. 较高准确度的交直流数字仪器的示值误差都带有时间概念,有 24 小时误差、(　　)和一年误差。

(A)30 天误差　(B)90 天误差　(C)60 天误差　(D)半年误差

168. 国际单位制的优越性表现在统一性、(　　)、继承性和世界性。

(A)简明性　(B)实用性　(C)合理性　(D)科学性

169. 检定规程是指对计量器具的检定项目、(　　)以及检定数据处理等所作的技术规定。

(A)计量性能　(B)检定条件　(C)检定方法　(D)检定周期

170. 县级人民政府行政部门根据需要,在统筹规划、(　　)、方便生产的前提下,可以授权其他单位的计量机构或技术机构,执行强制检定和其他检定、测试任务。

(A)追求高标准　(B)经济合理　(C)就地就近　(D)便于管理

171. 高精度仪表一般有(　　)、易于损坏和价格昂贵的特点，所以工作需要认真和细心。

(A)灵敏度高　(B)灵敏度低　(C)过载能力差　(D)过载能力强

172. 如果按仪表的工作电流性质划分，可分为(　　)和交直流两用仪表。

(A)电压表　(B)交流表　(C)直流表　(D)电阻表

173. 电磁系仪表一般有(　　)和价钱便宜等特点。

(A)准确度低　(B)功率损耗大　(C)分度不均匀　(D)过载能力大

174. 直流电阻箱检定规程规定，采用比被检电阻箱末盘准确度等级高两个等级，分辨力不大于 0.1 mΩ 的(　　)或其他能满足要求的计量器具测量被检的残余电阻。

(A)直流电位差计　(B)毫欧计　(C)双电桥　(D)万用表

175. 为了定量地反映测量误差的大小，可采用三种表达方式，即(　　)。

(A)绝对误差　(B)系统误差　(C)相对误差　(D)引用误差

176. 在电学计量中，基准度量器还可分为(　　)和工作基准。

(A)主要基准　(B)主基准　(C)副基准　(D)比较基准

177. 根据获得测量结果的不同方法，可以将测量方法分为(　　)共三类。

(A)直接测量　(B)间接测量　(C)组合测量　(D)粗略测量

178. 绝缘材料可分为(　　)和气体绝缘材料。

(A)固体绝缘材料　(B)液体绝缘材料

(C)固体和液体混合物　(D)康铜

179. 对带有反射镜的仪表，读数时要保证(　　)和反射镜中的针影三者在同一平面上，以消除读数误差。

(A)灯光　(B)指针　(C)左眼　(D)视线

180. 整流电路的主要形式有全波整流电路、半波整流电路及桥式整流电路等，这三种整流电路中又分(　　)单相和三相整流。

(A)单相　(B)两相　(C)三相　(D)全波

181. 直流电阻箱检定规程规定，证书应给出(　　)及结论。

(A)检定数据　(B)测量不确定度　(C)环境温湿度　(D)生产厂家

182. 国际单位制中包括长度、(　　)、时间频率、光学、放射性和化学等所有领域的计量单位。

(A)力学　(B)热学　(C)电磁学　(D)声学

183. 对共用一个标度尺的多量限仪表，在对其非全检量限进行检定时，应对其(　　)进行检定。

(A)测量下限　(B)可以判定为最大误差的带数字分度线

(C)全检量限内的负误差最大点　(D)测量上限

184. 标准电池的主要特性分别是温度特性、(　　)、滞后效应。

(A)极化现象　(B)光照影响

(C)便于存放　(D)可以不受使用环境影响

185. 欧姆定律主要说明了电路中(　　)三者之间的关系。

(A)电流 (B)电压 (C)电阻 (D)功率

186. 计量检定人员出具的检定数据,用于( )和实施计量监督具有法律效力。

(A)量值传递 (B)计量认证 (C)技术考核 (D)裁决计量纠纷

187. 三极管的三个极分别是( )和集电极。

(A)基极 (B)发射极 (C)栅极 (D)阳极

188. 所有新生产和使用中的磁电系电流表在周期检定时应做的项目是( )。

(A)位置影响 (B)偏离零位 (C)升降变差 (D)绝缘电阻

189. 检定证书、检定结果通知书必须有( )签字,并加盖检定单位印章。

(A)经理 (B)检定员 (C)检验员 (D)主管人员

190. 标准电池的使用和保存应注意( )和标准电池的出厂证书、检定证书应妥善保管。

(A)标准电池应远离冷热源,准电池的温度波动要尽量小

(B)标准电池要避免光的直接照射

(C)不能让人体的任何部位使标准电池的两极端钮短接,不能用电压表或万用表去测量标准电池的电动势值

(D)标准电池严禁倒置,晃和震动

191. 整流系仪表一般有( )和过载能力小等特点。

(A)准确度低 (B)功率损耗大 (C)分度均匀 (D)作万用表

192. 对电工仪表检定电源调节设备的主要技术要求有:( )和对被调量不应有附加影响。

(A)一定是业内最好的设备 (B)调节范围要满足要求

(C)调节被调量要连续平稳 (D)调节细度要满足要求

193. 造成磁电系仪表转动部分不平衡的原因有几种可能,分别为( )。

(A)仪表过载受到冲击

(B)调平衡的加重材料选择不当,重量减轻或加重

(C)轴承螺丝松动,轴间距离太大,中心位置偏移

(D)结构不稳定,转动部分发生变形

194. 仪表平衡不好和( )是引起磁电系仪表刻度特性变化的主要原因。

(A)游丝因过载受热,引起弹性疲劳或游丝因潮湿或腐蚀而损坏

(B)电网电压的影响

(C)仪表因震动或其他原因使元件变形或相对位置发生变化

(D)阻尼的影响

四、判 断 题

1. 计量的定义是实现单位统一、量值准确可靠的活动。( )

2. “实现单位统一、量值准确的一组操作”称为计量。( )

3. 重复性是指在相同测量条件,对同一被测量进行连续多次测量所得结果之间的一致性。( )

4. 重复性可以用测量结果的分散性定量地表示。( )

5. 复现性是指在改变了的测量条件下，同一被测量的测量结果之间的一致性。（ ）

6. 复现性又称为再现性。（ ）

7. 表征合理地赋予被测量之值的分散性，与测量结果相联系的参数称为测量不确定度。（ ）

8. 以标准偏差表示的测量不确定度称为标准不确定度。（ ）

9. 用对观测列进行统计分析的方法，来评定标准不确定度称为 B 类不确定度评定。（ ）

10. 量值溯源有时也可将其理解为量值传递的逆过程。（ ）

11. 校准的依据是检定规程或校准方法。（ ）

12. 属企业、事业单位最高计量标准对社会上实施计量监督具有公证作用。（ ）

13. 对计量标准考核的目的是确认其是否具有开展量值传递的资格。（ ）

14. 计量器具在检定周期内抽检不合格的，发给检定结果通知书。（ ）

15. 计量检定人员有伪造检定数据的，给予行政处分；构成犯罪的依法追究刑事责任。（ ）

16. 测量结果与在重复性条件下，对同一被测量进行测量所得结果的平均值之差称为随机误差。（ ）

17. 计量确认的实质是要通过校准，确定测量仪器测量能力。（ ）

18. 在误差分析中，考虑误差来源要求不遗漏、不重复。（ ）

19. 接线图和接线表在绘制中可以将同一电气元器件分解成几部分，画在不同的回路中。（ ）

20. 矢量的起始位置与横轴的夹角等于正弦交流电的初相角。（ ）

21. 图形符号“▽”表示等电位。（ ）

22. 图形符号“⎓”表示直流。（ ）

23. 图形符号“[符号]”表示 NPN 半导体三极管。（ ）

24. 检测中心没有电子式绝缘电阻表的检定资质，所以电子式绝缘电阻表不需要检定，就可在现场使用。（ ）

25. 康铜、锰铜属于良导体材料。（ ）

26. 软磁材料的磁滞回线比硬磁材料的磁滞回线宽，所以易磁化也易去磁。（ ）

27. 铸铁是具有高的导磁系数的磁性材料。（ ）

28. 仪表轴尖是采用无磁性的不易锈蚀的线材制成。（ ）

29. 电工仪表的游丝一般是用锡锌青铜制成的。（ ）

30. 直流数字电压表是多量程仪表，其基本量程的测量误差最小，输入阻抗也最小。（ ）

31. 静电系电压表不论它在接入直流还是交流电路时，几乎不消耗被测电路的能量。（ ）

32. 热电比较仪是用记忆单元来保持交直流时的等值电动势，它可以用来进行交流电压，电流、功率的测量，但不能用来检定低功率因数功率表。（ ）

33. 交流电桥是用来测量电容、电感的仪器、其供电电源是采用蓄电池。（ ）

34. 示波器的扫描速度是表征光点垂直移动的速度。(　　)

35. 三相二元件交流电能表只能用于三相对称电路,则不能用于三相完全不对称电路。(　　)

36. 一个正弦三相对称电源,已知 B 相电流为 $5\sin(\omega t-\frac{\pi}{3})$,则其 A 相电流则一定是 $5\sin(\omega t+\frac{\pi}{3})$。(　　)

37. 一个耐压为 160 V 的电容器,可以直接用在有效值为 160 V 的交流电源上。(　　)

38. 三极管的放大倍数 $\beta=\frac{I_c}{I_b}$(I_C 为集电极电流,I_b 为基极电流)是共发射极直流放大倍数。(　　)

39. 用万用表 R×1 kΩ 档估测三极管放大系数时,如果将万用表的"+"端接三极管的发射集、"−"端接用手指捏住管子的集电极与基极时,万用表表针会迅速摆动、摆动的幅度越大,说明三极管的 β 值越大。(　　)

40. 二个二进制数 11011 与 1011 相加,其和为 11111。(　　)

41. 稳压管的正常工作区是反向击空区。(　　)

42. 因检测中心没有开展信号发生器项目,所用信号发生器必须送法定检定机构进行检定。(　　)

43. 将电气设备的金属外壳和电源中线相连接,称为保护接地。(　　)

44. 计算机主存贮容量是对整个系统能够运行的软件的大小及执行任务的响应时间,影响很大的一个主要性能参数。(　　)

45. 为了延长计算机的使用寿命,在计算机关机时应先关闭插线板上的开关,然后再关闭主机箱上的电源开关。(　　)

46. 排列图是为了寻找影响质量主要原因所使用的一种方法。(　　)

47. 测量盘采用并联分路式线路的 UJ_1 型直流电位差计,因其补偿回路没有电刷,所以零电势小。(　　)

48. UJ_{24} 型电位差计是采用串联代换式线路,其电源回路的总电阻随电刷的移动是恒定的。(　　)

49. UJ_1 型直流电位差计属于并联分路式线路,它的分流盘误差是独立的。(　　)

50. 直流双臂电桥测量范围的扩大是通过将比例臂设计成各种不同的比例组合来实现的。(　　)

51. 三相二元件电能是用来测量三相四线制电路的电能的仪表。(　　)

52. 电动系元件三相有功功率表,它们内部连接线路以及在被测电路中的接法,必须符合"二表法"测量三相系统的总功率的原理。(　　)

53. 比较式数字电压表的比较器多数是采用高灵敏度的差值放大器,它是用来决定数字电压表的准确度的。(　　)

54. 在磁电系仪表中,分流器是用锰铜制做的,仪表的动圈是用铜线制成的,游丝是用磷青铜或铍青铜制成的,这种采用不同材料的目的是为了利用其电阻温度系数的不同进行温度补偿。(　　)

55. 电磁系圆线圈排斥结构仪表,其静、动铁片的相对位置是可以随意改变的。(　　)

56. 电动系功率表在实际线路中，可以采用电压线圈前接的方法，也可以采用电压线圈反接的方法。（ ）

57. 低功率因数功率表是在 $\cos\phi=1$ 的情况下刻度的。（ ）

58. 磁电系可动线圈式检流计，因它的动圈电流是采用无力矩的导流丝或张丝引入的，所以没摩擦力矩。（ ）

59. 磁电系检流计的内阻不能用万用表的欧姆档或欧姆表去测量。（ ）

60. 静电系电压表的量限扩展是采用电阻分压器来实现的。（ ）

61. 前三个测量盘内有分路盘的电位差计，一般不宜作标准电位差计使用。（ ）

62. 检定 0.05 级直流电位差计时，要求标准电池的准确度等级应≤0.05。（ ）

63. 检定 0.05 级直流电位差计，其检定环境条件要求相对湿度为(35～80)％。（ ）

64. 检定直流电桥时，由标准器、辅助设备及环境条件所引起的检定装置测量扩展不确定度应不超过被检电桥准确度等级的$\frac{1}{3}$。（ ）

65. 用整体法检定电桥时，可以用准确度等级为 0.02 级的标准电阻箱检定 0.05 级的直流电桥。（ ）

66. 直流电桥检定装置中残余电势、开关接触电阻及其变差应不超过允许误差的$\frac{1}{20}$。（ ）

67. 整体检定直流电桥时，是用标准电阻箱的电阻，去比较被检电桥的示值，来确定电桥的误差。（ ）

68. 测量直流电桥绝缘电阻时的温、湿度应与基本误差检定时的温湿度一样。（ ）

69. 直流电阻箱检定装置中，灵敏度常数应不大于被检电阻箱等级指数的。（ ）

70. 当用一个比被检电阻箱高二个准确度等级的电阻测量仪器来测量被检电阻器时，可采用直接测量法。（ ）

71. 检定直流数字电压表的信号源应为低内阻，其输出直流电压中的交流纹波和噪声尽可能要小。（ ）

72. 检定直流数字电压表时，要求整个测量电路系统应有良好的屏蔽和接地措施，主要是为了避免电磁感应和静电感应。（ ）

73. 检定 2.0 级三相电能表时，任一相电流和相应电压间的相位差，与另一相电流和相应电压间的相位差相差不应超过 3°。（ ）

74. 电磁系仪表一般是采用在铝质实心或空心轴中心孔内压装钢质轴尖，构成轴组合件，其目的是可以减轻可动体的重量。（ ）

75. 水平使用的电式仪表，可动部分的转轴是竖直运转的，所以上轴尖磨损情况要比下轴尖磨损较为严重。（ ）

76. 用手工修磨仪表轴尖时，应使轴尖在油石上作径向摆动，才能保持磨出的圆锥角不变。（ ）

77. 一般电能表的轴承形状为球形孔。（ ）

78. 磁电系仪表的上下两只游丝，安装时，其螺旋方向是相同的。（ ）

79. 铂银合金张丝的允许焊接温度比铍青铜张丝的允许焊接温度要低。（ ）

80. 张丝式仪表中反作用力矩的大小与张丝所受的张力有关,与张丝的宽度无关。(　　)

81. 为了防止仪表张丝退火,造成不回零位,焊接张丝时应选用高温焊锡。(　　)

82. 在焊接 10 Ω 以下直流电位差计线绕电阻时,应采用银焊的焊接方式。(　　)

83. 采用银焊工艺焊接直流电位差计低阻值电阻时,应采用硼砂做焊剂。(　　)

84. 同一台直流电阻仪器在拆卸清洗后,结构完全一样的刷形开关可以互换。(　　)

85. 电动系功率表在修理过程中,测量机构内外屏幕不应增加任何铁磁物质,以免仪表在直流测量时产生剩磁。(　　)

86. 电动系仪表修理时、内外屏蔽的碰撞,会引起机械应力的变化,影响屏蔽效果。(　　)

87. 音频功率电源可以做为检定三相功率表的可调电源。(　　)

88. 稳压电源的输出阻抗越大,说明其输出电压越稳定。(　　)

89. 晶体管稳流源辅助电源中的差放配对管不配对时,会引起输出不稳定。(　　)

90. 示波器的扫描速度是光点水平移动的速度,表示示波器能观察的时间或频率的范围。(　　)

91. 示波器的主要功能是显示电信号的波形,它可以定性地测量电信号的各种参数,但不能定量地测量电信号的参数。(　　)

92. 晶体管在直流电路和交流电路中的工作状态是相同的。(　　)

93. 晶体管二极管的性能测试在静态条件下测试比在动态条件下测试更符合其实际工作状态。(　　)

94. 用于脉冲或数字电路的二极管必须测试它的开关特性。(　　)

95. 直流电位差计内附检流计,必须有电气调零装置,可以无机械调零装置。(　　)

96. 低阻直流电位差计未知端的输出电阻一般小于或等于 1 000 Ω/V。(　　)

97. 直流电位差计内附检流计灵敏度的检定应先检查其在测量回路的灵敏度,后检查其在标准回路的灵敏度。(　　)

98. 直流电桥内附指零仪灵敏度试验,是在被检电桥有效量程测量电阻的上、下限上进行的。(　　)

99. 直流电桥内附指零仪阻尼时间的测试,是在被检电桥总有效量程的电阻的测量上、下限上进行的。(　　)

100. 所有具有内附检流计的直流电位差计都必须进行零位漂移测量。(　　)

101. 对所有直流电桥的内附指零仪都应进行漂移及抖动的试验。(　　)

102. 在对交流电能表进行外部检查时,如发现字轮式计度器上的数字约有$\frac{1}{10}$高度被字窗遮盖(末位字轮和处于进位的字轮除外)则不予检定。(　　)

103. 外壳盒盖上没有接线图,没有铅封的地方的电能表,不予检定。(　　)

104. 安装式电能表在做内部检查时,如目测发现满载,轻载和相位角调整装置处在极限位置,无调整余量时,不需要加倍抽检。(　　)

105. 直流电阻箱在检定前应将其安放在检定装置所处环境中存放 12 小时以上。(　　)

106. "一表法"检定方法适用于所有三相二元件有功功率表的检定。(　　)

107. 用“二表法”测量三相三线功率时，出现有一块表反向指示的现象是正常的。(　　)

108. 用“跨相 90°”“二表法”检定三相无功功率表时，应保证 $\sin\phi=1$。(　　)

109. 在整体检定双桥时，(制造厂无规定)跨线电阻不应大于标准电阻与被检电阻之和的 $\frac{1}{5}$。(　　)

110. 直流电桥所有量程在作基本误差检定时，均需对所有测量盘带数字示值点全部检定。(　　)

111. 检定直流电流电桥量程系数比时，若标准电阻箱的准确度等级比被检电桥高 10 倍，则可只检基准值一个点。(　　)

112. 用完全平衡法测量电阻时，应保持电桥前三位数字相同，才能获得较高的测量准确度。(　　)

113. 被检直流电位差计的平均零电势应加在最后一个测量盘各示值的修正值上。(　　)

114. 直流电位差计进行绝缘电阻测量时，绝缘电阻测量仪上的读数应在施加电压后 5 min 之内进行。(　　)

115. 直流电桥绝缘电阻的检定，就是用绝缘电阻表对其进行绝缘电阻的测量，若其绝缘电阻≥100 MΩ，则可认为电桥的绝缘电阻满足要求。(　　)

116. 新生产和修理后的电能表应进行工频耐压试验。(　　)

117. 电能表在做工频耐压试验中，如出现电晕现象，则说明该表的绝缘已被击穿。(　　)

118. 对三相四线电能表的起动功率应等于线电压与允许起动电流乘积的 3 倍。(　　)

119. 经互感器接入式的电能表，在周期检定做潜动试验时，电流回路可连成通路而不通负载电流。(　　)

120. 直流数字电压表串模干扰抑制比的测试，一般应在最小量程上进行。(　　)

121. 对额定电压≤100 V 的直流数字电压表的绝缘电阻进行测试时，兆欧表所加试验电压应大于 100 V。(　　)

122. 直流数字电压表绝缘电阻的测试是测量电源输入端和仪表输入端之间的绝缘电阻。(　　)

123. 在磁电系张丝仪表的调修中，适当放松张丝的张力可以提高其表头灵敏度。(　　)

124. 电动系仪表轴承凹孔中有污物会使仪表产生零位变位故障。(　　)

125. 电动系仪表出现指针抖动时，更换游丝是为了增减反作用力矩，消除频率谐振。(　　)

126. 电动系仪表屏蔽罩有剩磁会使仪表倾斜误差变大。(　　)

127. 电动系仪表轴承与轴尖间隙过大会造成仪表倾斜误差增大。(　　)

128. 电动系仪表调修时，有一个固定线圈装反会使仪表通电后向反方向偏转。(　　)

129. 电动系仪表分流器短路会使仪表出现在通以额定电流后、偏转角很小现象。(　　)

130. 电动系仪表的游丝扭绞或碰圈会造成仪表通电后指针反向偏转。(　　)

131. 电磁系 T_{24} 型仪表附加电阻值变化会造成仪表直流变差增大。(　　)

132. T_{24} 型仪表因使用频率中有谐振，使交流误差变大时，应适当减轻指针重量。(　　)

133. 绝缘电阻表电流回路电阻值增大后,将使仪表在额定电压下短路“E”“L”接线柱时,仪表指针超出“0”位。( )

134. 绝缘电阻表电压回路电阻增大后,将使仪表在额定电压下断开“E”、“L”端时,指针指不到“∞”位置。( )

135. 绝缘电阻表指针位置与线框夹角改变时会使仪表可动部分平衡不好。( )

136. 当直流电位差计步进盘座上的接触点与中心环间短路,会使其选择开关倒向“未知”时,检流计不偏转。( )

137. 直流电位差计的刷形开关及触点清洁状况不好时,会增加其零位电势和变差。( )

138. 在电阻仪器清洗过程中,如发现磨损厉害或有氧化铜时,不能用 00 号砂低清除,而应用绸布擦洗。( )

139. 如插头式电阻箱,因插孔表面粗糙导致接触不良时,应用 00 号细砂低研磨,然后用麂皮揩氧化铬抛光。( )

140. 直流单臂电桥在检定时,如出现检流计有时偏向一边,而当旋转到某一示值时,检流计又偏向另一边,则说明该示值的电阻线圈不通。( )

141. 直流单臂电桥的比例臂是由二个桥臂电阻线圈串联组成的,如果其中一个电阻线圈出现部分短路,那么在各个比例时的比值误差都是一样的。( )

142. 当交流电能表制动磁铁装配不正确时,会使电能表出现转慢现象。( )

143. 交流电能表转盘下轴承眼大或宝石倾科时,转盘转动时会出现吱吱声。( )

144. PZ_8 型直流数字电压表+18 V 电源不正常或纹波太大,会造成仪表出现显示一片模糊现象。( )

145. 直流数字电表的模—数转换部分,其晶体管元件更换时,只要型号相同即可以互换。( )

146. 直流电位差计允许基本误差公式中不包括零电势。( )

147. 电位差计测量盘增量线性误差的计算,应按测量盘每点的实际测量值来计算其误差。( )

148. 直流电位计允许基本误差公式中,在同量限下,每个盘的基准值是一样的。( )

149. 直流电桥检定数据化整时,每个测量盘一个化整倍数。( )

150. 抗干扰测试仪因公司内部不能检定,就可不检定。( )

151. 整检定电桥时,最大综合误差是以其允许误差的$\frac{1}{10}$化整的。( )

152. 直流电桥测量盘的最大综合误差是从所有测量盘中找出最大的相对误差进行计算。( )

153. 直流数字电压表记录测量数据时,一般只保留一位不可靠数字。( )

154. 直流数字电压表化整后的最后一个“0”,因与测量结果无关,可以省略。( )

155. 准确度等级为 0.2,标度尺刻度为 75 格的功率表,其实际值数据修约间隔应为 0.05。( )

156. 数据修约间隔为 0.05 的仪表,化整后的数据末位不会出现 2。( )

157. 数据修约间隔为 0.01 的仪表,化整后的数据末位不会出现 5。( )

158.3级交流三相无功电能表的相对误差的末位数，应化整为化整间距为0.2的整数倍。(　　)

159.2级交流三相无功电能表的相对误差的末位数，应化整为间距为0.1的整数倍。(　　)

160. 原始记录应记录有关任何调整和修理前、后的检定结果。(　　)

161. 只要直流电位差计各测量盘每点的实际误差小于或等于各盘每点的允许基本误差，即可判断该电位差计合格。(　　)

162. 如果被检电位差计示值中某一点的检定结果超过该点的允许基本误差值，则可以直接判定其不合格。(　　)

163. 直流电桥在检定中，如果桥臂中某一电阻的误差大于允许值，则可直接判断该电桥不合格。(　　)

164. 在直流电桥检定中、如果各桥臂电阻的检定值的实际误差不超过允许值，则该电桥必定合格。(　　)

165. 对最大基本误差和最大升降变差都不大于仪表准确度的电流表，就可以判定为合格。(　　)

166. 扩展不确定度是标准不确定度与覆盖因子的乘积。(　　)

167. 如一标准装置中两个彼此相关的标准不确定度分量分别为0.003 V和0.006 V，则其合成标准不确定度为6.7×10^{-3}V。(　　)

168. 测量结果表达式为$Y=3.00-0.17\pm0.03$(V)，($k=3$)时，若实际值按3 V使用时，则对应的扩展不确定度为0.2 V。(　　)

169. 仪表轴承在非工作部分表面及棱角与倒角处，允许有深度及宽度不大于0.1 mm的缺口。(　　)

170. 仪表的游丝只要内外圈圈距相等，即可保证仪表准确度。(　　)

171. 倾斜影响及阻尼是与仪表的可动部分的零件有关，所以当修理了可动部分或阻尼器时，除了对周期检定项目进行检定外，还应做位置影响和阻尼检定。(　　)

172. 修理后的绝缘电阻表在进行测量电路与外壳之间绝缘强度试验时，应使测量电路与外壳相接。(　　)

173. 直流电阻仪器全部检定项目检定合格后、即可出具检定证书并定级。(　　)

174. 绝缘电阻表检定后应加检定标记。(　　)

175. 所有的计量检测设备都需要有封印。(　　)

176. 准确度等级为0.5级的功率表，其检定周期为2年。(　　)

177. 检定合格印应字迹清楚。(　　)

178. 测量有时也称计量。(　　)

179. 准确度是一个定性的概念。(　　)

180. 检定结论是要确定该计量器具是否准确。(　　)

181. 准确度是计量器具的基本特征之一。(　　)

182. 校准的依据是检定规程或校准方法。(　　)

183. 实行统一立法、集中管理的原则是我国计量法的特点之一。(　　)

184. 无计量检定证件的，不得从事计量检定工作。(　　)

185. 仪表游丝粘圈时,可用酒精或汽油进行清洗。(　　)

186. 法定计量单位是由国家法律承认的一种计量单位。(　　)

187. 国际单位制是在公制基础上发展起来的单位制。(　　)

188. 系统误差大抵来源于影响量。(　　)

189. 测量仪器的引用误差是测量仪器的误差除以仪器的特定值。(　　)

190. 计量器具的最大误差可以用引用误差的方式表征。(　　)

191. 接线图按国标图形符号表示电气元器件,但同一符号不得分开画。(　　)

192. 空气、变压器油属于绝缘材料。(　　)

193. 铁氧体和玻莫合金可用来制造电气设备的铁芯。(　　)

194. 电碳材料是一种特殊的导电材料,可用来制造电气设备的铁芯,构成磁场的通路。(　　)

195. 仪表的轴尖应采用无磁性、不易锈蚀的材料来制作。(　　)

196. 电磁仪表的轴尖应采用高磁性、不易锈蚀的材料制作。(　　)

197. 计算机和微软的办公软件一起就可完成自动化检定。(　　)

198. 无磁性漆包铜线可用来绕制电工仪表的动圈。(　　)

五、简 答 题

1. 静电电压表在使用中,为什么仪表的一个端钮应与屏蔽线连接并接地?

2. 如何用万用表的电阻档判别三极管管脚的极性及三极管型号?

3. 何谓保护接地?其接地电阻是如何规定的?

4. 直流数字电压表的主要结构是什么?

5. 简述外附分流器为什么要做成四端子式的原因。

6. 绝缘电阻表结构中圆柱形铁芯缺口的作用是什么?

7. 在检定直流电桥过程中,对通过其的电流是如何规定的?

8. 简述按元件检定电桥的工作原理及其适用范围。

9. 简述电桥整体检定法的工作原理并说明其适用范围。

10. 整体检定电阻箱的方法有哪几种?

11. 检定 2.0 级三相电能表时,对其三项电压电流的对称条件要求是什么?

12. 检定规程规定,用比较法检定 2 级电能表时,要适当选择被检表转数和标准电流互感器量程,使读数盘的最小分格值为 0.01 转的标准电能表的转数 n_0 不少于 2 转,试简述其理由。

13. 检定规程规定,用“定圈测时”的瓦秒法检定电能表时,标定时间 t 对 2 级和 3 级表应不少于 50 s,试简述其理由。

14. 安装式电能表作潜动试验时,电流线路无负载电流,而电压线路要分别加 80%和 110%额定电压,试简述其理由。

15. 简述用手工磨修仪表轴尖的方法。

16. 简述仪表轴尖磨修后锥面抛光的方法。

17. 简述 C4 型电表轴尖的更换方法。

18. 简述绝缘电阻表在未拆卸大小铝框前,拆卸线圈应注意的问题。

19. 简述电能表制动磁铁充磁后进行人工老化的方法。

20. 简述三相二元件电能表补偿力矩的调整方法。

21. 简述三相三元件电能表相位角的调整方法。

22. 音频功率电源主要是由哪些部分组成?

23. 简述示波器的日常维护方法。

24. 整流二极管和小信号二极管在做基本测试中应进行哪几个性能的测试?

25. 直流电位差计的名牌或外壳上应有哪些标志和符号?

26. 直流电阻箱面板或机壳上应有哪些主有标志和符号?

27. 直流电桥的铭牌或外壳上应有哪些主有标志和符号?

28. 简述用万用表欧姆挡定性检查直流电位差计工作电源回路有无故障的方法。

29. 简述直流电位差计内附检流计在测量回路的灵敏度测量条件是什么。

30. 简述直流电桥内附指零仪灵敏度的试验方法。

31. 试述直流电桥内附指零仪阻尼时间的试验方法。

32. 何为直流电桥的有效量程?

33. 何为直流电桥的总有效量程?

34. 简述直流电桥内附电子放大式指零仪零位漂移的测试方法。

35. 对直流数字电压表的外观应进行哪些项目的检查?

36. 分别说明下列电能表型号的含义是什么:DT、DD、DX、DS。

37. 简述"一表法"检定三相二元件有功功率表的方法。

38. 简述单相有功功率表额定功率因数 $\cos\phi=1$ 的调整方法。

39. 简述用"二表法"检定三相二元件有功功率表额定功率因数 $\cos\phi=1$ 的调整方法。

40. 简述用跨相 90°二表法检定三相二元无功功率表额定功率因数 $\sin\phi=1$ 的调整方法。

41. 简述用人工中性点法检定具有人工中性点的三相无功功率表的功率因数 $\sin\phi=1$ 的调整方法。

42. 用整体检定法检定直流电桥时,全检量程的确定原则是什么?

43. 整体检定直流单臂电桥时应注意哪些问题?

44. 简述直流电桥量程系数比的检定方法。

45. 对于 0.05 级及以下的不给出数据的直流电桥,在对其他量程检定时,应如何检定?

46. 简述用标准电桥检定 0.1 级以下电阻箱的方法和检定步骤。

47. 在用电桥法测量电阻时,往往将电源正反二次测量,取二次测量结果和平均值作为最后结果,为什么?

48. 简述直流数字电压表检定点的选取原则是什么。

49. 简述直流电位差计零电势的检定方法。

50. 什么是直流电位差计的增量线性度?

51. 简述电桥绝缘电阻对整体误差影响的试验方法。

52. 如发现电磁式 T_{24} 型仪表的铁片脱胶松动位移时,应如何处理?

53. 如直流电位差计工作电流调节电位器接触不良,会造成在调节工作电流电位器时,检流计指针有跳动现象,如何排除此故障?

54. 简述多量限直流电位差计示值基本误差的测定方法。

55. 如果直流电位差计温度补偿盘某示值对于参考值(1.018 60 V)的误差超过 1/10 时,应如何处理?

56. 如何计算直流电位差计的综合误差?

57. 试写出整体检定电桥时,最大综合误差的计算公式,并注明符号意义。

58. 在对整体检定电桥的数据进行综合误差计算时,怎样挑选被检电桥量程系数比中的最大正、负相对误差?

59. 试述直流电阻箱检定数据的化整原则是什么。

60. 简述直流数字电压表数据化整原则。

61. 写出直流数字电压表绝对误差和相对误差的表达式。

62. 试述电流、电压、功率表基本误差,升降变差的数据修约法则是什么。

63. 原始记录有哪两大类,其内容是什么?

64. 如何判断直流电位差计基本误差是否合格?

65. 为什么直流电桥应以综合误差是否合格作为判断电桥是否合格的依据?

66. 一块准确度为 0.2 级直流电压表,经检定后,其最大基本误差为 -0.205%,试问该表是否合格(假设其他项均合格)? 为什么?

67. 一测量结果为 $Y=3.00+0.31\pm0.45(\mathrm{V})$,$(k=3)$,试说明其表达式的含义。

68. 简述修理后电工仪表轴尖的质量检查方法。

69. 一块工作用功率表,对其测量机构进行修理后,应做哪些项目的检定?

70. 如何检查修后电能表电流元件铁芯的装配位置是否正确? 怎样解决?

六、综 合 题

1. 画图说明为什么将被测电阻按四端钮按线进行改进的特殊直流单臂电桥线路,就可以一定程度地消除被测电阻的引线,电阻所引起的附加误差?

2. 试画出三相三线制有功电能表的线路图,并说明每组元件上所施加的电量是什么。

3. 试分析图 1 中温度补偿线路的补偿原理,已知 R_1 和 R_3 为锰铜电阻,R_2 为铜电阻,R_0 为可动部分电阻(包括游丝电阻)。

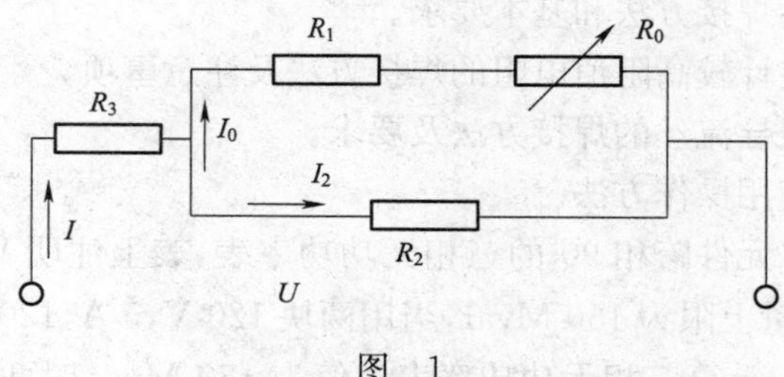

图 1

4. 图 2 为电磁式双量限电压表的原理线路图,试分析图示线路是怎样实现量限转换的,并分别画出每个量限的线路图。

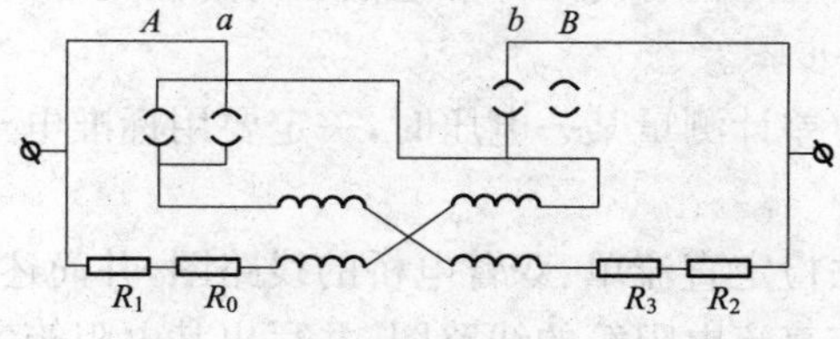

图 2

5. 图 3 是一电动系电流表的线路图，试分析其线路工作特点是什么？

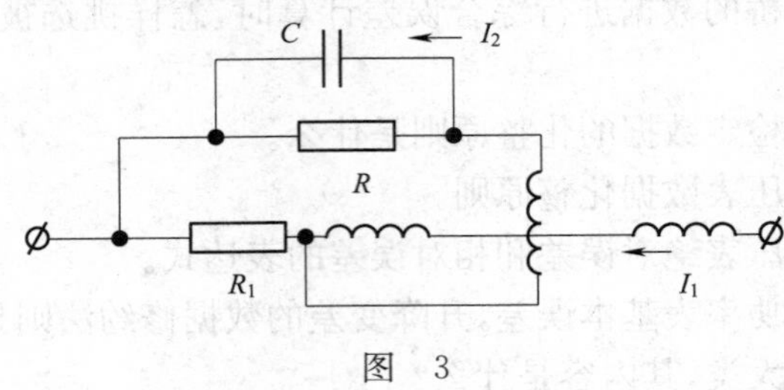

图 3

6. 图 4 是一功率表的实际接线图和其向量图，试分析其工作情况。

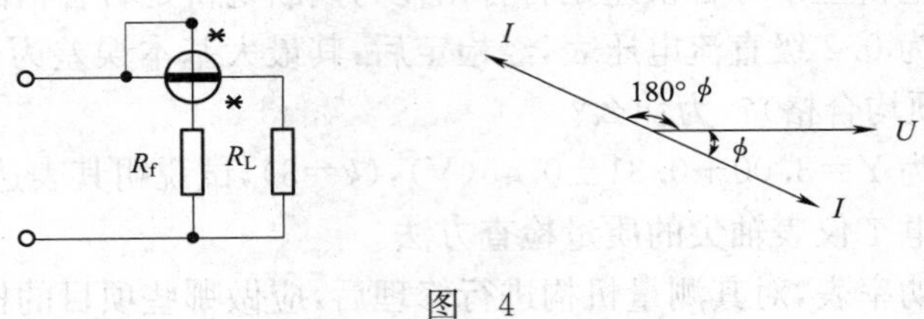

图 4

7. 试画出用直接比较法检定直流数字电压表的线路图，并简述其检定方法（标准表与被检表量程一致）。

8. 用直接比较法检定直流数字电压表时，如果标准表不满足被检表的量程时，应如何检定其示值误差？画图说明。

9. 检定规程对检定安装式 2.0 级三相交流电能表的基本误差允许偏差是如何规定的？

10. 检定规程对检定安装式 2.0 级三相交流电能表的各种影响量允许偏差是如何规定的？

11. 试述仪表游丝的焊接方法和基本要求。

12. 试述直流电位差计较高阻值电阻的焊接方法及注意事项。

13. 试述绝缘电阻表导流丝的焊接方法及要求。

14. 试述示波器的使用操作方法。

15. 有一块 2.5 级二元件跨相 90°的三相无功功率表，表上注明 $V_1/V_2=110$ kV/100 V，$I_1/I_2=1\ 000$ A/5 A，测量上限为 150 Mvar，当用两块 120 V，5 A，120 分格的单相有功功率表做标准表进行检定时，(1)计算三相无功功率表示值为 150 Mvar 时两只单相有功功率表的读数之和为多少格，和多少 W？(2)示两只单相功率表读数之和的允许误差为多少格？

16. 绘图说明两表跨相 90°检定二元件三相无功功率表的线路及计算公式。

17. 画出用直接比较法检定具有内附标准电池和内附检流计的直流电位差计示值基本误差的线路图，并说明其检定步骤。

18. 为什么用直流电位差计测量某一电压时，一定要用标准电池，而检定直流电位差计时可以不用？

19. 画出用整体检定法检定直流单、双臂电桥的线路图，并简述其检定步骤。

20. 画出用替代法检定直流电阻箱的线路图，并写出其电阻箱实际值的计算公式。

21. 为什么用 0.02 级的电桥可以检定 0.01 级的标准电阻器？

22. 为使感应系交流电能表准确度和性能稳定,在表内设置了哪些调节装置,对这些装置有哪些要求?

23. 试述直流电阻箱接触电阻变差的测量方法。

24. 试画出绝缘电阻表通电调平衡线路图,并说明其调整步骤。

25. 准确度等级为 0.05 级的直流电位差计,量程为×10 挡,第Ⅰ盘为 16×1 mV,第Ⅱ盘为 10×0.1 mV,第Ⅲ盘为 10×0.01 mV,经检定,第Ⅰ盘第 1 点的修正值为+3.5μV,第 2 点的修正值为+5.5μV,第Ⅱ盘第 10 点的修正值为+1.7μV,试计算其增量线性,并判断是否合格。

26. 已知某电位差计全检量程(×1)和(×0.1)量程第一盘检定数据如表 1。(为节省篇幅,共列出 4 个点的数据),求×0.1 量程的量程系数实际值。

表 1

示值(mV)	0	10	15	20
×1 量程更正值(μV)	−0.30	−0.65	−1.05	−1.60
×0.1 量程更正值(μV)	−0.02	−0.08	−0.18	−0.20

27. 有一台 UJ_{31} 型直流电位差计,准确度等级为 0.05 级,温度补偿盘步进值为 100μV,温度补偿盘增加一个读数(100μV),检流计偏转 50 格,当 UJ_{31} 的温度补偿盘的各示值逐一与标准电位差计的温度补偿盘直接比较时,检流计的最大偏转格为 5 格,试问这台电位差计的温度补偿盘是否合格?

28. 一台准确度等级为 0.05 的直流电位差计的检定数据如表 2 所示,试对其进行数据处理,并判断该电位差计是否合格。

表 2

示值	Ⅰ		Ⅱ		Ⅲ		Ⅳ		Ⅴ		Ⅵ	
	读数(μV)	化整(μV)	读数(μV)	化整(μV)	读数(μV)	化整(μV)	读数(μV)	化整(μV)	读数(μV)	化整(μV)	读数(μV)	化整(μV)
1	0.22	0.2	0.04	0.05	0.00	0.00	0.01	0.00	0.01	0.00	0.00	0.00
2	0.50	0.5	0.10	0.10	0.01	0.00	0.01	0.00	0.02	0.00	0.01	0.01
3	0.78	0.8	0.14	0.15	0.02	0.00	0.01	0.00	0.02	0.00	0.00	0.00
4	1.02	1.0	0.19	0.20	0.02	0.00	0.02	0.00	0.01	0.00	0.02	0.02
5	1.28	1.3	0.32	0.30	0.02	0.00	0.02	0.00	0.03	0.05	0.01	0.01
6	1.45	1.4	0.36	0.35	0.03	0.05	0.02	0.00	0.05	0.05	0.03	0.03
7	1.66	1.7	0.32	0.30	0.03	0.05	0.03	0.05	0.03	0.05	0.03	0.03
8	1.88	1.9	−0.56	−0.55	0.04	0.05	0.04	0.05	0.04	0.05	0.04	0.04
9	2.31	2.3	−0.47	−0.45	0.04	0.05	0.03	0.05	0.03	0.05	0.03	0.03
10	2.44	2.4	−0.45	−0.45	0.04	0.05	0.02	0.00	0.05	0.05	0.04	0.04

29. 已知有一台 0.2 级直流单臂电桥,整体检定结果如表 3,表 4 所示,试求出电桥最大正负相对误差,并判断是否合格。(量程×1 为全检量程,第Ⅱ盘以后数据略)

表　3

示值	Ⅰ盘电阻实际值(Ω)	相对误差(%)
1 000	999.7	
2 000	1 999.3	
3 000	2 999.4	
4 000	4 000.9	
5 000	5 001.3	
6 000	6 001.1	
7 000	7 006.0	
8 000	8 008.0	
9 000	9 000.7	
10 000	9 988.0	

表　4

示值	实际值	相对误差(%)
×100	100.08	
×10	9.991	
×0.1	0.099 93	
×0.01	0.010 01	

30. 已知整体检定 0.2 级双电桥的检定结果如表 5、表 6,(测量盘为全检量程×1 时数据),判断其是否合格。

表　5

标准电阻箱值(Ω)	0.01	0.02	0.03	0.04	0.05
电桥测量盘示值(Ω)	0.010 00	0.020 00	0.029 98	0.039 98	0.049 94
标准电阻箱值(Ω)	0.06	0.07	0.08	0.09	0.10
电桥测量盘示值(Ω)	0.059 94	0.069 98	0.800 4	0.090 10	0.100 1

表　6

量程系数	×100	×10	×0.1	×0.01
标准电阻(Ω)	10	1	0.01	0.001
电桥测量盘示值(Ω)	0.100 06	0.100 04	0.100 02	0.100 0

31. 一台准确度为 0.02 级电阻箱×10^3 Ω 盘的检定数据如下表 7,试进行数据化整,并判断其是否合格。(零电阻测得值为 0.009 81 Ω,0.009 72 Ω,0.009 63 Ω)

表　7

示值(Ω)	1 000	2 000	3 000	4 000	5 000	6 000	7 000	8 000	9 000	10 000
实际值(Ω)	1 000.211	2 000.235	3 000.240	4 000.275	5 000.260	6 000.353	7 000.251	8 000.149	9 000.112	10 000.120
化整(Ω)										

32. 一台由四个测量盘组成的直流电阻箱，准确度等级为 0.1，其接触电阻变差测量数据如下表 8，最小步进值为 1 Ω，试计算其接触电阻变差，并判断是否合格。

表 8

M_0	1.008 6	1.008 6	1.008 7
M_1	1.008 9	1.009 0	1.008 9
M_2	1.009 0	1.008 8	1.008 8
M_3	1.009 0	1.008 9	1.008 9
M_4	1.008 9	1.008 7	1.009 0

33. 一台直流数字电压表，其满度值为 1 V，与满度值有关的误差系数为 0.01，与读数值有关的误差系数为 0.01，求用该直流数字电压表测量 1 V 和 0.1 V 输入电压信号时，其绝对误差和相对误差为多少？

34. 用标准表法检定 2 级单相有功电能表，能检表为 220 V，2(4)A，常数为 3 000 r/kWh，试问：要检定 I_{max}时，电流互感器应选多大变比，若被检表 N 选 10r 时，$n_1=7.57$r，$n_2=7.59$r，求该点被检表的误差为多少？

35. 试分析磁电系多量程电流表各量程误差率一致，且均为正误差或负误差的原因及消除方法。

电器计量工(高级工)答案

一、填 空 题

1. 溯源性　2. 连续多次　3. 测量结果之间　4. 协方差
5. 赋予　6. 合成标准不确定度　7. A类评定　8. 统计分析
9. 准确可靠　10. 自愿溯源　11. 示值误差
12. 法定计量检定机构　13. 最高准则　14. 主管部门同级
15. 计量检定证件　16. 注销　17. 检定结果通知书　18. 法令
19. SI　20. SI词头　21. m　22. 弧度
23. 弧长与半径　24. 方法误差　25. 系统误差　26. 无限多次
27. 必要　28. 程序　29. 计量监督　30. 检定
31. 进行控制　32. 一组操作　33. $k=2$　34. 电路图
35. 操作和维修　36. 分解成为几部分　37. 长度　38. 逆时针
39. 发光二极管　40. $\stackrel{\sim}{---}$　41. 保护接地　42. 方向
43. 内阻　44. 高电压　45. 热电变换器　46. 相位平衡
47. 音频电源　48. 波形　49. 完全不对称　50. 电压与电流
51. 流比计　52. 120°　53. 电压变化率　54. 电流阻碍
55. 减小涡流　56. 截止状态　57. 共基极电路　58. 估算法
59. “非门”　60. 11111　61. 负载电流　62. 反向击穿
63. VS　64. 系统软件　65. 应用软件　66. 工作质量
67. 方法　68. 原因　69. 端钮接触电阻　70. 指零仪
71. 多点刷形　72. 三元件三盘式　73. 铁芯　74. 模拟
75. 测量速度　76. 串并联补偿　77. 铜线　78. 磁滞
79. 改善频率特性　80. 相反　81. 并联补偿电容　82. 扭转变形
83. 电介质　84. 交流正弦　85. 内阻　86. 总电阻
87. 垂直　88. 500 V±10%　89. 小于　90. 工作电流
91. 0.005　92. (20±2)℃　93. 对检法　94. 对检法
95. 允许基本误差　96. 整体　97. 量程变换器比值　98. (20±2)℃
99. $\frac{1}{10}$　100. 1/3　101. 数字表法　102. 数字电压表法
103. $\frac{1}{3}\sim\frac{1}{5}$　104. 直接比较法　105. 串模　106. 平均值
107. 摩擦　108. 单方向　109. 刚玉　110. 硬木衬垫

111. 弹片形变　112. 银铜合金　113. 换位　114. 铆紧钢珠
115. 相对位置　116. 稳定性　117. 负载电流　118. 越好
119. 显示器　120. 绝缘电阻　121. 参考地　122. 正反向电阻
123. 漏电电流　124. 软磁　125. 短接　126. 高阻
127. 标准　128. 电阻表　129. 2 mm　130. 1 mm
131. 总有效　132. 抖动　133. 通电　134. 加倍抽检
135. 代数和　136. "跨相 90°二表法"　137. 偏转角最大
138. 三相系统完全对称　139. 三相系统完全对称
140. 相等　141. 最后一个　142. 量程系数比　143. 被检电桥
144. 量程系数比　145. 3～5 个　146. ±1.0%　147. 后两盘
148. 零电势　149. 平均值　150. 500 V　151. 接触电阻
152. 对称　153. 最小量程　154. 基本　155. 降低
156. 上下宝石轴承孔　157. 固有频率　158. 通电不偏转　159. 接反
160. 变大　161. 无指示　162. 交流　163. 超出
164. 平衡不好　165. 调定电阻　166. 局部磨损　167. 前后对换
168. 清洗涂油　169. 接触不好　170. 铜短路环　171. $\frac{1}{3}\sim\frac{1}{2}$
172. 反潜动　173. 鉴别　174. 互换电路板　175. 偶数法则
176. 2.06μV　177. 全检量限　178. 1.018 60 V　179. 第一
180. 第一、二　181. 第Ⅰ个测量盘　182. 少一位　183. $\frac{1}{5}\sim\frac{1}{3}$
184. ±0.06%　185. +0.015 格　186. 二位　187. 5 的整数倍
188. 0.01　189. 整数倍　190. 系统误差　191. 溯源
192. 履行一定的手续　193. 综合误差　194. 化整　195. 全部检定
196. 合成标准　197. $\frac{1}{3}$　198. 垂直

二、单项选择题

1. B　2. A　3. D　4. B　5. D　6. D　7. D　8. D　9. B
10. C　11. D　12. C　13. B　14. A　15. D　16. D　17. B　18. C
19. B　20. C　21. D　22. C　23. C　24. D　25. B　26. B　27. C
28. C　29. A　30. B　31. D　32. D　33. A　34. B　35. C　36. B
37. B　38. B　39. C　40. B　41. B　42. A　43. B　44. C　45. D
46. B　47. B　48. B　49. A　50. C　51. C　52. B　53. C　54. C
55. A　56. C　57. B　58. B　59. C　60. B　61. D　62. C　63. B
64. C　65. B　66. C　67. A　68. B　69. D　70. D　71. D　72. D
73. A　74. C　75. D　76. D　77. D　78. C　79. A　80. A　81. D
82. A　83. C　84. B　85. C　86. B　87. C　88. C　89. D　90. B
91. A　92. A　93. C　94. B　95. B　96. B　97. A　98. D　99. A
100. A　101. C　102. A　103. B　104. D　105. C　106. D　107. A　108. C

109. A　110. B　111. C　112. C　113. C　114. C　115. C　116. A　117. C
118. D　119. B　120. C　121. C　122. C　123. C　124. C　125. A　126. D
127. B　128. A　129. C　130. A　131. D　132. B　133. C　134. D　135. D
136. C　137. C　138. B　139. C　140. A　141. C　142. B　143. D　144. B
145. C　146. C　147. C　148. C　149. C　150. A　151. B　152. B　153. A
154. D　155. C　156. C　157. D　158. D　159. C　160. D　161. D　162. C
163. B　164. C　165. D　166. C　167. D　168. C　169. B　170. C　171. B
172. C　173. A　174. C　175. C　176. A　177. C　178. B　179. B　180. B
181. D　182. B　183. D　184. C　185. B　186. C　187. B　188. B　189. A
190. B　191. B　192. A　193. B　194. B　195. C　196. B　197. C　198. B

三、多项选择题

1. ABC　2. AB　3. ABC　4. BC　5. ABC　6. AC　7. BCD
8. AD　9. BC　10. CD　11. ABC　12. AC　13. ABD　14. CD
15. ABD　16. BCD　17. AD　18. BD　19. AC　20. ABC　21. CD
22. ABC　23. ABCD　24. BC　25. CD　26. ABCD　27. BC　28. AC
29. BCD　30. ABC　31. ABC　32. BCD　33. AB　34. ABD　35. AB
36. AB　37. ABCD　38. AB　39. ABCD　40. BCD　41. ABC　42. ABC
43. ABCD　44. BC　45. AC　46. ABD　47. AB　48. ABCD　49. ABD
50. ABC　51. BCD　52. ABCD　53. AB　54. BC　55. AB　56. BCD
57. AC　58. CD　59. ABCD　60. AD　61. CD　62. AC　63. ABD
64. AC　65. BCD　66. AC　67. ABCD　68. ABC　69. ABCD　70. ABCD
71. CD　72. ABCD　73. BCD　74. ABCD　75. AB　76. ABCD　77. AB
78. ABCD　79. AB　80. BC　81. ABCD　82. ABCD　83. ABCD　84. ACD
85. ABC　86. ABCD　87. ABCD　88. ABCD　89. ABCD　90. ABC　91. ABCD
92. BD　93. ABCD　94. ABCD　95. ABD　96. BC　97. ABCD　98. ABC
99. BCD　100. ABCD　101. ACD　102. ABD　103. CD　104. ABD　105. ABCD
106. CD　107. AB　108. ABC　109. ABC　110. ABC　111. BCD　112. BC
113. BD　114. ABC　115. BC　116. ACD　117. ABC　118. ABCD　119. BCD
120. AD　121. CD　122. AD　123. BC　124. ACD　125. AC　126. BC
127. ABD　128. AB　129. ACD　130. ABD　131. ABC　132. BD　133. ACD
134. ACD　135. ABD　136. ABC　137. ABC　138. ACD　139. ABD　140. ABC
141. ABCD　142. AC　143. ABD　144. CD　145. BD　146. BD　147. BC
148. AC　149. AD　150. AC　151. ABC　152. AB　153. AC　154. ABC
155. BCD　156. AB　157. ABD　158. ABC　159. AB　160. AD　161. BCD
162. BCD　163. BD　164. AB　165. ABD　166. ABC　167. ABD　168. ABCD
169. ABCD　170. BCD　171. AC　172. BC　173. ABCD　174. BC　175. ACD
176. BCD　177. ABC　178. AB　179. BD　180. AC　181. ABC　182. ABCD
183. BD　184. AB　185. ABC　186. ABCD　187. AB　188. BC　189. BCD

190. ABCD 191. AD 192. BCD 193. ABCD 194. AC

四、判断题

1. √	2. ×	3. √	4. √	5. √	6. √	7. √	8. √	9. ×
10. √	11. ×	12. ×	13. √	14. ×	15. √	16. ×	17. √	18. √
19. ×	20. √	21. √	22. √	23. ×	24. ×	25. ×	26. ×	27. √
28. √	29. √	30. ×	31. √	32. ×	33. ×	34. ×	35. ×	36. √
37. ×	38. √	39. √	40. ×	41. √	42. √	43. ×	44. √	45. ×
46. √	47. ×	48. √	49. ×	50. √	51. ×	52. √	53. ×	54. √
55. ×	56. ×	57. ×	58. √	59. √	60. ×	61. √	62. ×	63. ×
64. √	65. ×	66. √	67. √	68. ×	69. ×	70. √	71. √	72. ×
73. √	74. √	75. ×	76. ×	77. √	78. ×	79. ×	80. ×	81. √
82. √	83. √	84. ×	85. √	86. √	87. ×	88. ×	89. ×	90. √
91. ×	92. ×	93. ×	94. √	95. ×	96. ×	97. √	98. ×	99. ×
100. ×	101. ×	102. ×	103. √	104. ×	105. ×	106. ×	107. √	108. √
109. √	110. ×	111. √	112. √	113. √	114. ×	115. ×	116. √	117. ×
118. ×	119. √	120. √	121. √	122. ×	123. √	124. √	125. √	126. ×
127. √	128. ×	129. √	130. ×	131. ×	132. ×	133. ×	134. √	135. √
136. ×	137. √	138. ×	139. √	140. √	141. ×	142. √	143. √	144. √
145. ×	146. ×	147. ×	148. √	149. √	150. ×	151. ×	152. ×	153. √
154. ×	155. ×	156. √	157. ×	158. √	159. ×	160. ×	161. ×	162. √
163. ×	164. √	165. ×	166. ×	167. √	168. √	169. ×	170. ×	171. ×
172. ×	173. √	174. ×	175. ×	176. ×	177. ×	178. ×	179. √	180. ×
181. √	182. ×	183. ×	184. ×	185. √	186. ×	187. ×	188. √	189. √
190. √	191. √	192. √	193. √	194. ×	195. √	196. ×	197. ×	198. √

五、简答题

1. 答:因为影响静电电压表误差的最主要因素是外电场的变化(3 分),所以这种仪表必须带有静电屏蔽(1 分),在某些固定式仪表中,金属外壳本身就起这个作用(1 分)。

2. 答:用万用表的 RX100 Ω 或 RX1 kΩ 挡分别测量各管脚间的电阻(1 分),必有一只管脚与其他两脚阻值相近,那么这只脚就是基极(1 分),然后以红表笔(+)接基极(1 分),如果测得与其他两只管脚电阻都小,则此管是 PNP 型管(1 分),反之是 NPN 型管,确定基极后,分别测量基极对另外两管脚电阻,阻值较小的那个是集电极(1 分),另一个就是发射极。

3. 答:将电气设备的金属外壳用导线同接地线可靠连接起来(3 分),称为保护接地。这种接地要求接地极的接地电阻<4 Ω(2 分)。

4. 答:主要由模拟部分(1 分),显示部分(1 分),主电源,风扇,恒温槽,控制部分(2 分)和信息输出部分(1 分)组成。

5. 答:外附分流器有二个电流端钮和二个电压端钮(1 分)。电流端钮接入被测回路用(1 分),电压端钮接入仪表用(1 分),这样接线,外电路接触电阻的影响不会进入测量机构,可以消除接触电阻对分流系数的影响(2 分)。

6. 答:绝缘电阻表的结构中有两个动圈。其中一个动圈只有一个工作边,是用来产生反作用力矩的(1 分)。这个反作用力矩是由电磁力来产生的,由于转矩和反作用力矩都由电磁力来产生(1 分),所以要求这两个转矩都要随偏转角而改变(1 分),这就要求气隙内的磁场是不均匀的(1 分),所以要求圆柱形铁芯有缺口,主要用来产生不均匀磁场(1 分)。

7. 答:在检定电桥过程中,流过标准器及被检电桥的电流不应超过它们的允许值(2 分)。如果对此没有规定时,则不应超过相当于 0.05 W 功率的电流(1 分),最大不得大于 0.5 A(2 分)。

8. 答:按元件检定电桥是用同标称值标准电阻器与被检电桥元件电阻进行比较(1 分),用替代法(1 分),以标准电阻器的实际值测定被检桥臂元件电阻(1 分),它可分为单个元件检定和多个元件检定(测量电阻元件的累进值)(1 分),此方法适用于 0.05 级以上电桥检定时由于缺少标准电阻箱而采用元件检定(1 分)。

9. 答:整体检定是用标准电阻箱接至被检电桥未知端(1 分),以标准电阻箱的实际值确定被检电桥的示值误差(2 分),只要具有足够高准确度的标准电阻箱都可以采用整体检定(2 分)。

10. 答:整体检定电阻箱的方法有直接测量法(2 分),同标称值替代法(2 分)和数字表(1 分)三种。

11. 答:每一相(线)电压对三相(线)电压平均值相差不得超过±1.0%(2 分),每相电流对各相电流的平均值相差不超过±1.0%(2 分),任一相电流和相应电压间的相位差,与另一相电流和相应电压间的相位差相差不应超过 3°(1 分)。

12. 答:对于读数盘最小分格为 0.01 转的标准电能表,检定员最大的可能读数误差为 1/4 分格(1 分),当满足 $n_0 \geq 2$ 转的要求时,则读数误差可以减少至 $r=1/4\times0.01/2\times100\%=0.125\%$(2 分),大约为 2 级表基本误差的 1/16(2 分),可忽略不计。

13. 答:这是针对用"手动方法控制计时"检定电能表而规定的(1 分),目的是把检定人员手控制计时带来的测量误差(2 分)减少到对 2 级表基本误差限的 1/10～1/20 之间(2 分),从而使该项误差可忽略不计。

14. 答:由于电能表并联电路上元件加工和装配上可能产生不对称(1 分),造成磁通分配和相位不对称,而产生附加潜动力矩(1 分),从而产生电压潜动现象,而且潜动的方向是正向或反向(1 分)。又因铁芯线圈的非线性等因素,潜动力矩 M 和并联电路所加电压平方成正比(1 分),而和负载电流无关,所以一只新装配好的电能表,应在 80%合 110%额定电压下分别试验(1 分),以保证电能表在电压发生波动是不至于发生潜动。

15. 答:手工磨修仪表轴尖时,应左手拿稳油石(1 分),右手握住钟表拿子(1 分),用拇指和食指旋转拿子(1 分),手臂同时摆动使轴尖在油石上作单方向摩擦转动(1 分),并且应注意轴尖锥面与油石平面全面接触(1 分)。

16. 答:先用金相砂纸(细 03～04)研磨(1 分),再用氧化铬抛光膏(绿色、特级)涂在硬牛皮上进行抛光(1 分),如轴尖顶端曲率半径太小,可延长顶端抛光时间(1 分),也可磨损一部分顶端,增大曲率半径(1 分),抛光后的轴尖用汽油清洗干净(1 分)。

17. 答:从动圈上取下轴承座,先用酒精滴在铝座底部,软化胶粘部位(1 分),再用电烙铁头的热量烘干铝座以加速胶的软化(1 分)。当轴座能移动时,将其取下,放在有孔的热铁座上,用平头铳子将旧轴承推出(1 分)。将新轴承由铝座底部孔中压入后(1 分),用凹孔铳子压边收紧(1 分)。

18. 答:应注意记下线框的相对位置与指针夹角(1 分),各线圈线头的连接点(1 分),原来线圈的线径(1 分)、绕制方向(1 分)、线圈匝数(1 分)等,在线圈修好后应按照原来位置组装。

19. 答:将电能表的磁铁放在烘箱内(1 分),在(100±5)℃温度下(1 分),加温 4~6 h(1 分),冷却后再自然老化一段时间(1 分),使金属内部结构稳定(1 分)。

20. 答:三线交流电能表的轻载补偿力矩调整是按元件进行的(1 分),对于三相二元件电能表,当调整第一元件时,只给第一元件加上额定电压,而第二元件的电压和电流均应断开(1 分),然后移动补偿力矩的调整片(1 分),用这一方法分别进行各元件的轻载调整,调整至转盘不转动(1 分),再对第二元件加电压进行合元调整(1 分)。

21. 答:对于三相三元件电能表相位角的调整,首先给第一元件加 A 相电压和电流调到额定值(1 分),其他两元件断开(不加电压和电流)(1 分),用移动器将接于 A 相的功率表调到指零位置(1 分),此时相位角位 90°($\cos\phi=0$)然后调第一元件的相位角调整装置,是转盘不能转动为止(1 分),再用同样的方法分别进行其余两元件的相位角调整(1 分)。

22. 答:主要是由直流电源(1 分)、振荡器(1 分)、移相电路(1 分)、反馈闭环电路(1 分)和功率放大器(1 分)组成。

23. 答:示波器在使用中,应保持干燥清洁(1 分),不用时应盖上防尘罩(1 分)。示波器在使用一段时间后,应用强力吹风或软毛刷除去机箱内外的灰尘(1 分)。长期不用时,应定期通电除潮(1 分),在潮湿季节,每天通电在 20 min 以上(1 分)。

24. 答:二极管是否具有在一个方向通过电流(正向电流)(1 分),而在相反方向阻止或限制电流(反向电流)的能力(1 分);是否具有对于给定的反向电压、反向电流不超过额定值的性能)(1 分);是否具有对于给定正向电流,二极管的压降不超过额定值的能力(2 分)。

25. 答:制造厂名称或商标(1 分),产品型号、出厂编号和准确度等级(2 分),有效量程及线路绝缘电压(1 分),所有端钮的极性和功能标识(1 分),封印位置。

26. 答:名称、型号、编号(1 分),测量范围、准确度等级(1 分),制造厂名称或商标(1 分),使用温度,额定功率(1 分),绝缘电压强度符号(1 分)等。

27. 答:产品名称、型号、出厂编号、制造厂名称或商标(2 分),有效量程及总有效量程(1 分),各有效量程的准确度等级(1 分),试验电压,电桥上的端钮应有明显的使用标志及封印位置(1 分)。

28. 答:将万用表接在直流电位差计的“工作电源 B”的两端钮间(对高阻电位差计用 X1kΩ 挡,对低阻电位差计用 X10 挡)(2 分),依次操作极性开关(1 分),工作电流调节盘(1 分),温度补偿盘和测量盘及量限开关(1 分),观察有无明显的不正常现象。

29. 答:电源电压为额定工作电压(1 分),测量盘的示值处于上限(2 分),被测端钮的外接电阻等于电位差计测量回路的输出电阻(2 分)。

30. 答:应在被检电桥有效量程的测量电阻的上、下限上进行(1 分),电桥的供电电压应根据制造厂的有关规定、测量端分别接上电阻值为该电桥总有效量程上、下限的电阻(1 分),调节测量盘使电桥平衡(1 分),然后将被测电阻(或测量盘电阻)改变 $Rx\times c\%$,(1 分)(c 为被检电桥准确度等级)观察指零仪,其偏转不得小于 1 mm(1 分)。

31. 答:在被检电桥总有效量程的电阻测量上、下限(1 分)上,调节测量盘(1 分),使指零仪的指针偏转至满度(1 分),随后切断电桥供电电源(1 分),用秒表测量指针从满度回到零位线≤1 mm 时的时间(1 分)。

32. 答:对于一个给定的量程因数(2 分),电桥能以规定准确度进行测量的最低与最高电阻值之间的阻值范围称为直流电桥的有效量程(3 分)。

33. 答:使用所有量程因数(2 分)都能以规定的准确度进行测量的总电阻范围(3 分)称为直流电桥的总有效量程。

34. 答:接通电桥指零仪电源进行预热(1 分),将指零仪指针调至零位(1 分),过 10 min 后(1 分),指针的偏转不应大于 1 mm(2 分)。

35. 答:外形结构应完好(1 分),面板指示、读数机构、制造厂、仪表偏号、型号等均应有明确标记(1 分);仪器外露件是否有松动、机械损坏等,仪器附件、输入线、电源线、接地端是否齐全,开关、旋钮等是否能正常转动(1 分);仪器供电电压和频率、电源保险丝的熔断电流应符合要求(1 分),一般不得随意更换,电源插头和地线应连接正确(1 分)。

36. 答:第一个字母 D 表示电能表(1 分),第二个字母 D 表示单相(1 分);T 表示三相四线(1 分),X 表示无功(1 分),S 表示三相的(1 分)。

37. 答:所谓"一表法"就是把一个二元件三相有功功率表当做一个单相有功功率表检定(1 分),为此将仪表的两个电流线路串联,而两个电压线路并联(1 分),然后按单相功率表固定电压,调节电流的方法进行检定(1 分),这时被检表示值应等于标准表指示值的 2 倍(2 分)。

38. 答:将功率表在通以额定电压和额定电流的情况下(2 分),用移相装置调节电压和电流之间的电位差角(2 分),使仪表的指示器的偏转角最大(1 分),这时仪表就工作在 $\cos\phi=1$ 上。

39. 答:在额定电压、额定电流和三相系统完全对称的条件下(1 分),向感性方向(滞后方向)调节移相器的相位(1 分),使两只标准单相有功功率表的指示值相等(2 分),并且是正值(1 分),则这时三相系统的功率因数 $\cos\phi=1$。

40. 答:在额定电压、额定电流和三相系统完全对称的条件下(1 分),向感性方向(滞后方向)调节移相器的相位(1 分),使两只标准单相有功功率表的指示值为最大正值(2 分),并且相等(1 分),此时三相系统的功率因数 $\sin\phi=1$。

41. 答:在额定电压、额定电流和三相系统完全对称的情况下(1 分),向感性方向(滞后方向)调节移相器的相位(1 分),使两只标准单相有功功率表的指示值相等(2 分),并且为正值(1 分),这时三相系统的功率因数 $\sin\phi=1$。

42. 答:应保证被检电桥第一个测量盘加入工作(3 分),其示值由 1 至 10 时的各个电阻测量值均应在该电桥的总有效量程以内(2 分)。

43. 答:应注意连接导线电阻,开关接触电阻及标准电阻箱的残余电阻对检定结果的影响(2 分);如果标准电阻箱有足够的调节细度,可采用完全平衡法(1 分),如果标准电阻箱的调节细度不够,应采用不完全平衡法(1 分),通过求出所在示值下指零仪的电阻常数,计算出不平衡时偏转格数所对应的电阻值(1 分)。

44. 答:在被检电桥的第一个测量盘内选取三个示值(1 分),其中一个示值必须是基准值(1 分),其余二个示值应在基准值附近(1 分),用标准电阻箱的示值去比较,求出该示值的实际值(1 分),用下式计算出量程系数比 $M=\frac{1}{3}\left(\frac{n'_1}{n_2}+\frac{n'_2}{n_2}+\frac{n'_3}{n_3}\right)$,式中 n_1;n_2;n_3;为被检电桥第 1 测量盘在全检量程时的实际值,n'_1;n'_2;n'_3;为被检电桥第一测量盘在欲求量程系数比的量程下所测得的实际值(1 分)。

45. 答:只要检定第一个测量盘在全检量程检定结果中具有最大正、负相对误差的两个点(2 分),看其是否超差(2 分),而不必求出其量程系数比(1 分)。

46. 答:用 0.02 级电桥做标准,整体检定(1 分),×100 Ω 以上电阻用单相桥测量(1 分),×10Ω 以下电阻用双电桥测量(1 分),步骤为先进行外观检查和线路检查,然后测定其残余电阻和接触电阻变差及示值基本误差(1 分),通过计算得出各示值点电阻的实际值(1 分)。

47. 答:为了消除在电桥回路中固定的热电势对测量结果带来的影响(5 分)。

48. 答:要考虑到 DVM 的线性误差,一般应均匀地选择基本量程的检定点(1 分);要考虑到量程的复盖,即保证各量程测量误差的连续性,各量程中间不应有间断点(1 分);非基本量程要考虑上、下限及对应于基本量程最大误差点(1 分);基本量程一般不少于 10 个检定点(1 分),其他量程取 3～5 个点(1 分)。

49. 答:首先将被检电位差计的未知端用干净紫铜丝短路,各测量盘均放零(1 分),"标准一未知"开关倒向未知(1 分),然后接通电源,改变最后一个测量盘,求出检流计的电压常数(1 分),然后在电源正反向下读得检流计两次偏转格数,取两次平均值做为电位差计的零电势,其符号的确定(1 分),是检流计的实际偏转方向与改变最后一个测量盘时检流计的偏转方向相同者为正,反之为负(1 分)。

50. 答:表示同一个值的任何两个不同的测量盘示值所产生的电压值的恒定性(2 分)和表示任一测量盘的两个相邻示值之间所产生的电压增量的恒定性的技术指标(3 分),称为直流电位差计的增量线性度。

51. 答:将被检电桥外壳接地(1 分),在电桥未知端接上阻值符合电桥测量上限要求的电阻(1 分),调节电桥测量盘,使电桥平衡(1 分),然后将电桥各接线端钮分别依次接地,观察指零仪有无偏转(1 分),指零仪偏转所引起的误差应小于被检电桥允许误差的 1/10 倍(1 分)。

52. 答:用 JSF－2 或 JSF－4 胶重新粘牢(2 分),在(75±5)℃条件下老化 2 h 时(2 分),铁片之间的夹角约为 18°(1 分)。

53. 答:从电位器顶端取出多圈螺旋电阻,用砂纸轻轻打光(1 分),并清洗其接触面(1 分),适当调整弹性接触片(1 分),在调节过程中,用欧姆表检查(1 分),使之无跳动变化为合格(1 分)。

54. 答:将电位差计各转盘从头至尾转动几次(1 分);按选取的检定方法,接好线路,调好工作电流,将线路通电一段时间,使整个线路的热状态及工作电流稳定(1 分);对标准、将电位差计的温度补偿盘放在所处温度下标准电池所对应的示值上(1 分);测定测量盘各点的示值的实际值(1 分);多量程电位差计只需对全检量程作全部示值检定,而对其他量程只需测定量程系数比(1 分)。

55. 答:将标准和被检两台电位差计的温度补偿盘放在该示值上对标准(1 分),重新检定(1 分),被检电位差计测量盘示值误差中最大正误差和最大负误差的点(各选三点)(1 分),若满足允许基本误差的要求,即为合格(1 分),反之为不合格(1 分)。

56. 答:在电位差计各测量盘内挑选相对误差最大的点加起来(2 分),不应超过相加值的允许基本误差(1 分),但必须挑选同符号的相对误差相加(2 分)。

57. 答:$\xi_{Rx\max}^{+}=\xi_{M\max}^{+}+\xi_{R\max}^{+}$(1 分)

$\xi_{Rx\max}^{+}=(|\xi_{M}^{-}|_{\max}+|\xi_{R}^{-}|_{\max})$(1 分)

式中 $\xi^{+}_{Rx\max}$、$\xi^{-}_{Rx\max}$——被检电桥最大正、负相对误差(1分)；

$\xi^{+}_{M\max}$，$|\xi^{-}_{M}|_{\max}$——被检电桥量程系数比中最大正、负相对误差(1分)；

$\xi^{+}_{R\max}$，$|\xi^{-}_{R}|_{\max}$——被检电桥全检量程内第一、第二个测量盘中最大综合正、负相对误差(1分)。

58. 答：在挑选被检电桥量程系数比中最大正、负相对误差时(1分)，若无正号相对误差(1分)，则选择最小的负号相对误差(1分)，若无负号相对误差(1分)，则选择最小的正号相对误差(1分)。

59. 答：对十进电阻器的第一点(1分)，给出数据的末位应对应于允许基本误差的1/10(2分)；十进盘电阻器的其余各点与第1点末位对齐(2分)。

60. 答：直流数字电压表的化整原则和有效数字保留的位数取决于被检表的误差和标准装置的误差(1分)。一般应使末位数与被检表的分辨力相一致(1分)。由于化整带来的误差一般不超过允许误差的1/5～1/3(1分)，最后一个"0"因与测量结果有关，不能随意省去(1分)。化整后的末位数应是1的或2的或5的整数倍(1分)。

61. 答：$\Delta=\pm(a\%V_x+b\%V_m)$(1分)；$r=\pm\left(a\%+b\%\dfrac{V_m}{V_x}\right)$(1分)

式中 V_x——被检表的读数值(显示值)(1分)

V_m——被检表的满刻度值(1分)

a——与读数值有关的误差系数(0.5分)

b——与满刻度值有关的误差系数(0.5分)。

62. 答：其数据修约要采用四舍六入偶数法则(1分)，对等级指数小于或等于0.2的仪表，保留小数位数两位(去掉百分号后的小数部分)(1分)，第三位数修约(1分)；等级指数大于和等于0.5的仪表保留小数位数一位(1分)，第二位修约(1分)。

63. 答：一类是有关计量检测设备(含计量标准)的制造型号、准确度、量程、序号的记录、用来证明每一台计量检测设备的测量能力(3分)，另一类是检定(校准)结果的纪录(2分)。

64. 答：判断电位差计基本误差是否合格，应按各测量盘中最大误差(符号相同)综合计算是否符合允许基本误差公式(2分)，对多量限电位差计，还应将测得的量程系数比的实际值乘上全检量程各测量盘中示值误差最大的点(2分)，并综合计算是否符合该量程的允许基本误差公式(1分)。

65. 答：电桥检定后，最终是判断其误差是否超出允许值，有些电桥规定了各桥臂电阻的允许误差值(2分)，只要各桥臂电阻检定值的误差不超过允许值，电桥必定合格(1分)。但是，当桥臂中某些电阻的误差大于允许值时，电桥不一定不合格(1分)，因电桥由各桥臂组合而成，从电桥计算公式可以看出，桥臂误差有时可以抵消，因此，必须在电桥总有效量程内求出最大可能出现的综合误差(1分)，并以此作为判断电桥是否合格的依据。

66. 答：根据检定规程规定，判断仪表是否合格应以化整后的数据为依据(1分)，对0.2级仪表的最大基本误差应保留小数末位数两位(1分)，第三位按"四舍六入"偶数法则修约(1分)，则−0.0205%修约后为−0.20%(1分)，所以该表最大基本误差合格(1分)。

67. 答：表达式说明，被检仪表示值为3 V时(1分)，若按修正后的实际值3.31 V使用(1分)，则其对应的扩展不确定度为0.45 V(1分)，若不修正，用3 V时，则其扩展不确定度为0.76 V(2分)。

68. 答:用 40～60 倍的双目显微镜检查圆锥面光洁度(1 分),应看不出加工纹路、划痕、表面应为雾状镜面光泽(1 分);用投影放大仪放大 100 倍时(1 分),检查圆锥角和顶端的曲率半径(1 分),通常轴承的曲率半径与轴尖的曲率半径之比为 2～4 倍(1 分)。

69. 答:外观检查(1 分),基本误差检定(1 分),偏离零位检定(1 分),功率因数影响测定(2 分)。

70. 答:电能表电流元件的铁芯装配倾斜不正或导磁体与转盘不对称(1 分),均会产生潜动力矩(1 分),检查时,可断开电压,给电流线圈通以额定电流(1 分),若转盘转动,则说明铁芯装的不正(1 分),应松开固定螺钉,移动铁芯位置直至转盘不动为止(1 分)。

六、综 合 题

1. 答:如图 1 所示,将被测电阻 R_X 的四根连接等线电阻中的 r_2 和 r_4 引入到检流计和电源回路中,因其不在电桥的平衡条件以内,不引入测量误差(1 分),r_1 和 r_3 引入到电阻较大的 R_3 和 R_2 桥臂中,只要 R_3 和 R_2 阻值较大(1 分),就可以在一定程度上减小了连接导线对测量结果的影响(1 分)。

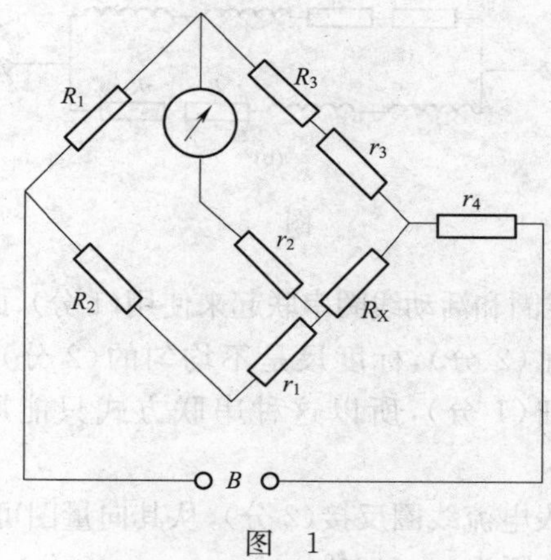

图 1

(图形的评分标准:检流计 1 个,电阻 8 个,电源 B1 个,每个 0.5 分,连线正确 2 分,每错 1 条扣 0.5 分,扣完 2 分为止)

2. 答:如图 2 所示,它的一组元件上施加的是线电压 U_{AB} 与线电流 I_A(1 分),另一级元件上施加的是线电压 U_{CB} 与线电流 I_C(1 分)。

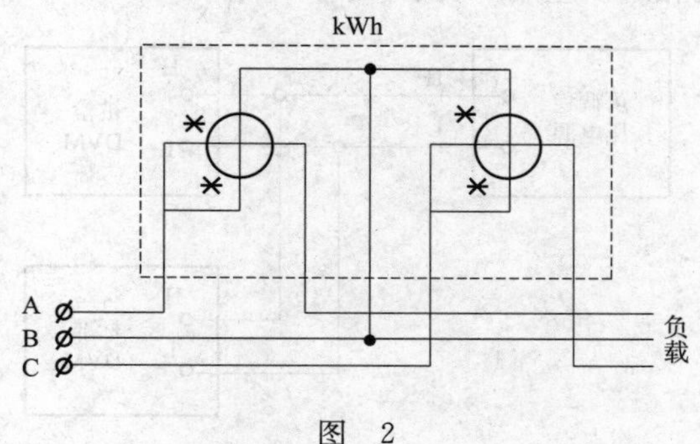

图 2

（图形的评分标准：两元件每个 2 分，标识正确 2 分，连线正确共 4 分，每错 1 条扣 0.5 分，扣完 2 分为止）

3. 答：在电压 U 一定的情况下，当温度升高时，电阻 R_0 和 R_2 的阻值将增大（1 分），线路总电阻也增大（1 分），电流 I_0 和 I_2 的分流比例也要改变（1 分），如果 R_2 的温度系数与 R_0+R_1 的温度系数相同，必然引起表头电流 I_0 减小（1 分），造成负误差（1 分），当 R_2 的温度系数大于 R_0+R_1 的温度系数时（1 分），若温度升高，使 R_2 比 R_0+R_1 的阻值增加的多（1 分），则可以从 R_2 支路上得到补偿（1 分），使表头电流 I_0 几乎不变（1 分），从而达到补偿的目的（1 分）。

4. 答：如图 3 所示。当插塞插在 A、B 时，两对线圈和 R_1、R_0、R、R_2 全部串联为一量限（5 分），如图 a 所示。当插塞插在 a、b 时，两对线圈分别与 R_1、R_0、R、R_2 串联后并联成一量限（5 分），如图 b 所示。

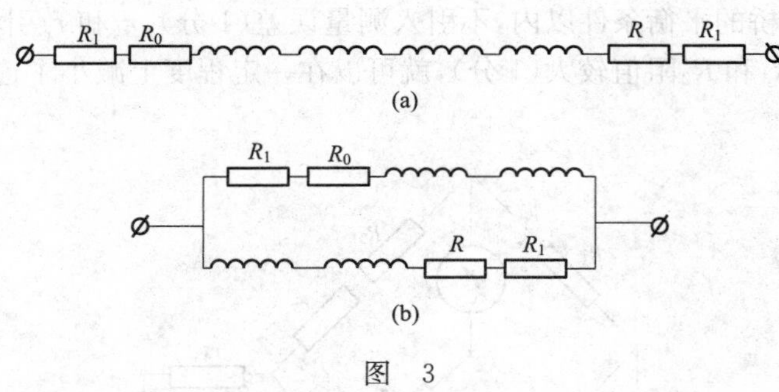

图 3

5. 答：其线路是将固定线圈和活动线圈串联起来使用（1 分），此时 $I_1=I_2$（1 分），当 $\cos\phi=1$ 时，偏转角和电流平方成正比（2 分），标度尺是不均匀的（2 分），因为被测电流要经过游丝（1 分），而且线圈的线也很细（1 分），所以这种串联方式只能用在 0.5A 以下的测量仪表中（2 分）。

6. 答：这种情况为功率表电流线圈反接（2 分），从其向量图可以看出电流和电压之间的相位角 ϕ 变为 $(180°-\phi)$（2 分），因为 $\cos(180°-\phi)=-\cos\phi$（2 分），所以这时功率表的指针将向反方向偏转（2 分），使其无法读数甚至损坏仪表（2 分）。

7. 答：按图 4 接线（图形 4 分），一般情况下标准 DVM 的位数名比被检的 DVM 多一位（1 分），当可调稳压电源输出一个电压（1 分），标准表的显示读数为 V_N（1 分），被检表的读数为 V_X（1 分），则被检表的相对误差用 r 表示，则 $\gamma=\dfrac{V_X-V_N}{V_X}\times100\%$（2 分）

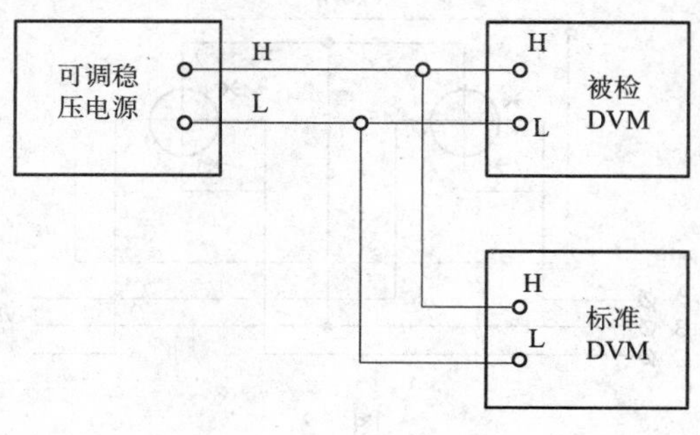

图 4

8. 答:可以采用图 5 接入标准分压箱的办法解决(3 分)。当可调稳压源输出一电压,标准表的指示读数为 V_N(2 分),被检表的指示数为 V_X(2 分),则被检表的相对误差 $\gamma=\frac{V_X-KV_N}{V_X}\times 100\%$(K 为分压系数)(3 分)。

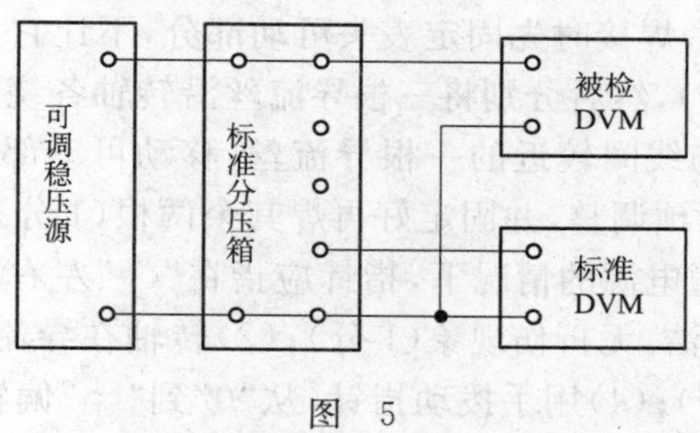

图 5

9. 答:对 2 级电能表基本误差的检定应在平衡负载和不平衡负载时检定,其允许基本误差限规定如下:

表 1 平衡负载时:(6 分)

负载电流	功率因数	基本误差限(%)
$0.05I_b$	$\cos\phi=1.0$	±2.5
$0.1I_b \sim I_{max}$	$\cos\phi=1.0$	±2.0
$0.1I_b$	$\cos\phi=0.5$(感性)	±2.5
$0.2I_b \sim I_{max}$	$\cos\phi=0.5$(感性)	±2.0

表 2 不平衡负载时:(4 分)

负载电流	功率因数	基本误差限(%)
$0.2I_b \sim I_b$	$\cos\theta=1.0$	±3.0
I_b	$\cos\theta=0.5$(感性)	±3.0

10. 答:

标准温度允许偏差:≤±2 ℃(2 分)

额定电压允许偏差:≤±1.5%(2 分)

额定频率允许偏差:≤±0.5%(2 分)

电流与电压波形失真度:≤±5%(1 分)

垂直方向的倾斜角度:≤1°(1 分)

外磁场影响:≤±0.3%(1 分)

铁磁物质影响:≤±0.1%(1 分)

11. 答:(1)选好备用游丝及仪表指示零位时的游丝位置,确定新游丝内外端点的位置,剪去两端多余的部分(2 分);(2)焊接前,用镊子夹住游丝的端点,露出少许(1~2)mm,用尖口上粘有细砂低的镊子磨去游丝表面的氧化层,涂上松香焊剂,用细尖头的电烙铁在游丝端上挂锡(2 分);(3)左手用镊子夹住游丝的内端,贴近焊片的外侧,右手用烙铁尖头在焊片内侧加热,使锡熔化焊牢,焊接时间要短,以防游丝过热,产生弹性疲劳(3 分);(4)焊好的游丝,其螺旋平面要平,应与转轴相互垂直,内外圈圈距要均匀且与轴心近似同心圆,游丝表面应清洁光亮(3 分)。

12. 答:(1)选择合适配方的锡焊料和无腐蚀性的中性焊剂(2 分);(2)电烙铁的功率要选择合适的,烙铁头部温度要适中,应保证焊锡充分熔化而又不致烧坏发脆(1 分);(3)焊接前焊头应刮干净并进行清洁处理(1 分);(4)焊接时焊头不允许动,必须一烙铁就焊牢(2 分);(5)焊完后马上用酒精清洗,然后在焊点处涂上一层环氧树脂漆或指甲油(2 分);(6)如果一烙铁焊不牢不允许反复几烙铁,这样会因端部氧化及锰分子扩散易假焊,且不稳定,所以一烙铁焊不上应重新刮干净端部后再重焊(2 分)。

13. 答:为了焊接方便,焊接时先固定表头可动部分,不让它自由转动(1 分),先将三根导流丝焊在外焊片上(1 分),然后分别将三根导流丝沿转轴各绕转一圈(1 分),再焊到各线圈焊片上,此时应先焊好与线圈较近的一根导流丝,移动可动部分并使指针指在刻度"∞"左右(1 分),如不在此处应预调整,并固定好再焊其余两根(1 分),方法同上,总之要求仪表在工作位置上,在没有接通电源的情况下,指针应指在"∞"左右(1 分),焊接后的导流丝应符合下述要求:(1)表面清洁,无折伤现象(1 分);(2)转轴在导流丝圈正中(1 分);(3)尽量减少上翘和下垂现象(1 分);(4)用手拨动指针,从"0"到"∞"偏转时,导流丝不应与其他物相碰(1 分)。

14. 答:(1)打开电源开关,经规定的预热时间,在荧光屏上出现一个亮点或水平亮线,调节辉度旋钮和聚焦旋钮,使亮点或亮线显示适当(3 分);(2)利用探头接入被测信号,分别调节 X、Y 轴衰减及微调使荧光屏稳定显示若干个完整波形(3 分);(3)观察波形分别得出被测信号的幅值(V)及时间(S)被测信号的实际幅值等于被测信号的幅值乘以探头的衰减倍数(4 分)。

15. 答:

(1)电流互感器应选 4/5A 变比

(2)算定电能表转数 $n_0=\dfrac{C_0N}{C\cdot K_2\cdot K_V}=\dfrac{1\ 800\times10}{3\ 000\times4/5}=7.50(\text{r})$(3 分)

$n=(n_1+n_2)/2=7.58(\text{r})$(3 分)

$r=\dfrac{n_0-n}{n}\times100\%=\dfrac{7.50-7.58}{7.58}\times100\%=-1.067\%$(3 分)

(3)化整:$r=-1.0\%$(1 分)。

16. 答:如图 6 所示。(5 分)

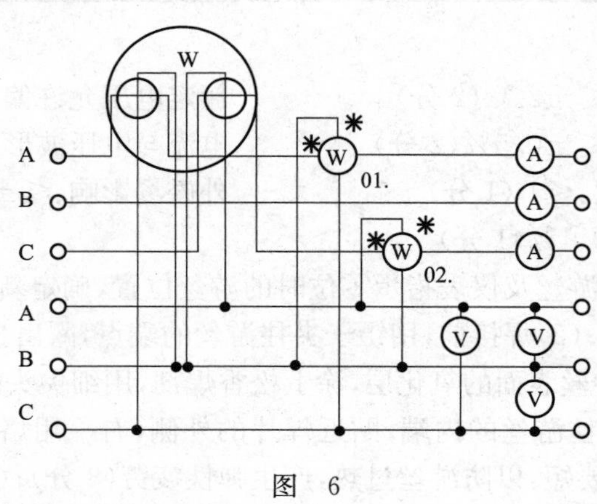

图 6

如图 6 所示接线,被检二元件无功功率表的实际值 P:

$$P=\frac{\sqrt{3}}{2}(P_1+P_2)=\frac{\sqrt{3}}{2}[C_{W1}(A_1+C_1)+C_{W2}(A_2+C_2)](\text{W})\text{(3 分)}$$

式中　P_1、P_2——标准功率表实际值(W)(0.5 分)；

C_{W1}、C_{W2}——标准功率表分度值(W/格)(0.5 分)；

A_1、A_2——标准功率表指示值(格)(0.5 分)；

C_1、C_2——标准功率指示处的修正值(格)(0.5 分)。

17. 答：如图 7 所示接线(4 分)，B——电源端钮，G——检流计端钮，Ex——测量端钮，E_N——标准端钮(2 分)。

检定步骤：先在被检电位差计中利用内附标准电池和检流计调好工作电流(1 分)，然后在标准电位差计内利用标准电池调好工作电流(1 分)，最后用标准电位差计从被检电位差计测量盘的最后一个盘开始(1 分)，倒进上去，逐一测定被检电位差计各示值的实际值(1 分)。

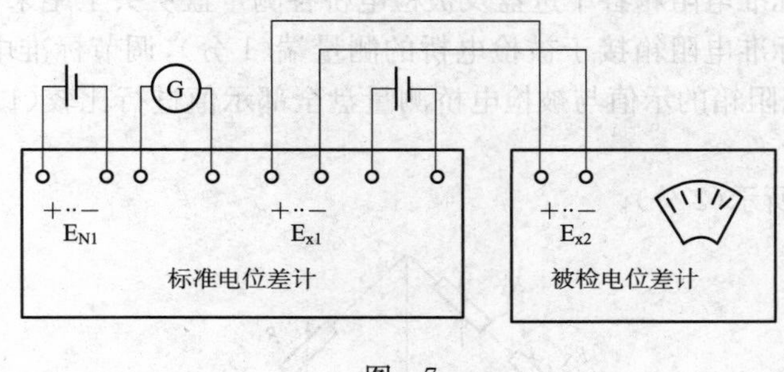

图 7

18. 答：如图 7 所示，从直流电位差计的表达式 $E_x=\frac{P_x}{R_N}\cdot E_N$ 看(1 分)，被测电压与标准电压有关(1 分)，与电位差计的二个电阻比值有关，所以一定要用标准电池(1 分)。而检定直流电位差计时，用标准电位差计对检被检电位差计(1 分)，标准电位差计的表达式 $E_{x1}=\frac{P_{k1}}{R_{N1}}\cdot E_{N1}$(1 分)而被检电位差计的表达式 $E_{x2}=\frac{P_{k2}}{R_{N2}}\cdot E_{N2}$(1 分)，因为是对检，$E_{x1}=E_{x2}$；子 $E_{N1}=E_{N2}$(1 分)，所以$\frac{R_{K1}}{R_{N1}}=\frac{R_{K2}}{R_{N2}}$(1 分)，$\frac{R_{K1}}{R_{N1}}$是标准电位差计(1 分)，比值为已知，从而检定出$\frac{R_{K2}}{R_{N2}}$的比值，所以检定直流电位差计时可以不用标准电池(1 分)。

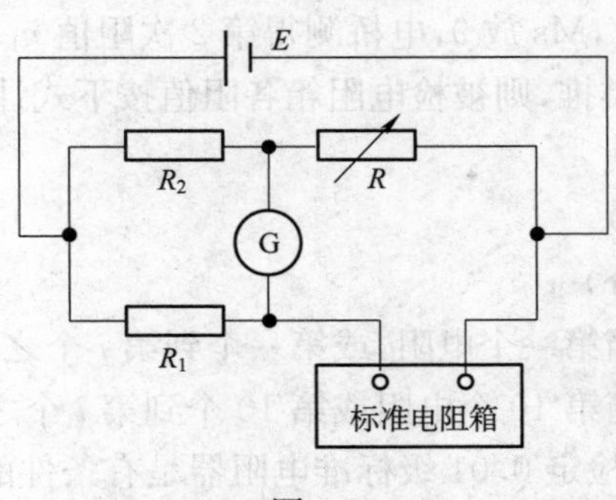

图 8

19. 答：如图 9 所示接线(5 分)。

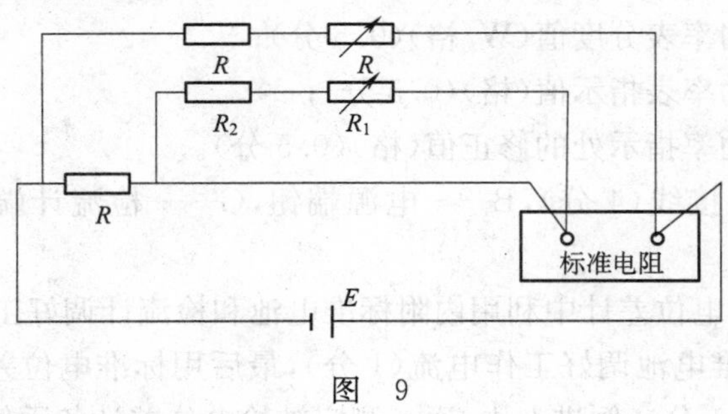

图 9

检定步骤：先将标准电阻箱各十进盘及被检电桥各测量盘从头至尾来回转动数次(1 分)，使其接触良好，再将标准电阻箱接于被检电桥的测量端(1 分)，调节标准电阻十进盘，使电桥平衡(1 分)，用标准电阻箱的示值与被检电桥测量盘全部示值进行比较(1 分)，得出其实际值(1 分)。

20. 答：如图 10 所示(2 分)。

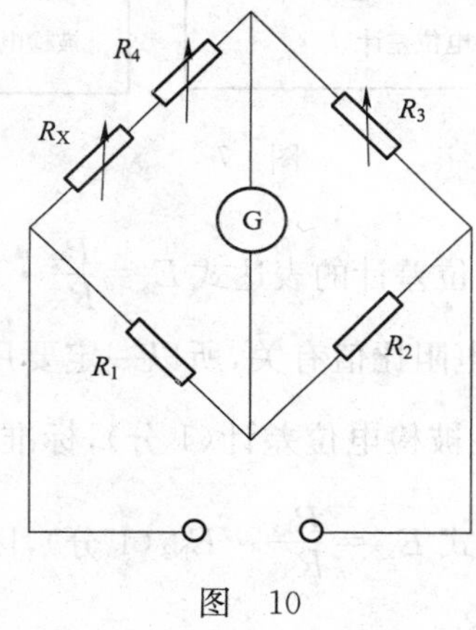

图 10

借助标准电阻箱测量被检电阻箱的电阻，如图 10 所示接线，将一标准电阻箱 Ms 与被检电阻箱 Mx 串联(它们的步进值相同)(1 分)，用标准电桥去测量，当 Mx 放 0，Ms 放 10(1 分)，电桥测得一阻值 n_0，Mx 当放 1，Ms 放 9，电桥测得第 2 次阻值 n_1，当 Mx 放 2，Ms 放 8，电桥测得第三次阻值 n_2，(1 分)依次类推，则被检电阻箱各阻值按下式计算：

$r_1^x = r_{10}^s + n_1 - n_0$(1 分)

$r_{1\sim2}^x = r_{9\sim10}^s + n_2 - n_0$(1 分)

$r_{1\sim10}^x = r_{1\sim10}^s + n_{10} - n_0$(1 分)

式中 r_1^x、$X_{1\sim i}^x$——被检电阻箱第一个电阻，或第一个到第 i 个之和的电阻值(1 分)；

r_{10}^s、$r_{10\sim i}^s$——标准电阻箱第 10 个电阻或第 10 个到第 i 个之和的电阻值(1 分)。

21. 答：用 0.02 级的电桥检定 0.01 级标准电阻器是有条件的，只有在采用替代比较法才可以(1 分)。因为 0.01 级的标准电阻器的传递误差是 4×10^{-5}(1 分)。若采用直接测量法，电桥的误差将全部引入测量结果(2 分)，显然是不能满足传递误差要求的，当采用替代比较法时，电桥比例臂误差是作系统误差考虑在替代过程中被替代掉(2 分)，而比较臂引入的只是标准的电阻器和被检的电阻器差值的误差(1 分),故在测量时只会用到比较臂的后几个盘(1 分),而前几盘仍作为系统误差考虑(1 分),因而有时可以用比被检等级低的电桥来进行检定(1 分)。

22. 答:感应系电能表内设有满载调整装置(1 分)、轻载调整装置(1 分)、相位角调整装置(1 分)、平衡调整装置和防潜装置(2 分),对这些装置的要求是:要有足够的调节范围和调节细度(1 分),各装置调整时相互影响要小(1 分),且结构和装设位置要保证调节简便(1 分),固定要牢靠(1 分),性能要稳定(1 分)。

23. 答:(1)试验前将每只开关在最大范围间转动数次(不少于 3 次)后(1 分),使末只开关示值置于 1,即最小步进值 ΔR,其他各只开关均置零,测量并记取此时电阻值 M(1 分)。(2)测第一只变差时,将第一只开关在最大范围间再转动数次后,使示值重置零位,测量并记录此时电阻值 M_1(1 分),则第一只开关电阻变差(以百分数表示)$\xi_1=\left(\dfrac{M_0-M_1}{\Delta R}\right)\times 100$(2 分)。(3)依次对每只开关按上述方法进行测量得 M_i(2 分),则第 i 只电阻变差为 $\xi_i=\left(\dfrac{M_{i-1}-M_i}{\Delta R}\right)\times 100$(2 分),以上测量应重复了 3 次,取以上多只开关的最大的变差值作为该电阻器开关的接触电阻变差值(1 分)。

24. 答:如图 11 所示

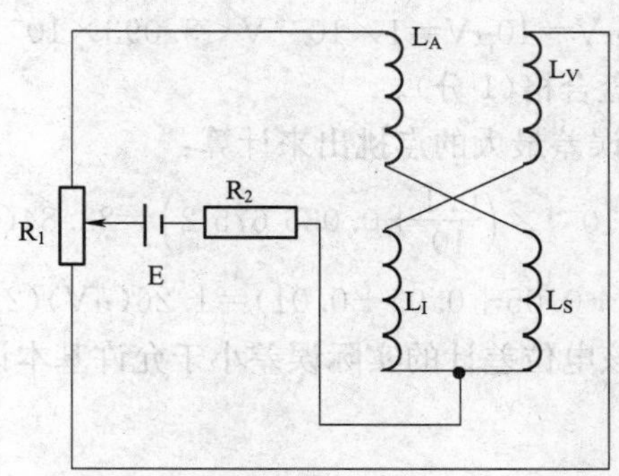

图 11

L_A——电流线圈;L_V——电压线圈;L_1——无穷大平衡线圈;L_Z——零点平衡线圈;E——甲电池;R_1——可变电阻;R_2——固定电阻(图形 5 分;注释 2 分,错 1 个扣 0.5 分,扣完 2 分为止)。

调整步骤:(1)将兆欧表“E”、“L”端钮开路,摇动发电机,使指针指“∞”位置,进行平衡调整(1 分);(2)在电流及电压线圈回路内接入一定电流,使指针指示中间刻度,进行平衡调整(1 分);(3)通入电压线圈回路电流约 1 mA,使指针指示“∞”位置,进行平衡调整(1 分)。

25. 答:(1)$|(\Delta V_1^{\mathrm{I}}+\Delta V_{10}^{\mathrm{II}})-\Delta V_2^{\mathrm{I}}|\leqslant\frac{1}{2}|E_2^{\mathrm{I}}|$(2 分)

$|(+3.5+1.7)-5.5|=0.3(\mu\mathrm{V})$(1 分)

$E_2^{\mathrm{I}}=\pm 0.05/100\left(\frac{100}{10}+20\right)=\pm 15(\mu\mathrm{V})$(1 分)

$0.3\mu\mathrm{V}<\frac{1}{2}\times 15=7.5\mu\mathrm{V}$(1 分)

(2) $|\Delta V_2^{\mathrm{I}}-\Delta V_1^2|\leqslant\frac{1}{2}\frac{|E_2^{\mathrm{I}}|+|E_1^{\mathrm{I}}|}{2}$(2分)

$|5.5-3.5|=2(\mu V)$(1分)，$E_1^{\mathrm{I}}=0.05/100\left(\frac{100}{10}+10\right)=10\mu V$(1分)

$\frac{1}{2}\times\frac{15+10}{2}=6.25(\mu V)$(1分)

结论：合格。

26. 答案：(1)根据×1量程检定结果，求出各点示值的实际值为：$V_{10}=9.999\,65$ mV(1分)，$V_{15}=14.999\,25$ mV(1分)，$V_{20}=19.998\,7$ mV(1分)

(2)求出×0.1量程各点的实际值为：$V'_{10}=0.999\,4$ mV(1分)，$V'_{15}=1.499\,84$ mV(1分)，$V'_{20}=1.999\,82$ mV(1分)

(3)求出量程系数的实际值 $M_{0.1}$：

$$M_{0.1}=\frac{1}{3}\left(\frac{V'_{10}}{V_{10}}+\frac{V'_{15}}{V_{15}}+\frac{V'_{20}}{V_{20}}\right)=\frac{1}{3}(0.099\,997\,5+0.099\,994\,3+0.099\,997\,5)=0.099\,996\text{(4分)}$$

27. 答：(1)UJ31电位差计的温度补偿盘允许差为$\frac{1}{10}a\%=5\times10^{-5}$化为相对1.018 60 V的相对值为$5\times10^{-5}\times1.018\,60=5.093\times10^{-5}$(V)(4分)

(2)检流计分度值为$100\mu V/50$格$=2\mu V/$格(2分)

最大实际偏差$=5$格$\times2\mu V=10\mu V=1\times10^{-5}\,V<5.093\times10^{-5}\,V$(3分)

∴该电位差计温度补偿盘合格(1分)。

28. 答：把各测量盘相对误差最大的点挑出来计算：

$$\Delta_{允}=\frac{a}{100}\left(\frac{U_n}{10}+x\right)=5\times10^{-4}\times\left(\frac{0.1}{10}+0.035\,675\,2\right)=22.84(\mu V)\text{(6分)}$$

$\Delta_{实}=(0.8+0.30+0.05+0.05+0.05+0.01)=1.26(\mu V)$(2分)

所以，$\Delta_{实}<\Delta_{允}$(1分)。该电位差计的实际误差小于允许基本误差，合格(1分)。

29. 答：如表3，表4所示

表3(3分)

示　值	Ⅰ盘电阻实际值(Ω)	相对误差(%)
1 000	999.7	0.030
2 000	1 999.3	0.035
3 000	2 999.4	0.020
4 000	4 000.9	−0.022
5 000	5 001.3	−0.026
6 000	6 001.1	−0.018
7 000	7 006.0	−0.086
8 000	8 008.0	−0.100
9 000	9 000.7	−0.008
10 000	9 988.0	0.120

表 4(2 分)

示　值	实际值	相对误差(%)
×100	100.08	−0.08
×10	9.991	0.09
×0.1	0.099 93	0.07
×0.01	0.010 01	−0.10

解:最大正相对误差:

$\xi^{+}_{Rx\max}=\xi^{+}_{M\max}+\xi^{+}_{R\max}=0.09\%+0.12\%=0.021\%=0.02\%$(2 分)

最大负相对误差:

$\xi^{-}_{Rx\max}=-[|\xi^{-}_{M}|_{\max}+|\xi^{-}_{R}|_{\max}|]=-(0.10\%+0.10\%)=-0.2\%$(2 分)

最大正、负相对误差≤0.2%,故电桥合格(1 分)。

30. 答:全检量程最大正相对误差为 0.12%(0.05 Ω)(1 分),最大负相对误差为−0.11%(0.09 Ω)(1 分),按电桥允许相对误差公式计算得 0.05 Ω 时,允许相对误差为:

$\pm0.2\%\left(1+\dfrac{0.1}{10\times0.05}\right)=\pm0.24\%$(1 分)

0.09 Ω 时允许相对误差为:

$\pm0.2\%\left(1+\dfrac{0.1}{10\times0.09}\right)=\pm0.22\%$(1 分)

即全检×1 量程时合格(1 分)

其他量程系数的相对误差经计算得:

×100:−0.04%(1 分)

×10:−0.06%(1 分)

×0.1:−0.08%(1 分)

×0.01:0(1 分)

最大综合误差为−0.08%+(−0.11%)=−0.019%,化整为−0.02%(1 分)。

结论:电桥合格。

31. 答:(1)计算零电阻 $R_0=\dfrac{1}{3}(0.009\,81+0.009\,72+0.009\,63)=0.009\,72(\Omega)$(2 分)

(2)各盘测量结果减去零电阻,按$\dfrac{1}{10}$×允许误差化整为:(7 分)

表 5

示值(Ω)	1 000	2 000	3 000	4 000	5 000	6 000	7 000	8 000	9 000	10 000
实际值(Ω)	1 000.211	2 000.235	3 000.240	4 000.275	5 000.260	6 000.353	7 000.251	8 000.149	9 000.112	10 000.120
化整(Ω)	1 000.20	2 000.22	5 000.24	4 000.26	5 000.26	6 000.40	7 000.2	8 000.2	9 000.0	10 000.2

(3)合格(1 分)

32. 答:$\xi_i=\dfrac{M_0-M_i}{\Delta R}\times100\%$(4 分),$\xi_{\max}=0.04\%<\dfrac{1}{2}\times0.1\%$(5 分)

该电阻箱接触电阻变差合格(1 分)。

33. 答:$\Delta=\pm(0.01\%V_x+0.01\%V_m)$(2 分)

$\Delta_{1V}=\pm(0.01\%\times1+0.01\%\times1)=\pm0.0002(V)$(2 分)

$\Delta_{0.1V}=\pm(0.01\%\times0.1+0.01\%\times0.1)=\pm0.00011(V)$(2 分)

$r_1=\Delta_{1V}/1=\pm0.02\%$(2 分)

$r_{0.1}=\Delta_{0.1V}/0.1=\pm0.11\%$(2 分)

34. 答：功率表常数为 $C_W=V_eI_e/\alpha_N=150\times5/75=10(W/格)$(2 分)

A 相功率表指示格数应为 $\alpha_A=\dfrac{P_A}{C_W}\cdot K_I\cdot K_V=\dfrac{100\times2.5\times\cos30°}{10\times\dfrac{25}{5}\times\dfrac{100}{100}}=43.3(格)$(2 分)

B 相功率表因无电流：$\alpha_B=0$(1 分)

C 相功率表指示格数：$\alpha_C=\alpha_A=43.3$ 格(1 分)

标准表算定转数：$n_0=C_0\cdot N/C\cdot K_I\cdot K_V\cdot K_J$

$$=\frac{1800\times5}{600\times\dfrac{2.5}{5}\times\dfrac{100}{100}\times1}=30(r)\text{(1 分)}$$

平均实测转数：$n=(29.50+29.70)/2=29.60(r)$(1 分)

被检表相对误差 $r=\dfrac{n_0-n}{n}\times100\%=\dfrac{30-29.60}{29.60}\times100\%=+1.35\%$(1 分)

化整：$r=+1.4\%$(1 分)

35. 答：均为正误差的原因是修后表头灵敏度稍高或补偿电阻断路(2 分)，消除方法是增加或更换补偿电阻(2 分)。

各量程均为负误差的原因是磁钢磁性减退或动圈短路(2 分)，消除方法有：第一，将磁钢充磁(1 分)，第二，将表头换较软的游丝(1 分)，第三，更换动圈(1 分)，第四，减小补偿电阻的阻值(1 分)。

电器计量工(初级工)技能操作考核框架

一、框架说明

1. 依据《国家职业标准》注,以及中国北车确定的"岗位个性服从于职业共性"的原则,提出电器计量工(初级工)技能操作考核框架(以下简称:技能考核框架)。

2. 本职业等级技能操作考核评分采用百分制。即:满分为 100 分,60 分为及格,低于 60 分为不及格。

3. 实施"技能考核框架"时,考核制件(活动)命题可以选用本企业的加工件(活动项目),也可以结合实际另外组织命题。

4. 实施"技能考核框架"时,考核的时间和场地条件等应依据《国家职业标准》,并结合企业实际确定。

5. 实施"技能考核框架"时,其"职业功能"的分类按以下要求确定:

(1)"检修操作"、"检定结果的数据处理与判定"属于本职业等级技能操作的核心职业活动,其"项目代码"为"E"。

(2)"检修准备"、"设备的维护保养"属于本职业等级技能操作的辅助性活动,其"项目代码"分别为"D"和"F"。

6. 实施"技能考核框架"时,其"鉴定项目"和"选考数量"按以下要求确定:

(1)按照《国家职业标准》有关技能操作鉴定比重的要求,本职业等级技能操作考核制件的"鉴定项目"应按"D"+"E"+"F"组合,其考核配分比例相应为:"D"占 20 分,"E"占 70 分,"F"占 10 分。

(2)依据中国北车确定的"核心职业活动选取 2/3,并向上取整"的规定,在"E"类鉴定项目——"检修操作"与"检定结果的数据处理与判定"的全部 6 项中,至少选取 4 项。

(3)依据中国北车确定的"其余'鉴定项目'的数量可以任选"的规定,"D"和"F"类鉴定项目——"检修准备"、"设备的维护保养"中,至少分别选取 1 项。

(4)依据中国北车确定的"确定'选考数量'时,所涉及'鉴定要素'的数量占比,应不低于对应'鉴定项目'范围内'鉴定要素'总数的 60%,并向上取整"的规定,考核制件的鉴定要素"选考数量"应按以下要求确定:

①在"D"类"鉴定项目"中,在已选定的 1 个或全部鉴定项目中,至少选取已选鉴定项目所对应的全部鉴定要素的 60%项,并向上保留整数。

②在"E"类"鉴定项目"中,在已选的 5 个鉴定项目所包含的全部鉴定要素中,至少选取总数的 60%项,并向上保留整数。

③在"F"类"鉴定项目"中,对应 "模具设备的维护保养",在已选定的 1 个或全部鉴定项目中,至少选取已选鉴定项目所对应的全部鉴定要素的 60%项,并向上保留整数。

举例分析:

按照上述“第 6 条”要求，若命题时按最少数量选取，即：在“D”类鉴定项目中的选取了“外观检查”1 项，在“E”类鉴定项目中选取了“基本误差检定”、“偏离零位检定”、“水平调整”、“误差调整”、“检定结果的数据处理与判定”5 项，在“F”类鉴定项目中分别选取了“设备的维护保养”1 项，则：

此考核制件所涉及的“鉴定项目”总数为 7 项，具体包括：“外观检查”，“基本误差检定”、“偏离零位检定”、“水平调整”、“误差调整”、“检定结果的数据处理与判定”和“设备的维护保养”；

此考核制件所涉及的鉴定要素“选考数量”相应为 27 项，具体包括：“外观检查”鉴定项目包含的全部 8 个鉴定要素中的 5 项，“基本误差检定”、“偏离零位检定”、“平衡调整”、“误差调整”、“检定结果的数据处理与判定”5 个鉴定项目包括的全部 27 个鉴定要素中的 17 项，“设备的维护保养”鉴定项目包含的全部 7 个鉴定要素中的 5 项。

7. 本职业等级技能操作需要两人及以上共同作业的，可由鉴定组织机构根据“必要、辅助”的原则，结合实际情况确定协助人员的数量。在整个操作过程中，协助人员只能起必要、简单的辅助作用。否则，每违反一次，至少扣减应考者的技能考核总成绩 10 分，直至取消其考试资格。

8. 实施“技能考核框架”时，应同时对应考者在质量、安全、工艺纪律、文明生产等方面行为进行考核。对于在技能操作考核过程中出现的违章作业现象，每违反一项(次)至少扣减技能考核总成绩 10 分，直至取消其考试资格。

注：按照中国北车规定，各《职业技能操作考核框架》的编制依据现行的《国家职业标准》或现行的《行业职业标准》或现行的《中国北车职业标准》的顺序执行。

二、电器计量工(初级工)技能操作鉴定要素细目表

职业功能	鉴定项目				鉴定要素		
	项目代码	名　　称	鉴定比重(%)	选考方式	要素代码	名　　称	重要程度
检修准备	D	外观检查	20	任选	001	外观完好	Y
					002	仪器名称	Y
					003	制造厂名(或商标)	Y
					004	出厂编号	Y
					005	CMC 标志	Y
					006	仪器规格型号	Y
					007	仪表准确度等级	X
					008	仪表工作位置符号	Y
		标准器选择			001	所属标准的编号	X
					002	检定方法的选择	X
					003	标准器准确度级别选择	X
					004	标准器量限选择	X
					005	正确选择调节电源	X

续上表

职业功能	鉴定项目				鉴定要素		
	项目代码	名　称	鉴定比重(%)	选考方式	要素代码	名　称	重要程度
检修准备	D	准备工作	20	任选	001	工作前场地清理及安全检查	Y
					002	环境条件要求	X
					003	所需工具准备	Y
					004	标准器预热	X
					005	能正确穿戴和使用劳动保护用品	X
检修操作	E	基本误差检定	40	至少选择三项	001	能正确接线	X
					002	能正确选择检定点	X
					003	能正确完成检定次数选择	X
					004	读数方法正确	X
					005	能正确完成基本误差检定	X
		偏离零位检定			001	能够正确选择检定顺序	Y
					002	正确使用检定方法	X
					003	能够正确读数	X
					004	能够完成偏离零位检定	X
		直流表改制			001	正确使用万用表对表头进行测量	X
					002	正确计算改制量程后的电阻值	X
					003	能够正确完成实际电路线路布局	Y
					004	能够正确完成实际电路的焊接	X
					005	能够完成改制后仪表通电运行	Y
					006	能够完成改制后仪表准确度测定	X
检修操作		平衡调整			001	正确进行机械故障检查	Y
					002	能判断需要调整平衡锤位置	X
					003	正确完成平衡调整	X
					004	修后仪表基本误差检定	X
					005	修后仪表偏离零位检定	X
		误差调整			001	用万用表测量表头全偏转电流	X
					002	不合格原因判断	X
					003	完成误差调整	X
					004	被修仪表的示值误差检定	X
					005	被检仪表的偏离零位检定	X
检定结果的数据处理与判定	E	数据处理与检定结果的判定	30	必选	001	正确填写原始记录	Y
					002	能够正确计算误差	X
					003	能够正确选用修约方法	X
					004	能够使用修约方法	X

续上表

职业功能	鉴定项目				鉴定要素		
	项目代码	名　称	鉴定比重（%）	选考方式	要素代码	名　称	重要程度
检定结果的数据处理与判定	E	数据处理与检定结果的判定	30	必选	005	正确判定仪表检定结果	X
					006	能确定检定周期	X
					007	正确签发检定证书	X
					008	正确处理不合格仪表	X
设备的维护保养	F	工作现场整理、设备的维护保养	10	必选	001	工具和导线清点	Y
					002	关设备电源	Y
					003	设备操作规程	X
					004	设备日常点检	X
					005	根据维护保养手册维护保养设备	X
					006	识别报警排除简单故障	X
					007	安全生产，现场5S管理	X

注：重要程度中X表示核心要素，Y表示一般要素，Z表示辅助要素。下同。

电器计量工(初级工)
技能操作考核样题与分析

职 业 名 称：______________________________

考 核 等 级：______________________________

存 档 编 号：______________________________

考核站名称：______________________________

鉴定责任人：______________________________

命题责任人：______________________________

主管负责人：______________________________

中国北车股份有限公司劳动工资部制

职业技能鉴定技能操作考核制件图示或内容

实作题目:检定 1.5 级机车 150 V 直流电压表。

实作内容:判断 1.5 级机车 150 V 直流电压表是否合格。

职业名称	电器计量工
考核等级	初级工
试题名称	直流电压表检定
材质等信息	

职业技能鉴定技能操作考核准备单

职业名称	电器计量工
考核等级	初级工
试题名称	直流电压表检定

一、材料准备

1. 材料规格:被检机车 150 V 直流电压表一块。
2. 坯件尺寸。

二、设备、工、量、卡具准备清单

序号	名称	规格	数量	备注
1	多功能校验仪	DO30－E＋	1台	
2	测试线	/	1对	
3	螺丝刀	十字、一字	各1把	
4	烙铁	20 W	1把	配焊锡

三、考场准备

1. 相应的公用设备、设备与器具的润滑与冷却等。
2. 相应的场地及安全防范措施:按环境条件准备、劳保护具穿戴。
3. 其他准备:准备笔和相应空白记录。

四、考核内容及要求

1. 考核内容(按考核制件图示及要求制作)。
2. 考核题目:检定 1.5 级机车 150 V 直流电压表。
3. 考核时限:原则上不少于 180 分钟,可根据具体情况适当调整。
4. 考核评分(表)

职业名称	电器计量工		考核等级	初级工	
试题名称	检定 1.5 级机车 150 V 直流电压表		考核时限	180 min	
鉴定项目	考核内容	配分	评分标准	扣分说明	得分
外观检查	检查外观并记录	4	检查并记录给 4 分		
	记录仪器名称	4	记录下名称给 4 分		
	记录仪器规格型号	4	记录下名称给 4 分		
	记录仪表准确度等级	4	记录下名称给 4 分		
	记录出厂编号	4	记录下名称给 4 分		
基本误差检定	正确接线	2	正确给 2 分		
	正确选择检定点	3	正确给 3 分		
	完成基本误差检定	10	正确给 10 分,错 1 点扣 1 分		

续上表

鉴定项目	考核内容	配分	评分标准	扣分说明	得分
偏离零位检定	正确选择检定顺序	1	正确给 1 分		
	正确使用检定方法	1	正确给 1 分		
	完成偏离零位检定	3	正确并记录给 3 分		
平衡调整	正确进行机械故障检查	3	正确并记录给 3 分		
	判断需要调整平衡锤位置	3	正确给 3 分		
	正确完成平衡调整	4	正确给 4 分		
误差调整	用万用表正确测量表头全偏转电流并记录	3	正确并记录给 3 分		
	正确判断不合格原因	3	正确给 3 分		
	完成误差调整	4	正确给 4 分		
结果判定	正确填写原始记录	5	正确并记录给 5 分		
	正确计算误差	10	正确给 10 分,错 1 点扣 1 分		
	正确选用修约方法	5	正确给 5 分		
	使用修约方法并记录	5	正确并记录给 3 分		
	判定仪表检定结果	5	正确并记录给 3 分		
设备的维护保养	清点工具和导线	2	符合要求得 2 分		
	关设备电源	2	符合要求得 2 分		
	根据维护保养手册维护设备	2	符合要求得 2 分		
	识别报警排除简单故障	2	符合要求得 2 分		
	安全生产,现场 5S 管理	2	符合要求得 2 分		
质量、安全、工艺纪律、文明生产等综合考核项目	考核时限	不限	每超时 5 分钟,扣 10 分		
	工艺纪律	不限	依据企业有关工艺纪律规定执行,每违反一次扣 10 分		
	劳动保护	不限	依据企业有关劳动保护管理规定执行,每违反一次扣 10 分		
	文明生产	不限	依据企业有关文明生产管理规定执行,每违反一次扣 10 分		
	安全生产	不限	依据企业有关安全生产管理规定执行,每违反一次扣 10 分		

职业技能鉴定技能考核制件(内容)分析

职业名称	电器计量工
考核等级	初级工
试题名称	检定1.5级机车150 V直流电压表
职业标准依据	国家职业标准

试题中鉴定项目及鉴定要素的分析与确定

分析事项 \ 鉴定项目分类	基本技能“D”	专业技能“E”	相关技能“F”	合计	数量与占比说明
鉴定项目总数	3	6	1	10	专业技能满足2/3,鉴定要素满足60%的要求
选取的鉴定项目数量	1	5	1	7	
选取的鉴定项目数量占比(%)	33.3	83.3	100	70	
对应选取鉴定项目所包含的鉴定要素总数	8	27	7	42	
选取的鉴定要素数量	5	17	5	27	
选取的鉴定要素数量占比(%)	62.5	63.0	71.4	64.3	

所选取鉴定项目及鉴定要素分解

鉴定项目类别	鉴定项目名称	国家职业标准规定比重(%)	《框架》中鉴定要素名称	本命题中具体鉴定要素分解	配分	评分标准	考核难点说明
D	1.5级机车150 V直流电压表外观检查	20	外观完好	检查外观并记录	4	检查并记录给4分	
			仪器名称	记录仪器名称	4	记录下名称给4分	
			仪器规格型号	记录仪器规格型号	4	记录下名称给4分	
			仪表准确度等级	记录仪表准确度等级	4	记录下名称给4分	
			出厂编号	记录出厂编号	4	记录下名称给4分	
E	基本误差检定	40	能正确接线	正确接线	2	正确给2分	
			能正确选择检定点	正确选择检定点	3	正确给3分	
			能正确完成基本误差检定	完成基本误差检定	10	正确给10分,错1点扣1分	
	偏离零位检定		能够正确选择检定顺序	正确选择检定顺序	1	正确给1分	
			正确使用检定方法	正确使用检定方法	1	正确给1分	
			能够完成偏离零位检定	完成偏离零位检定	3	正确并记录给3分	
	平衡调整		正确进行机械故障检查	正确进行机械故障检查	3	正确并记录给3分	
			能判断需要调整平衡锤位置	判断需要调整平衡锤位置	3	正确给3分	
			正确完成平衡调整	正确完成平衡调整	4	正确给4分	
	误差调整		用万用表测量表头全偏转电流	用万用表正确测量表头全偏转电流并记录	3	正确并记录给3分	
			不合格原因判断	正确判断不合格原因	3	正确给3分	
			完成误差调整	完成误差调整	4	正确给4分	

续上表

鉴定项目类别	鉴定项目名称	国家职业标准规定比重(%)	《框架》中鉴定要素名称	本命题中具体鉴定要素分解	配分	评分标准	考核难点说明
E	1.5级机车150 V直流电压表检定结果判定	30	正确填写原始记录	正确填写原始记录	5	正确并记录给5分	
			能够正确计算误差	正确计算误差	10	正确给10分，错1点扣1分	
			能够正确选用修约方法	正确选用修约方法	5	正确给5分	
			能够使用修约方法	使用修约方法并记录	5	正确并记录给3分	
			正确判定仪表检定结果	判定仪表检定结果	5	正确并记录给3分	
F	设备的维护保养	10	工具和导线清点	清点工具和导线	2	符合要求得2分	
			关设备电源	关设备电源	2	符合要求得2分	
			根据维护保养手册维护保养设备	根据维护保养手册维护保养设备	2	符合要求得2分	
			识别报警排除简单故障	识别报警排除简单故障	2	符合要求得2分	
			安全生产，现场5S管理	安全生产，现场5S管理	2	符合要求得2分	
质量、安全、工艺纪律、文明生产等综合考核项目				考核时限	不限	每超时5分钟，扣10分	
				工艺纪律	不限	依据企业有关工艺纪律规定执行，每违反一次扣10分	
				劳动保护	不限	依据企业有关劳动保护管理规定执行，每违反一次扣10分	
				文明生产	不限	依据企业有关文明生产管理规定执行，每违反一次扣10分	
				安全生产	不限	依据企业有关安全生产管理规定执行，每违反一次扣10分	

电器计量工(中级工)技能操作考核框架

一、框架说明

1. 依据《国家职业标准》注，以及中国北车确定的“岗位个性服从于职业共性”的原则，提出电器计量工(中级工)技能操作考核框架(以下简称：技能考核框架)。

2. 本职业等级技能操作考核评分采用百分制。即：满分为 100 分，60 分为及格，低于 60 分为不及格。

3. 实施“技能考核框架”时，考核制件(活动)命题可以选用本企业的加工件(活动项目)，也可以结合实际另外组织命题。

4. 实施“技能考核框架”时，考核的时间和场地条件等应依据《国家职业标准》，并结合企业实际确定。

5. 实施“技能考核框架”时，其“职业功能”的分类按以下要求确定：

(1)“检修操作”、“检定结果的数据处理与判定”属于本职业等级技能操作的核心职业活动，其“项目代码”为“E”。

(2)“检修准备”、“设备的维护保养”属于本职业等级技能操作的辅助性活动，其“项目代码”分别为“D”和“F”。

6. 实施“技能考核框架”时，其“鉴定项目”和“选考数量”按以下要求确定：

(1)按照《国家职业标准》有关技能操作鉴定比重的要求，本职业等级技能操作考核制件的“鉴定项目”应按“D”+“E”+“F”组合，其考核配分比例相应为：“D”占 20 分，“E”占 70 分(其中：检修 40 分，数据处理与结果判定 30 分)，“F”占 10 分。

(2)依据中国北车确定的“核心职业活动选取 2/3，并向上取整”的规定，在“E”类鉴定项目——“检修操作”与“检定结果的数据处理与判定”的全部 4 项中，至少选取 3 项。

(3)依据中国北车确定的“其余‘鉴定项目’的数量可以任选”的规定，“D”和“F”类鉴定项目——“检修准备”、“设备的维护保养”中，至少分别选取 1 项。

(4)依据中国北车确定的“确定‘选考数量’时，所涉及‘鉴定要素’的数量占比，应不低于对应‘鉴定项目’范围内‘鉴定要素’总数的 60%，并向上取整”的规定，考核制件的鉴定要素“选考数量”应按以下要求确定：

①在“D”类“鉴定项目”中，在已选定的 1 个或全部鉴定项目中，至少选取已选鉴定项目所对应的全部鉴定要素的 60%项，并向上保留整数。

②在“E”类“鉴定项目”中，在已选的 3 个鉴定项目所包含的全部鉴定要素中，至少选取总数的 60%项，并向上保留整数。

③在“F”类“鉴定项目”中，对应 “模具设备的维护保养”，在已选定的 1 个或全部鉴定项目中，至少选取已选鉴定项目所对应的全部鉴定要素的 60%项，并向上保留整数。

举例分析：

按照上述"第 6 条"要求，若命题时按最少数量选取，即：在"D"类鉴定项目中的选取了"标准器选择"1 项，在"E"类鉴定项目中选取了"基本误差检定"、"电能表检修"、"检定结果的数据处理与判定"3 项，在"F"类鉴定项目中分别选取了"设备的维护保养"1 项，则：

此考核制件所涉及的"鉴定项目"总数为 5 项，具体包括："标准器选择"，"基本误差检定"、"电能表检修"、"检定结果的数据处理与判定"和"设备的维护保养"；

此考核制件所涉及的鉴定要素"选考数量"相应为 19 项，具体包括："标准器选择"鉴定项目包含的全部 5 个鉴定要素中的 3 项，"基本误差检定"、"电能表检定"、"检定结果的数据处理与判定"3 个鉴定项目包括的全部 18 个鉴定要素中的 11 项，"设备的维护保养"鉴定项目包含的全部 7 个鉴定要素中的 5 项。

7. 本职业等级技能操作需要两人及以上共同作业的，可由鉴定组织机构根据"必要、辅助"的原则，结合实际情况确定协助人员的数量。在整个操作过程中，协助人员只能起必要、简单的辅助作用。否则，每违反一次，至少扣减应考者的技能考核总成绩 10 分，直至取消其考试资格。

8. 实施"技能考核框架"时，应同时对应考者在质量、安全、工艺纪律、文明生产等方面行为进行考核。对于在技能操作考核过程中出现的违章作业现象，每违反一项(次)至少扣减技能考核总成绩 10 分，直至取消其考试资格。

注：按照中国北车规定，各《职业技能操作考核框架》的编制依据现行的《国家职业标准》或现行的《行业职业标准》或现行的《中国北车职业标准》的顺序执行。

二、电器计量工(中级工)技能操作鉴定要素细目表

职业功能	鉴定项目				鉴定要素		
	项目代码	名　称	鉴定比重(%)	选考方式	要素代码	名　称	重要程度
检修准备	D	外观检查	20	任选	001	外观完好	Y
					002	仪器名称	Y
					003	制造厂名(或商标)	Y
					004	出厂编号	Y
					005	CMC 标志	Y
					006	仪器规格型号	Y
					007	仪表准确度等级	X
					008	仪表工作位置符号	Y
		标准器选择			001	所属标准的编号	X
					002	检定方法的选择	X
					003	标准器准确度级别选择	X
					004	标准器量限选择	X
					005	正确选择调节电源	X
		准备工作			001	工作前场地清理及安全检查	Y
					002	环境条件要求	X

续上表

职业功能	鉴定项目				鉴定要素		
	项目代码	名称	鉴定比重(%)	选考方式	要素代码	名称	重要程度
检修准备	D	准备工作	20	任选	003	所需工具准备	Y
					004	标准器预热	X
					005	能正确穿戴和使用劳动保护用品	X
检修操作	E	基本误差检定	20	必选	001	能正确接线	X
					002	能正确选择检定点	X
					003	能正确完成检定次数选择	X
					004	读数方法正确	X
					005	能正确完成基本误差检定	X
		电能表检修	20	至少选择一项	001	潜动试验	X
					002	起动试验	X
					003	电压影响试验	Y
					004	频率影响试验	Y
					005	能解决电能表快慢问题	X
		0.5级电压、电流、功率表检修			001	能够完成偏离零位检定	X
					002	能正确完成升降变差检定	X
					003	能够正确完成绝缘电阻测量	Y
					004	能够刻制仪表标尺分度线	X
					005	能够配制仪表的玻璃指针	X
					006	能够解决轴尖式仪表误差调整	X
检定结果的数据处理与判定	E	数据处理与检定结果的判定	30	必选	001	正确填写原始记录	Y
					002	能够正确计算误差	X
					003	能够正确选用修约方法	X
					004	能够使用修约方法	X
					005	正确判定仪表检定结果	X
					006	能确定检定周期	X
					007	正确签发检定证书	X
					008	正确处理不合格仪表	X
设备的维护保养	F	工作现场整理、设备的维护保养	10	必选	001	工具和导线清点	Y
					002	关设备电源	Y
					003	设备操作规程	X
					004	设备日常点检	X
					005	根据维护保养手册维护保养设备	X
					006	识别报警排除简单故障	X
					007	安全生产,现场5S管理	X

电器计量工(中级工)
技能操作考核样题与分析

职业名称：________________

考核等级：________________

存档编号：________________

考核站名称：________________

鉴定责任人：________________

命题责任人：________________

主管负责人：________________

中国北车股份有限公司劳动工资部制

职业技能鉴定技能操作考核制件图示或内容

实作题目：

电能表检修。

实作内容：

判定电能表是否合格。

职业名称	电器计量工
考核等级	中级工
试题名称	电能表检修
材质等信息	

职业技能鉴定技能操作考核准备单

职业名称	电器计量工
考核等级	中级工
试题名称	电能表检修

一、材料准备

1. 材料规格：被检机车 150 V 直流电压表一块。
2. 坯件尺寸。

二、设备、工、量、卡具准备清单

序号	名　称	规　格	数　量	备　注
1	电能表检定装置	/	1套	
2	所需工具、导线	/		

三、考场准备

1. 相应的公用设备、设备与器具的润滑与冷却等。
2. 相应的场地及安全防范措施：按环境条件准备、劳保护具穿戴。
3. 其他准备：准备笔和相应空白记录。

四、考核内容及要求

1. 考核内容(按考核制件图示及要求制作)。
2. 考核题目：电能表检修。
3. 考核时限：原则上不少于 240 分钟，可根据具体情况适当调整。
4. 考核评分(表)

职业名称	电器计量工		考核等级	中级工	
试题名称	电能表检修		考核时限	240 min	
鉴定项目	考核内容	配分	评分标准	扣分说明	得分
标准器选择	检查并记录所属标准的编号	4	检查并记录给 4 分		
	检定方法的选择并记录	8	记录下名称给 8 分		
	标准器量限选择并记录	8	记录下名称给 8 分		
基本误差检定	正确接线	4	正确给 4 分		
	正确选择检定点	4	正确给 4 分		
	正确完成基本误差检定	12	正确给 12 分，错 1 点扣 1 分		
电能表检修	潜动试验并记录	8	正确并记录给 8 分		
	起动试验并记录	8	正确并记录给 8 分		
	电压影响试验并记录	4	正确并记录给 4 分		

续上表

鉴定项目	考核内容	配分	评分标准	扣分说明	得分
检定结果的数据处理与判定	填写原始记录	5	正确并记录给5分		
	正确计算误差	10	正确给10分,错1点扣1分		
	正确选用修约方法	5	正确给5分		
	正确使用修约方法并记录	5	正确并记录给5分		
	正确判定仪表检定结果并记录	5	正确并记录给5分		
设备的维护保养	工具和导线清点	2	符合要求得2分		
	关设备电源	2	符合要求得2分		
	根据维护保养手册维护保养设备	2	符合要求得2分		
	识别报警排除简单故障	2	符合要求得2分		
	安全生产,现场5S管理	2	符合要求得2分		
质量、安全、工艺纪律、文明生产等综合考核项目	考核时限	不限	每超时5分钟,扣10分		
	工艺纪律	不限	依据企业有关工艺纪律规定执行,每违反一次扣10分		
	劳动保护	不限	依据企业有关劳动保护管理规定执行,每违反一次扣10分		
	文明生产	不限	依据企业有关文明生产管理规定执行,每违反一次扣10分		
	安全生产	不限	依据企业有关安全生产管理规定执行,每违反一次扣10分		

职业技能鉴定技能考核制件(内容)分析

职业名称	电器计量工
考核等级	中级工
试题名称	电能表检修
职业标准依据	国家职业标准

试题中鉴定项目及鉴定要素的分析与确定

分析事项＼鉴定项目分类	基本技能“D”	专业技能“E”	相关技能“F”	合计	数量与占比说明
鉴定项目总数	3	4	1	8	专业技能满足 2/3，鉴定要素满足 60%的要求
选取的鉴定项目数量	1	3	1	5	
选取的鉴定项目数量占比(%)	33.3	75	100	67.5	
对应选取鉴定项目所包含的鉴定要素总数	5	18	7	30	
选取的鉴定要素数量	3	11	5	19	
选取的鉴定要素数量占比(%)	60	61.1	71.4	65.5	

所选取鉴定项目及鉴定要素分解

鉴定项目类别	鉴定项目名称	国家职业标准规定比重(%)	《框架》中鉴定要素名称	本命题中具体鉴定要素分解	配分	评分标准	考核难点说明
D	标准器选择	20	所属标准的编号	检查并记录所属标准的编号	4	检查并记录给 4 分	
			检定方法的选择	检定方法的选择并记录	8	记录下名称给 8 分	
			标准器量限选择	标准器量限选择并记录	8	记录下名称给 8 分	
E	基本误差检定	40	能正确接线	正确接线	4	正确给 4 分	
			能正确选择检定点	正确选择检定点	4	正确给 4 分	
			能正确完成基本误差检定	正确完成基本误差检定	12	正确给 12 分，错 1 点扣 1 分	
	电能表检修		潜动试验	潜动试验并记录	8	正确并记录给 8 分	
			起动试验	起动试验并记录	8	正确并记录给 8 分	
			电压影响试验	电压影响试验并记录	4	正确并记录给 4 分	
	检定结果的数据处理与判定	30	正确填写原始记录	填写原始记录	5	正确并记录给 5 分	
			能够正确计算误差	正确计算误差	10	正确给 10 分，错 1 点扣 1 分	
			能够正确选用修约方法	正确选用修约方法	5	正确给 5 分	
			能够使用修约方法	正确使用修约方法并记录	5	正确并记录给 5 分	
			正确判定仪表检定结果	正确判定仪表检定结果并记录	5	正确并记录给 5 分	

续上表

鉴定项目类别	鉴定项目名称	国家职业标准规定比重(%)	《框架》中鉴定要素名称	本命题中具体鉴定要素分解	配分	评分标准	考核难点说明
F	设备的维护保养	10	工具和导线清点	工具和导线清点	2	符合要求得 2 分	
			关设备电源	关设备电源	2	符合要求得 2 分	
			根据维护保养手册维护保养设备	根据维护保养手册维护保养设备	2	符合要求得 2 分	
			识别报警排除简单故障	识别报警排除简单故障	2	符合要求得 2 分	
			安全生产,现场 5S 管理	安全生产,现场 5S 管理	2	符合要求得 2 分	
质量、安全、工艺纪律、文明生产等综合考核项目				考核时限	不限	每超时 5 分钟,扣 10 分	
				工艺纪律	不限	依据企业有关工艺纪律规定执行,每违反一次扣 10 分	
				劳动保护	不限	依据企业有关劳动保护管理规定执行,每违反一次扣 10 分	
				文明生产	不限	依据企业有关文明生产管理规定执行,每违反一次扣 10 分	
				安全生产	不限	依据企业有关安全生产管理规定执行,每违反一次扣 10 分	

电器计量工(高级工)技能操作考核框架

一、框架说明

1. 依据《国家职业标准》注,以及中国北车确定的“岗位个性服从于职业共性”的原则,提出电器计量工(高级工)技能操作考核框架(以下简称:技能考核框架)。

2. 本职业等级技能操作考核评分采用百分制。即:满分为 100 分,60 分为及格,低于 60 分为不及格。

3. 实施“技能考核框架”时,考核制件(活动)命题可以选用本企业的加工件(活动项目),也可以结合实际另外组织命题。

4. 实施“技能考核框架”时,考核的时间和场地条件等应依据《国家职业标准》,并结合企业实际确定。

5. 实施“技能考核框架”时,其“职业功能”的分类按以下要求确定:

(1)“检修操作”、“检定结果的数据处理与判定”属于本职业等级技能操作的核心职业活动,其“项目代码”为“E”。

(2)“检修准备”、“设备的维护保养”属于本职业等级技能操作的辅助性活动,其“项目代码”分别为“D”和“F”。

6. 实施“技能考核框架”时,其“鉴定项目”和“选考数量”按以下要求确定:

(1)按照《国家职业标准》有关技能操作鉴定比重的要求,本职业等级技能操作考核制件的“鉴定项目”应按“D”+“E”+“F”组合,其考核配分比例相应为:“D”占 15 分,“E”占 70 分(其中:检修 40 分,数据处理与结果判定 30 分),“F”占 10 分。

(2)依据中国北车确定的“核心职业活动选取 2/3,并向上取整”的规定,在“E”类鉴定项目——“检修操作”与“检定结果的数据处理与判定”的全部 4 项中,至少选取 3 项。

(3)依据中国北车确定的“其余‘鉴定项目’的数量可以任选”的规定,“D”和“F”类鉴定项目——“检修准备”、“设备的维护保养”中,至少分别选取 1 项。

(4)依据中国北车确定的“确定‘选考数量’时,所涉及‘鉴定要素’的数量占比,应不低于对应‘鉴定项目’范围内‘鉴定要素’总数的 60%,并向上取整”的规定,考核制件的鉴定要素“选考数量”应按以下要求确定:

①在“D”类“鉴定项目”中,在已选定的 1 个或全部鉴定项目中,至少选取已选鉴定项目所对应的全部鉴定要素的 60%项,并向上保留整数。

②在“E”类“鉴定项目”中,在已选的 3 个鉴定项目所包含的全部鉴定要素中,至少选取总数的 60%项,并向上保留整数。

③在“F”类“鉴定项目”中,对应 “模具设备的维护保养”,在已选定的 1 个或全部鉴定项目中,至少选取已选鉴定项目所对应的全部鉴定要素的 60%项,并向上保留整数。

举例分析:

按照上述“第 6 条”要求，若命题时按最少数量选取，即：在“D”类鉴定项目中的选取了“外观及线路检查”1 项，在“E”类鉴定项目中选取了“基本误差检定”、“直流电桥检修”、“检定结果的数据处理与判定”3 项，在“F”类鉴定项目中分别选取了“设备的维护保养”1 项，则：

此考核制件所涉及的“鉴定项目”总数为 5 项，具体包括：“外观及线路检查”，“基本误差检定”、“直流电桥检修”、“检定结果的数据处理与判定”和“设备的维护保养”；

此考核制件所涉及的鉴定要素“选考数量”相应为 22 项，具体包括：“外观及线路检查”鉴定项目包含的全部 9 个鉴定要素中的 6 项，“基本误差检定”、“直流电桥检修”、“检定结果的数据处理与判定”3 个鉴定项目包括的全部 17 个鉴定要素中的 11 项，“设备的维护保养”鉴定项目包含的全部 8 个鉴定要素中的 5 项。

7. 本职业等级技能操作需要两人及以上共同作业的，可由鉴定组织机构根据“必要、辅助”的原则，结合实际情况确定协助人员的数量。在整个操作过程中，协助人员只能起必要、简单的辅助作用。否则，每违反一次，至少扣减应考者的技能考核总成绩 10 分，直至取消其考试资格。

8. 实施“技能考核框架”时，应同时对应考者在质量、安全、工艺纪律、文明生产等方面行为进行考核。对于在技能操作考核过程中出现的违章作业现象，每违反一项(次)至少扣减技能考核总成绩 10 分，直至取消其考试资格。

注：按照中国北车规定，各《职业技能操作考核框架》的编制依据现行的《国家职业标准》或现行的《行业职业标准》或现行的《中国北车职业标准》的顺序执行。

二、电器计量工(高级工)技能操作鉴定要素细目表

职业功能	鉴定项目				鉴定要素		
	项目代码	名称	鉴定比重(%)	选考方式	要素代码	名称	重要程度
检修准备	D	外观及线路检查	15	任选	001	外观完好	Y
					002	仪器名称	Y
					003	制造厂名(或商标)	Y
					004	出厂编号	Y
					005	CMC 标志	Y
					006	仪器规格型号	Y
					007	仪表准确度等级	X
					008	仪表工作位置符号	Y
					009	能够判断机械结构或电气线路明显故障	X
		标准器选择			001	所属标准的编号	X
					002	检定方法的选择	X
					003	标准器准确度级别选择	X
					004	标准器量限选择	X
					005	正确选择调节电源	X

续上表

职业功能	鉴定项目				鉴定要素		
	项目代码	名　称	鉴定比重（%）	选考方式	要素代码	名　称	重要程度
检修准备	D	准备工作	15	任选	001	工作前场地清理及安全检查	Y
					002	环境条件要求	X
					003	所需工具准备	Y
					004	标准器预热	X
					005	能正确穿戴和使用劳动保护用品	X
检修操作	E	基本误差检定	20	必选	001	能正确接线	X
					002	能正确选择检定点	X
					003	能正确完成检定次数选择	X
					004	读数方法正确	X
					005	能正确完成全检量程基本误差检定	X
		直流电桥检修	20	至少选择一项	001	绝缘电阻对整体误差检查	X
					002	绝缘电阻	X
					003	其他量程检定	X
					004	指零仪灵敏度检查	Y
					005	指零仪阻尼时间检查	X
					006	能解决电桥常见问题	X
		直流电位差计检修			001	能够示值变差检定	X
					002	能正确完成零电势检定	X
					003	能够正确完成绝缘电阻测量	Y
					004	内附指零仪检查	X
					005	其他量程检定	X
					006	能够解决直流电位差计的常见故障	X
检定结果的数据处理与判定	E	数据处理与检定结果的判定	30	必选	001	正确填写原始记录	Y
					002	能够正确计算允许误差	X
					003	能够正确计算被检仪器的各项误差	X
					004	能够正确选用及使用修约方法	X
					005	能够正确给出更正值	X
					006	正确判定仪表检定结果	X
					007	能确定检定周期	X
					008	正确签发检定证书	X
					009	正确处理不合格仪表	X
					010	能够根据检定规程要求编制原始记录	Y

续上表

职业功能	鉴定项目				鉴定要素		
	项目代码	名　称	鉴定比重(%)	选考方式	要素代码	名　称	重要程度
设备的维护保养	F	工作现场整理、设备的维护保养	10	必选	001	工具和导线清点	Y
					002	关设备电源	Y
					003	设备操作规程	X
					004	设备日常点检	X
					005	根据维护保养手册维护保养设备	X
					006	识别报警排除简单故障	X
					007	安全生产，现场5S管理	X
					008	日常计量器具账目管理	X

电器计量工(高级工)
技能操作考核样题与分析

职业名称：________________

考核等级：________________

存档编号：________________

考核站名称：________________

鉴定责任人：________________

命题责任人：________________

主管负责人：________________

中国北车股份有限公司劳动工资部制

职业技能鉴定技能操作考核制件图示或内容

实作题目：

直流电桥检修。

实作内容：

判定直流电桥是否合格。

职业名称	电器计量工
考核等级	高级工
试题名称	直流电桥检修
材质等信息	

职业技能鉴定技能操作考核准备单

职业名称	电器计量工
考核等级	高级工
试题名称	直流电桥检修

一、材料准备

1. 材料规格:被检机车 150 V 直流电压表一块。
2. 坯件尺寸。

二、设备、工、量、卡具准备清单

序号	名　称	规　格	数　量	备　注
1	直流电桥检定装置	/	1套	
2	所需工具、导线	/		

三、考场准备

1. 相应的公用设备、设备与器具的润滑与冷却等。
2. 相应的场地及安全防范措施:按环境条件准备;劳保护具穿戴。
3. 其他准备:准备笔和相应空白记录。

四、考核内容及要求

1. 考核内容(按考核制件图示及要求制作)。
2. 考核题目:直流电桥检修。
3. 考核时限:原则上不少于 300 分钟,可根据具体情况适当调整。
4. 考核评分(表)

职业名称	电器计量工		考核等级	高级工	
试题名称	直流电桥检修		考核时限	300 min	
鉴定项目	考核内容	配分	评分标准	扣分说明	得分
外观及线路检查	检查外观并记录	3	检查并记录给 3 分		
	检查并记录出厂编号	1	检查并记录给 1 分		
	检查并记录 CMC 标志	1	检查并记录给 1 分		
	检查并记录仪器规格型号	2	检查并记录给 2 分		
	记录仪表准确度等级	2	记录下名称给 2 分		
	判断机械结构或电气线路明显故障并记录	6	检查并记录给 6 分		
基本误差检定	正确完成检定次数选择	4	正确给 4 分		
	读数方法正确	4	正确给 4 分		
	正确完成全检量程基本误差检定	12	正确给 12 分,错 1 点扣 1 分		

续上表

鉴定项目	考核内容	配分	评分标准	扣分说明	得分
直流电桥检修	绝缘电阻对整体误差检查并记录	5	正确并记录给 5 分		
	其他量程检定	5	正确并记录给 5 分		
	指零仪灵敏度检查并记录	5	正确并记录给 5 分		
	指零仪阻尼时间检查并记录	5	正确并记录给 5 分		
数据处理与检定结果判定	填写原始记录	2	正确并记录给 2 分		
	正确计算允许误差	10	正确给 10 分,错 1 点扣 1 分		
	正确计算被检仪器的各项误差	10	正确给 10 分,错 1 点扣 1 分		
	正确给出更正值	2	正确给 2 分		
	判定仪表检定结果	2	正确给 2 分		
	根据检定规程要求编制原始记录	4	正确给 4 分		
设备的维护保养	工具和导线清点	2	正确给 2 分		
	设备操作规程	2	正确给 2 分		
	设备日常点检	2	正确给 2 分		
	安全生产,现场 5S 管理	2	正确给 2 分		
	日常计量器具账目管理	2	正确给 2 分		
质量、安全、工艺纪律、文明生产等综合考核项目	考核时限	不限	每超时 5 分钟,扣 10 分		
	工艺纪律	不限	依据企业有关工艺纪律规定执行,每违反一次扣 10 分		
	劳动保护	不限	依据企业有关劳动保护管理规定执行,每违反一次扣 10 分		
	文明生产	不限	依据企业有关文明生产管理规定执行,每违反一次扣 10 分		
	安全生产	不限	依据企业有关安全生产管理规定执行,每违反一次扣 10 分		

职业技能鉴定技能考核制件(内容)分析

职业名称	电器计量工
考核等级	高级工
试题名称	直流电桥检修
职业标准依据	国家职业标准

试题中鉴定项目及鉴定要素的分析与确定

分析事项 \ 鉴定项目分类	基本技能“D”	专业技能“E”	相关技能“F”	合计	数量与占比说明
鉴定项目总数	3	4	1	8	专业技能满足2/3,鉴定要素满足60%的要求
选取的鉴定项目数量	1	3	1	5	
选取的鉴定项目数量占比(%)	33.3	75	100	67.5	
对应选取鉴定项目所包含的鉴定要素总数	9	21	8	38	
选取的鉴定要素数量	6	13	5	24	
选取的鉴定要素数量占比(%)	66.7	61.9	67.5	63.2	

所选取鉴定项目及鉴定要素分解

鉴定项目类别	鉴定项目名称	国家职业标准规定比重(%)	《框架》中鉴定要素名称	本命题中具体鉴定要素分解	配分	评分标准	考核难点说明
D	外观及线路检查	15	外观完好	检查外观并记录	3	检查并记录给3分	
			出厂编号	检查并记录出厂编号	1	检查并记录给1分	
			CMC标志	检查并记录CMC标志	1	检查并记录给1分	
			仪器规格型号	检查并记录仪器规格型号	2	检查并记录给2分	
			仪表准确度等级	记录仪表准确度等级	2	记录下名称给2分	
			能够判断机械结构或电气线路明显故障	判断机械结构或电气线路明显故障并记录	6	检查并记录给6分	
E	基本误差检定	40	能正确完成检定次数选择	正确完成检定次数选择	4	正确给4分	
			读数方法正确	读数方法正确	4	正确给4分	
			能正确完成全检量程基本误差检定	正确完成全检量程基本误差检定	12	正确给12分,错1点扣1分	
	直流电桥检修		绝缘电阻对整体误差检查	绝缘电阻对整体误差检查并记录	5	正确并记录给5分	
			其他量程检定	其他量程检定	5	正确并记录给5分	
			指零仪灵敏度检查	指零仪灵敏度检查并记录	5	正确并记录给5分	
			指零仪阻尼时间检查	指零仪阻尼时间检查并记录	5	正确并记录给5分	

续上表

鉴定项目类别	鉴定项目名称	国家职业标准规定比重(%)	《框架》中鉴定要素名称	本命题中具体鉴定要素分解	配分	评分标准	考核难点说明
E	数据处理与检定结果判定	30	填写原始记录	填写原始记录	2	正确并记录给2分	
			能够正确计算允许误差	正确计算允许误差	10	正确给10分,错1点扣1分	
			能够正确计算被检仪器的各项误差	正确计算被检仪器的各项误差	10	正确给10分,错1点扣1分	
			能够正确给出更正值	正确给出更正值	2	正确给2分	
			正确判定仪表检定结果	判定仪表检定结果	2	正确给2分	
			能够根据检定规程要求编制原始记录	根据检定规程要求编制原始记录	4	正确给4分	
F	设备的维护保养	10	工具和导线清点	工具和导线清点	2	正确给2分	
			设备操作规程	设备操作规程	2	正确给2分	
			设备日常点检	设备日常点检	2	正确给2分	
			安全生产,现场5S管理	安全生产,现场5S管理	2	正确给2分	
			日常计量器具账目管理	日常计量器具账目管理	2	正确给2分	
质量、安全、工艺纪律、文明生产等综合考核项目				考核时限	不限	每超时5分钟,扣10分	
				工艺纪律	不限	依据企业有关工艺纪律规定执行,每违反一次扣10分	
				劳动保护	不限	依据企业有关劳动保护管理规定执行,每违反一次扣10分	
				文明生产	不限	依据企业有关文明生产管理规定执行,每违反一次扣10分	
				安全生产	不限	依据企业有关安全生产管理规定执行,每违反一次扣10分	